김수병의 **첨단과학 오디세이**

김수병의 첨단과학 오디세이

연세대학교에서 신학을 공부하면서 학보 「연세춘추」를 만들었다. 그후 일하는 사람들에게 내일의 희망을 전하는 주간 「내일신문」의 창간에 참여했다. 현재 한겨레신문사에서 발행하는 시사주간지 『한겨레21』에 과학 관련 기사를 쓰고 있다. 최신 과학의 참모습을 독자들에게 전하면서 차츰 '쉬운 과학'에 눈을 떴다. 실험실과 대중의 거리를 좁히는 가교가 되기를, 전문적인 식견이 없는 사람들이 과학에 대한 두려움을 없애는 데 조금이나마 보탬이 되기를 바라는 마음으로 이 책을 썼다. 초보 과학 저술가로서 모자라는 부분을 채워나가기 위해 끊임없이 노력하고 있다. 때론 몸을 단련하는 고행에도 관심을 기울이고 있다. 그 동안 『한겨레21』에 연재한 글을 묶어 『사이언티픽 퓨처』(2000)를 펴냈으며 『영혼을 탐험하는 마음의 과학』을 출간할 예정이다.

hellios@hani.co.kr

김수병

"지금 첨단 과학기술은 유토피아와 디스토피아의 경계에 서 있다. 이 책은 21세기 첨단 과학의 생생한 현장으로 들어간다. 대부분의 주제는 앞으로의 시대를 예견하는 것들이 아니다. 바로 지금 우리 앞에 다가오고 있는 것들이다. 유토피아를 꿈꾸며 실험실을 벗어나 실용화를 앞두고 있는 첨단 과학을 미리 살펴볼 수 있다. 과학자의 실험실이 대중의 일상을 어떻게 바꿀지를 확인하게 될 것이다."

design dir | cover illust 장병인 ᶜᵒᵛ이승욱 ᵈᵉˢ이주영

김수병의 **첨단과학 오디세이**

과 학 으 로   2 1 세 기 를   디 자 인 한 다

차 례

머리말 21세기를 디자인한다 8

1부 테크노피애(Technopia)

지능로봇 사람을 닮은 기계의 욕망 18

생체모방 자연 따르면 '신천지 활짝' 32

인공지능 생각하는 기계로 살련다 42

인공생명 인류의 후계자는 누구일까 50

나노기술 일상에 파고드는 초미세입자 58

미세기계 작은 게 탁월하다 65

미래전쟁 '디지털 전사'가 전장을 누빈다 73

정보의류 옷감에 데이터를 심는다 83

전자종이 종이의 혁명 '저장매체' 92

플라스틱 정보화 역군 '전자 플라스틱' 101

우주비행 우주 시대는 멀어지는가 107

무인비행 로봇 비행기가 우주 속으로 113

시간여행 우리는 지금 미래로 간다 121

2부 바이오토피아(Biotopia)

형질전환 생명력 키우는 ‘바이오 동물’   130

이종이식 돼지의 장기를 이식한다?   137

곤충비행 그들은 어떻게 공중에 뜰까   145

거미섬유 염소가 배출하는 ‘바이오 강철’   152

바이오칩 반도체와 미생물이 만났을 때   160

식물공장 농장에서 플라스틱을 딴다?   167

생물공학 생물의 신비 ‘공학적 탄생’   178

중력거부 중력에 맞서는 ‘바이오 섬유’   185

생물테러 미생물의 두 얼굴   192

세포통신 생명 현상, 그 근원을 찾아   199

생체인식 당신의 몸을 열쇠로 쓴다   206

생물복원 멸종 동물이 환생한다   212

3부 에코토피아(Ecotopia)

대량멸종 '제6의 멸종'이 다가오는가   222

지표생물 작은 생태계가 지구를 바꾼다   233

온실가스 더운 지구가 바다를 죽인다   242

청정연료 수소가 미래를 달린다   249

연료전지 가정에 세우는 '청정 발전소'   258

태양전지 나노 입자가 태양을 다스린다   265

토양정화 식물이 오염물질을 삼킨다   272

공기정화 독가스 제거하는 '플라즈마'   279

그린기술 시장이 두려운 환경친화 제품   285

천적농법 농약을 내쫓는 해충의 천적   291

인공강우 구름을 다스려 비를 만든다   297

고철위성 재앙의 불씨 '우주 쓰레기'   305

녹색지대 생명의 나무에 혹이 달렸다   312

4부 메디토피아(Meditopia)

노화비밀 현대 의학도 고개를 숙였나	320
수명연장 젊음의 샘에 속지 말라	328
재생의학 줄기세포가 불치병 잡는다	338
시간요법 밤을 낮으로, 낮을 밤으로	348
먹는백신 마법의 탄환, 질병 초토화	356
해양생물 종양을 잡는 미생물의 신비	365
인공신경 기계가 몸에 들어온다	371
인공혈액 아직도 피가 부족한가요?	377
남성피임 피임은 남성에게 맡겨라	384
행복약물 행복을 만드는 '달콤한 알약'	390
탈모치료 모낭 주기 조절하는 분자적 치료술	400

21세기를 디자인한다

20세기 과학은 플라스틱과 실리콘, 반도체 등을 통해 일상을 바꾸어놓았다. 상대성 이론과 양자역학은 생각의 혁명을 이끌었다. 원자와 쿼크, 뉴트리노 등의 극미세 세계에 대한 이해를 바탕으로 우주를 새롭게 인식하게 된 것이다. 인간게놈 프로젝트로 대표되는 분자생물학은 불로장생의 꿈을 심어주었다. DNA의 이중나선 구조의 실체를 밝혀내면서 인간이 '창조주'의 자리를 넘보는 상황을 만들어놓은 것이다. 이러한 놀라운 발견은 '과학의 종말'이라는 화두를 던져놓기도 했다.

하지만 그것이 과학의 전부는 아니다. 여전히 풀리지 않는 과학의 숙제가 수두룩하다. 중력을 기술하는 상대성 이론과 미시 세계의 법칙인 양자역학을 통일하는 '만물의 이론(theory of everything)'은 여전히 수수께끼로 남아 있으며 뇌와 마음의 이해와 관련된 핵심적 사안도 풀리지 않고 있다. 이런 비밀이 풀린다면 사람처럼 생각하고 스스로 판단하는 기계를 개발하는 것도 불가능한 일이 아니다. 변화무쌍한 바이러스를 한 방에 때려잡는 예방백신도 만들어야 한다. 우주에서 오직 지구라는 행성에만 생명체가 존재하는가의 여부도 밝혀내야 한다. 약 1억 개의 은하 가운데 인간의 손길이 미치지 않는 곳이 대부분이다.

이러한 과학적 난제를 풀기 위해 과학계 사이에 적극적인 상호 연결이 추진되고 있다. 각각의 영역에서 환원주의적 접근을 시도하던 개별 과학이 서로의 한계를 극복하기 위해 만나면서 전혀 새로운 과학기술의 세계를 만들어내고 있는 것이다. 전혀 공통점이 없어 보이는 컴퓨터와 생물학이 만나고, 마음과 기계가 연결되는 가운데 전혀 새로운 세계가 우리 앞에 다가오고 있다. 언젠가는 뇌의 비밀이 풀려 뇌의 연산작용을 영상으로 보여주는 기술이 뒷받침되면서 생물과 무생물의 경계도 무너질 것이라고 예측하는 사람도 있다.

앞으로 이루어질 과학기술 혁명은 오래된 사고로는 상상할 수조차 없는 것들에서 비롯될 가능성이 높다. 예컨대 카오스 공학이 새로운 과학으로 등장하여 다른 과학의 전기를 마련할 수도 있다. 카오스는 상대성 이론과 양자역학에 이은 물리학의 세번째 도전으로 여겨지고 있다. 보편성을 장점으로 하는 비선형적 카오스 이론은 혼돈의 응용 가능성을 보여준다. 불규칙성에 내재한 질서 구조를 파악한다면 지금까지 불가능의 영역에 있는 것들을 새롭게 해석할 길이 열리기 때문이다. 카오스의 응용에 관해서는 퍼지, 뉴로-퍼지, 뉴로, 카오스의 단계로 가전제품 개발이 이루어질 것으로 내다보기도 한다. 혼돈과 비선형은 아직 시작 단계일 뿐이다. 그 가능성이 어떤 식으로 진화할지는 지켜볼 일이다.

이와 같은 전혀 새로운 과학이 일상에 파고드는 21세기는 첨단 과학기술에 기반한 사회가 될 것임에 틀림없다. 앞으로 과학기술을 이끌어갈 3대 중심축은 나노기술(NT), 생명기술(BT), 정보기술(IT)이 될 것으로 보인다. 이 세 축은 서로 맞물려 돌아간다. 그 동안 물리학자들은 원자, 분자 등 물질의 기본 구조에 대해서 연구했고 생명과학자들은 원자, 분자 등이 유기적으로 구성된 생명체를 탐구해왔다. 하지만 이제는 학문적 경계가 무너지면서 물리학과 생물학이 만나 기본 물질과 유기체 사이에 있는 단백질, DNA 등의 비밀을 밝혀내는 식으로 과학 세상이 열릴 것으로 보인다.

생물물리학은 세계에 대한 미시적 접근을 통해 마이크로 세계보다 훨씬 미세한 영역을 일상으로 끌어들이고 있다. 나노미터 크기의 원자 및 분자를 하나씩 조작하고, 미세가공기술로 나노 구조체를 만들게 되면 생물학과 의료 분야에서 놀라운 변화가 일어나게 된다. '나노바이오'가 핵심 키워드로 자리잡은 이유가 여기에 있다. 이것에 양자역학과 반도체 기술 등이 결합되기도 한다. 분자 크기의 기계가 몸속에 들어가 세포를 치료하는 등 의학의 신기원을 이룩할 수도 있다. 나노바이오 기술은 우주 연구에도 필수적이다. 우주의 물질을 연구할 때 극미량의 성분으로 조사해야 하기 때문이다.

지난 3백 년 동안 이루어진 생물학 환원주의의 노력은 마지막 결실을 향하고 있다. 이제 과학자들은 유전체의 화학 사다리에 매달린 분자를 확인하고 불가능의 영역에 도전하고 있다. A(아데닌), G(구아닌), C(시토신), T(티민) 등을 이용한 '4진법'에 따른 신산업이 싹트고 있는 것이다. 생명계의 복잡계 현상을 다루는 과학도 현실화될 것이다. 인위적으로 생명 현상을 재현하는 게 가능해지고 치료용 복제를 통해 배양한 줄기세포로 인체의 조직과 장기를 교체하는 것도 기대할 수 있다. 현대 의학이 백기를 들 수밖에 없는 파킨슨씨병, 당뇨병, 각종 암 등 난치병도 머지않아 다스릴 수 있을 것이다.

물론 이러한 과학기술의 발달에 관한 예측이 적중될 것이라고 단정하기는 힘들다. 무엇보다 과학기술이 선형적으로 발전하지 않기 때문이다. 예컨대 난치병 치료에 획기적인 돌파구가 될 것으로 예측되는 '치료용 복제'나 '유전자 치료' '장기 이식' 등만 해도 예기치 않은 난관이 도사리고 있을 가능성이 높다. 10% 가능성이 수십 개 모여도 100%를 채우기는 힘들다. 단 1%의 문제만으로도 생명 현상은 이루어지지 않게 된다. 게다가 과학기술의 발달은 시장의 성숙도에 걸맞게 이루어지게 마련이다. 아무리 훌륭하고 의미 있는 제품이라 할지라도 시장이 뒷받침되지 않는다면 빛을 볼 수 없다.

과학기술 만능주의에 따른다면 이론적으로 불가능한 일이란 없어 보이지만 21세기 첨단 과학은 '불안한 미래'를 향해 질주하는 마차인지도 모른다. 유전자 조작 농산물은 녹색혁명을 이루었지만 조작의 대가가 무엇인지 지금은 아무도 모른다. 앞으로 슈퍼마켓에서 판매되는 식품의 절반 이상이 유전적으로 변형된 성분을 함유하게 될 것이다. 그 비율은 갈수록 높아질 수밖에 없다. 문제는 유전자 조작 식품들이 병을 유발하는 박테리아의 항생물질 저항력을 높인다는 것이다. 식량난을 극복하면서 유전자 교란을 대물림하는 것이라면 그것은 비극이다.

현대판 노아의 방주로 불리는 체세포 핵이식 기술은 생명론을 송두리째 흔들기도 한다. 체세포의 핵을 꺼내 난자에 넣으면 생명체로 발달하게 된다. 그 과정에서 14일 이전의 배반포 단계에서 줄기세포를 얻는다면 고전적인 생명론을 거스를 수밖에 없다. 더구나 핵이식 과정에서 무수한 난자를 사용해야 하기에 여성의 상품화라는 논란을 일으키기도 한다. 대안으로 생각하는 이종간(異種間) 핵이식의 경우 무지의 소산이라 할지라도 반인반수(半人半獸)에 대한 거부감을 일으킨다. 물론 치료용 복제를 통해 재생의학은 생명 연장의 획기적 전기가 될 것이라는 데 이론을 제기할 수는 없다.

앞으로 편리함의 추구와 윤리적 갈등은 동전의 양면처럼 제기될 전망이다. 기계에 마음을 심는 게 가능해져 '로보 사피엔스'가 출현한다면 그 간격은 더욱 벌어질 게 틀림없다. 기계와 생체가 섞이는 상황에서 생명에 대한 논란은 더욱 거세어질 것이다. 이미 실리콘과 신경세포의 연결이 이루어지고 있다. 인공과 생명의 경계가 무너지는 것은 시간문제인지도 모른다. 이런 첨단 과학의 딜레마 속에서 우리는 매순간 선택을 강요받을 수도 있다. 아니 무엇인가를 선택하지 않더라도 과학 자체가 일상의 무게로 느껴질 수도 있을 것이다.

이렇듯 첨단 과학기술은 양면성을 지니고 있다. 과학기술의 발전이 인류의 삶의 질을 높이는 구실만 하는 것이 아니라 그로 인해 생태계가 무너지고 각종 사고의 위험성이 높아져 곳곳에 불안의 그림자가 드리우기도 한다. 과학기술과 정신문명의 부조화로 고통을 겪는 사람도 적지 않다. 모든 것이 편리해진다고 인류가 행복의 탄탄대로를 걷는 게 아니라는 말이다. 첨단 과학기술의 홍수 속에서 살아가는 즈문둥이라 할지라도 갈등과 위험에서 자유롭지 못한 것이다.

지금 첨단 과학기술은 유토피아와 디스토피아의 경계에 서 있다. 이 책은 21세기 첨단 과학의 생생한 현장으로 들어간다. 대부분의 주제는 앞으로의 시대를 예견하는 것들이 아니다. 바로 지금 우리 앞에 다가오고 있는 것들이다. 유토피아를 꿈꾸며 실험실을 벗어나 실용화를 앞두고 있는 첨단 과학을 미리 살펴볼 수 있다. 과학자의 실험실이 대중의 일상을 어떻게 바꿀지를 확인하게 될 것이다. 하지만 실험실과 일상의 간격을 얼마나 메우고 있는지에 대해서는 자신이 없다. 순전히 필자의 모자람 때문이다.

이 책에서 다루는 내용은 앞에서 밝힌 대로 유토피아를 꿈꾸는 것들이다. 대부분 국내외 과학대중지, 과학 관련 인터넷 사이트에서 아이디어를 얻은 뒤 전문가의 도움을 받아 작성한 원고들로 이루어졌다. 시사주간지 『한겨레21』에 소개한 원고를 바탕으로 현재 시점에서 재구성했다. 첨단 과학에 대한 이해를 돕기 위한 원고들이라서 소개하는 데 급급한 면이 적지 않다. 그래서 첨단 과학의 유토피아적 의미를 본의 아니게 강조한 잘못을 저지르기도 한다.

현대 과학기술은 자연 재앙과 질병이 없는 첨단 자동화 사회라는 유토피아를 꿈꾸는 게 사실이다. 하지만 거기에 암울한 미래 사회가 엿보이는 것 또한 사실이다. 인류는 통제할 수 없는 초강력 바이러스의 출현으로 삶터를 버려야 할지도 모르며 복제인간 혹은 지능로봇과의 대결도 벌어질 수 있다. 지능화한 디지털 기계문명으로 인간은 더욱 위축되고, 핵전쟁의 공포는 사라지지 않으며, 지구온난화와 환경 파괴, 에이즈를 능가하는 질병이 창궐하는 사태를 경험할 가능성도 있다. 과학의 반작용을 주목한다면 이 책에서 다루는 주제들을 거꾸로 읽어보는 자세도 필요할 것이다. 과학기술이 모든 인류를 위한 열려라 참깨 식의 주문이 되지 못할 것은 너무나 명백하다.

이 책의 분류는 별다른 의미가 없다. 테크노피아(기술공학), 바이오토피아(생명공학), 에코토피아(생태환경), 메디토피아(의료기술) 등으로 나눈 것은 그다지 의미가 없다는 말이다. 이것은 내용적 구분이라기보다는 편의에 따른 형식적 구분에 가깝다. 대개의 경우 분류를 바꾸더라도 크게 잘못되지 않으리라 생각한다. 환경으로 분류한 글에서 생물학과 정보기술을 발견할 수 있으며, 의학에서 공학적 의미가 두드러진 글을 찾을 수도 있을 것이다. 거기에는 상호 연결성에 의존하는 21세기 첨단 과학기술의 흐름이 담겨 있을 뿐이다. 이 책을 통해 과학기술이 지배하는 첨단 사회의 단면을 엿볼 수 있기를 기대한다.

이 책이 나오기까지 이루 헤아릴 수 없을 만큼 많은 사람들의 도움을 받았다. 어떤 분들은 구체적인 아이디어를 제공해주었고 또다른 분들은 필자가 이해하기 힘든 부분을 알기 쉽게 설명해주기도 했다.

또한 이 책에 실린 이미지 자료들은 연구자가 제공하거나 관련 책자
에서 얻은 게 대부분이다. 자료를 기꺼이 제공해주신 분들께 다시금
감사드린다. 졸고를 한 권의 책으로 깔끔하게 엮어준 해나무 출판사
편집진에게 특별히 감사의 말을 전하고 싶다.

2003년 봄
김수병

1부

테크노피아
Technopia

사람을 닮은 기계의 욕망

2050년 월드컵에서는 누가 돌풍의 주역이 될 것인가. 2002 한일 월드컵에서는 한국과 터키, 세네갈 등이 이변의 주인공이었다. 미국 카네기멜론 대학의 컴퓨터과학자 마누엘라 벨로소(Manuela Veloso)는 2050년에는 로봇이 돌풍을 일으킬 것으로 내다보고 있다. 현재 인간을 닮으려는 로봇들은 자체 월드컵을 통해 실력을 연마한다. 불과 5년 전만 해도 로봇들은 공을 인식하는 것조차 어려워했다. 하지만 이제는 공을 놓치지 않고 드리블을 시도할 만큼 빠른 속도로 진화하고 있다. 진화의 속도에 조금만 관심을 기울인다면 로봇들이 월드컵에서 우승을 차지하는 게 결코 꿈같은 이야기는 아니다. 이쯤 되면 창조성 없는 플레이를 일컫는 '로봇축구'라는 말은 로봇에 대한 모독으로 지탄받을 것이다.

인공지능으로 상대 선수나 공의 움직임을 알아내는 등 빠른 속도로 진화하고 있는 로봇축구. 이젠 로봇에게도 작전 수행 능력이 갖춰지고 있다.

진화하는 로봇

　지금 로봇들은 외부 세계를 인지하는 능력을 키우고 있다. 인공지능 기술을 연마하고 있는 것이다. 물론 스스로 학습할 수 있는 처지는 아니다. 우리나라 축구 선수들이 거스 히딩크의 지도를 받듯, 연구자의 도움으로 지능훈련을 받으며 '생각'의 범위를 넓힌다. 인공지능으로 온라인 소비자의 쇼핑 패턴을 분석하는 인공지능 기술을 터득하는 것이다. 사실 로봇들은 상대팀 선수를 인식하고 공의 움직임이나 골대의 위치를 알아내기도 힘들다. 고도의 인지 능력에 행동 능력을 결합해야 가능한 일이다. 움직임이 자유로워지면 다음 단계가 기다린다. 이때는 가상의 희생자들을 무사히 구출해내는 임무를 띠고 위험한 지진 발생 지역에 뛰어드는 훈련을 통해 예측하지 못한 상황에 대처하는 능력을 배양하게 된다.

　로봇이라는 말은 인간의 노동을 대신해주는 기계라는 뜻의 '로보타'(Robota, 강요된 노동력)에서 비롯됐다. 체코의 극작가 카렐 차페크(Karel Čapek)는 『로섬 씨의 만능 로봇 *Rossum's Universal Robots*』(줄여서 『로봇 *R.U.R.*』이라고도 한다)에서 주어진 일만 열심히 하는 인조인간을 로봇으로 묘사했다. 노동으로부터의 해방을 꿈꾸는 인간을 대신하겠다며 산업현장에 들어간 로봇, 휴식 시간도 없이 24시간 노동을 하면서도 군소리가 없다. 자본의 논리에 충실히 복무하는 로봇은 어쩌면 일자리를 없애며 실업자를 양산한 주범인지도 모른다. 그런 로봇이 인간의 감성과 지능을 이식받아 이성적인 '인간형 기계'

로 거듭나고 있다. 지금의 기세라면 '로보 사피엔스(Robot-sapiens)' 가 출현하는 것은 시간문제일 뿐이다. 로봇 노동자의 신세계가 열리고 있는 것이다. 어쩌면 인간과 로봇의 대결은 이미 시작된 것인지도 모른다. 그렇다면 진화하는 로봇은 우리에게 어떤 모습으로 다가올 것인가.

현재 로봇은 생산현장의 버팀목 구실을 하고 있다. 지난 1962년 미국 뉴저지의 제너럴모터스(GM) 자동차 공장에 유니메이션사의 '유니메이트(unimate)'가 처음 등장한 이래 산업용 로봇은 생산현장의 필수품이 되다시피 했다. 인간이 단조롭고 피로를 주는 손노동에서 벗어나도록 '구세주' 역할을 하는 것이다. 자동차 생산 라인에서 로봇이 없다는 것은 상상할 수도 없다. 로봇은 조립·용접·도장·절단 등에서 절대적 역할을 하고 있다. 그럼에도 불구하고 산업용 로봇은 크게 진화하지 못했다. 오차를 줄이면서 '예정된 동작'을 반복할 뿐이다. 사전에 철저히 프로그래밍된 원칙을 한치도 벗어날 수 없는 탓이다. 그래도 산업적 수요는 엄청나다. 전세계 로봇 시장의 60%를 장악한 일본은 2000년 한 해에만 로봇을 통해 57억 달러를 벌어들였다.

로봇들은 생산성을 높이기 위해 빠르고 정확하게 작업한다. 의료분야에서 사람의 두개골에 구멍을 뚫어 뇌수술을 하는 데 쓰일 정도이다. 하지만 아무리 로봇 한 대의 생산성이 높더라도 유연성이 요구되는 작업에는 무용지물이다. 로봇은 사람의 손동작 하나도 따라 하지 못한다. 이런 로봇들이 자동화된 프로그램으로 유연성을 확보하기도 한다. 이미 온갖 시설에서 활동하는 로봇들은 특정 기술을 토대로 유연하게 작업을 하고 있다. 실제로 맥도널드는 이른바 '자동화된 로봇 도우미'라는 제한된 운영 프로그램을 활용하고 있다. 이 프로그램에 따라 로봇이 조리실에서 튀김통에 감자를 채워 프라이를 튀기고, 감지기가 프라이의 완료를 알리면 튀김통을 비우기도 한다. 심지어는 튀기는 동안에 감자를 섞는 기능도 갖추고 있다.

극한 상황에서도 맹활약

로봇은 인간의 힘으로는 역부족인 특수한 환경에서 독보적 위치를 차지하고 있다. 인간은 위험에 너무나 취약하다. 조금만 환경이 바뀌어도 곤란을 겪게 마련이다. 깊은 바닷속이나 원자력발전소 중수로, 유해가스 방사선 노출 지역 등지에서 인간이 임무를 수행하기는 힘들다. 하지만 로봇은 오히려 그런 데서 더욱 빛을 발한다. 로봇은 폭발물을 찾기 위해 건물에 매설된 파이프를 탐색하고, 도로에 매설된 콘크리트관을 수리하기도 한다. 심지어 우주의 진공 상태나 활화산 등 극한 환경에서 작업하는 로봇도 있다. 물론 아직까지 로봇의 성능이 만족스러운 것은 아니다. 알래스카 활화산에서 작업을 하던 로봇 '단테(Dante)'는 임무를 완수하지 못하고 헬리콥터에 의해 구조되기도 했다.

이젠 로봇 군대도 등장할 태세다. 전방에서 주위의 화학무기를 감지해 경고신호를 보내오고, 테러리스트들이 인질을 억류하고 있을

일상을 바꾸는 첨단 로봇

원격로봇 '팩봇'. 지난 2001년 미국 뉴욕 시의 9·11 테러 현장에서 수색 작업에 참여했다. 팩봇은 매몰 현장에서 적외선 카메라를 이용해 주차장을 찾아냈다.

극지나 화산을 비롯해 화성 등 우주 탐사에 나서는 로봇 중 대표적인 것은 화산 탐사 로봇인 '단테' 이다. 미국 항공우주국과 카네기멜론 대학이 공동 개발한 이 로봇은 무게가 8백 킬로그램이다.

미국의 프로보틱스사에서 10여 년에 걸쳐 개발한 가정용 로봇 사이(Cye). 커피 심부름을 하며 우편물을 나르고 실내를 청소하기도 한다. 인터넷을 통해 원격조종할 수 있어 집 안을 감시할 수도 있다.

미국 아이로봇사가 개발한 대표적인 모니터링 로봇인 '코워커' (CoWorker). 불도저를 닮아 장애물을 밀어내 치울 수 있는 삽을 가지고 있다. 디지털 카메라가 장착돼 멀리 떨어진 생산 라인과 건설현장 등을 무선으로 전송할 수 있다. 레이저 포인터와 원격조종할 수 있는 로봇팔도 있다. 1시간에 천6백 미터를 달릴 수 있다.

일본 소니에서 개발한 강아지 로봇 '아이보'(AIBO, Artificial Intelligence Robot). 기쁨, 슬픔, 화남, 놀람, 두려움, 싫어함 등 6가지 감정과 사랑, 탐색, 운동, 배고픔 등 4가지 본능이 있다. 주변 환경을 익히고 경험을 통해 학습하는 능력도 있다.

때 내부를 샅샅이 파악하는 '로버그(Robug)' 들이 부대를 이루는 것이다. 이들은 원격로봇이라 불리기도 한다. 대개 원격로봇은 비디오 카메라와 소형 마이크, 인터넷으로 신호를 보내는 무선전송기 등을 장착하고 있다. 원격지에서 마우스로 '명령'을 내려 작전을 수행한다. 이런 원격로봇들은 국방비를 절감할 수도 있다. 전투기 한 대는 3천만 달러에서 5천만 달러에 이른다. 잘 훈련된 원격로봇이 있다면 이런 비용을 획기적으로 줄일 수 있다. 최근 미국 첨단방위고등연구계획청(DARPA)과 보잉사는 폭탄 1,350킬로그램을 실을 수 있는 로봇항공기 X-45 프로그램을 공개하기도 했다. 2억 5천6백만 달러의 비용을 들여 개발된 X-45 무인항공기는 지상의 조종사가 여러 대를 동시에 조종할 수 있다.

원격로봇은 이미 인간을 대신하는 놀라운 능력을 발휘하고 있다. 미국 매사추세츠 주 소머빌의 아이로봇(iRobot)사가 개발한 원격로봇 '팩봇(Packbot)' 은 9 · 11 테러 현장에서 수색 작업을 벌이는 데 참여했다. 당시 팩봇은 잔해를 헤치고 굴을 파지는 못했지만 적외선 카메라를 이용해 주차장을 발견했다. 캐나다 이넉턴(Inuktun)사의 '마이크로트랙(MicroTrac)' 은 파편 사이의 구멍을 통해 잔해 더미에 들어가 희생자의 시신을 찾아내기도 했다. 이들은 음향 센서로 음파를 발산해 그 반향으로 방해물을 감지하고, 적외선 센서로 방해물과의 거리를 측정해서 접근 경보를 울린다. 무한궤도 바퀴로 이동하는 지상의 원격로봇들은 장애물을 만나면 팔을 펼쳐 넘어갈 수 있고 계단도 오르내릴 수 있다.

　이처럼 로봇들은 산업현장과 특정 환경에 얽매인 작업에서 탈출을 시도하고 있다. 비전 센서로 시각을, 힘 센서로 촉각을 확보한 로봇들이 지능적인 임무에 뛰어들려고 하는 것이다. 실제로 로봇들은 1백 킬로그램에 육박하는 거대한 용접공정을 감당하는 데 그치지 않고 출고 제품의 품질을 검사해 불량품을 찾아내는 데까지 진출했다. 인간의 개입 없이 독자적으로 상황을 판단하지는 못해도 맡겨진 임무만큼은 확실하게 수행하기에 가능한 일이다. 앞으로 로봇들은 나름의 학습을 통해 고기능의 계산 능력도 갖출 것으로 보인다. 그렇게 된다면 단순조립공에서 현장책임자로 변신하는 것도 어려운 일이 아니다.

노령 사회의 버팀목

　최근에는 인간과의 교감을 꾀하는 로봇들이 늘어나고 있다. '도우미(Helper) 로봇' 들은 인간과의 협동작업을 벌이려고 한다. 이들은 사람과 물리적인 접촉을 통해 정신적 감정적인 의사소통을 시도한다. 물론 이들의 감정적인 의사소통이란 사람들 사이의 그것과는 엄연히 다르다. 하지만 단순히 정보를 전달하는 데 그치지 않고 사회 문화적 요소까지 개입될 가능성이 높아지고 있다. 하이테크 장난감으로 첨단 기능을 갖추는 것은 기본이고 마치 애완동물처럼 서로를 느끼는 것을 목표로 하고 있다.

문제는 인간과 로봇이 어떻게 교감할 수 있는가에 달려 있다. 아무리 로봇이 인간생활에 가까이 다가온다고 해도 소통이 불가능하다면 말 잘 듣는 기계에 지나지 않는다. 어쩌면 지금은 인간과 로봇 간의 의사소통을 정의하는 새로운 패러다임이 필요한지도 모른다. 그래서 연구자들은 낮은 수준이지만 얼굴 표정을 지표화해 로봇과의 소통을 위한 토대를 마련하고 있다. 도우미 로봇은 고령화 사회에서 노인들의 든든한 친구 노릇을 할 것으로 보인다. 독거 노인들이 애완동물 로봇과 교류하면서 애정을 가꿔가는 것이다. 일본 국립산업기술종합연구소(AIST)는 노인과 로봇의 감정 교류를 측정하는 지표를 마련해 노인복지센터에서 실험을 벌이기도 했다. 이 실험에서 노인과 로봇은 함께 보내는 시간이 많아짐에 따라 감정의 농도가 진해지고 의료진의 방문 횟수도 줄어들었다.

이미 환자가 자고 있을 때 호흡이나 뒤척이는 몸짓까지 특별한 센서로 모니터링하는 로봇 병실이 구현되기도 했다. 일본 마츠시타사는 오사카에 병실 107개짜리 로봇 요양원을 2000년 12월 설립했다. 이 요양원에서는 로봇곰이 간호사들의 도우미로 쓰인다. 로봇곰은 환자와 교류를 하는데 만일 인사에 환자의 반응이 없으면 중앙

2001년 4월 말 한국과학기술원 전자전산학과 양현승 교수팀이 개발한 인간형 로봇 '아미(AMI)'. 기쁜 표정과 슬픈 표정을 가슴 부위의 액정 화면에 나타낸다.

간호실에 신속히 연락을 취한다. 2020년 노령 사회 진입을 앞둔 우리나라도 로봇의 도움을 받아야 할 사람이 급격히 늘어날 수밖에 없을 것이다. 마치 동물처럼 고양이나 바다물개 등을 닮은 도우미 로봇들은 혼자 사는 노인들에게 구명줄이 될 전망이다. 노인이 아프거나 긴급한 도움이 필요할 때 간호사나 친척을 호출할 수 있기 때문이다. 로봇이 기계 아바타로서 수호천사 구실을 하는 셈이다.

언젠가는 가사활동도 로봇의 몫으로 자리잡을 것으로 예측된다. 일상에 침투하려고 몸부림치는 로봇들을 거부하기는 쉽지 않을 것이다. 처음에는 기묘한 모양으로 거실을 떠도는 로봇이 거추장스러울 게 당연하다. 하지만 첨단 장비로 감정을 나누고 생활의 불편을 해소한다면 마다할 사람은 그리 많지 않을 것이다. 더구나 노인이 요양원에 갈 수밖에 없는 처지라면 로봇이 대안으로 떠오를 수밖에 없다. 일본 로봇협회는 도우미 로봇 시장이 2005년 무렵에 2억 5천만 달러로 늘어날 것으로 내다보고 있다.

사람을 닮는다

아예 인간을 닮은 로봇이 일상의 자리를 차지할 수도 있다. 로봇의 움직임만 따진다면 인간처럼 행동하는 게 안정적일지도 모른다. 기술혁신도 이루어지고 있다. 이미 선진국에서는 이족(二足) 직립보행이 가능한 로봇이 개발 시판되고 있다. 이들은 각종 센서로 외부 상황을 파악하고 그것을 인공지능이 리얼타임으로 연산해 다음 행동을 예측하는 단계에 접어들었다. 이전의 로봇은 사전에 프로그래밍된 행동 계획을 충실히 수행하는 데 머물렀다. 수동적인 존재였던 것이다. 하지만 지금은 인공지능을 가진 고도의 인간형 로봇이 일상생활에 깊숙이 개입하고 있다. 사회환경과 가정생활도 변화의 조짐이 보이고 있다. 어쩌면 텔레비전이나 냉장고처럼 가전제품형 로봇도 등장할 태세이다. 미래의 정보단말은 로봇의 몫으로 굳어지고 있다.

지구상에서 가장 인간에 가까운 로봇으로는 일본 혼다사가 개발한 '아시모(ASIMO)'를 꼽을 수 있다. 아시모는 자연스럽게 직립보행하며 다섯 개의 손가락도 서로 독립해 움직인다. 인간의 일상생활을 재현할 수 있도록 설계되어 전등 스위치를 작동시키거나 주방에서 여러 작업을 돕는 것도 가능하다. 교토 대학과 AIST는 키 154센티미터에 60킬로그램의 인간형 로봇 'HRP-4'를 개발하기도 했다. 기존의 인간형 로봇과 달리 등에 배터리 팩을 짊어지지 않고도 전력을 공급받을 수 있고 30도 각도로 움직이며 자연스러운 동작을 취한다. 이런 인간형 로봇의 결정적인 한계는 쓰임새가 마땅치 않다는 것이다. 활용처로 제시되는 것은 산업플랜트 유지보수, 환자 간호, 건설기계 원격조종, 가정 사무실의 원격보안 등이지만 어느 것도 만만한 일이 아니다. 아시모처럼 일본 과학미래관의 '해설자'로 취직하는 로봇은 몇몇의 특권에 지나지 않는다. 대부분의 로봇은 연구소에서 인간형 지능로봇으로 가는 징검다리 구실을 하고 있을 뿐이다.

최근에는 뇌와 기계의 인터페이스 기술(BMI, brain-machine

interface)에 관심이 쏠리고 있다. 생물체의 뇌 속의 전기활동을 해석해 로봇의 움직임을 지시하는 신호를 만들려는 것이다. 만일 그게 가능하다면 신경장애나 신체장애를 가진 사람들이 생각만으로 인간형 정신보조기구를 이용해 휠체어나 인공기관, 마비된 팔과 다리를 조종하는 것도 가능하다. 뇌와 장애 부위에 인공물을 삽입해 본래의 신체를 조작하도록 하는 것이다. 이런 연구는 운동피질 이식이 가능한 마이크로와이어의 개발과 뇌신경의 전기활동을 기계조작 명령으로 변환하는 알고리즘이 개발되면서 놀라운 미래를 예고하고 있다. 이미 미국 듀크 대학 연구팀은 뇌와 컴퓨터의 연결을 유지한 원숭이, 쥐, 고양이 등이 조이스틱을 움직이는 것을 상상하는 것만으로 지렛대와 로봇팔을 움직이는 데 성공하기도 했다. 무선 마이크로칩이 뒷받침되면 신경활동을 자유롭게 제어할 수도 있을 것이다. 하지만 뇌파에서 정확한 팔과 손의 움직임을 표현하는 세밀한 명령어를 변별하기까지는 많은 시간이 지나야 가능할 것이다.

인간을 닮으려는 로봇의 다른 한편에는 살아 있는 기계가 관심의 대상으로 떠오르고 있다. 원자 단위의 물질을 다루는 나노기술과 생체공학 기술이 만나 미세 생체로봇을 실현하는 것이다. 미세 로봇인 '나노봇(nanobot)'은 주어진 일을 수행하면서 초당 십억여 개의 새로운 원자를 바라는 대로 구조물에 배치한다. 나노봇은 인체 내부로 들어가 질병을 치료하거나 엄청나게 낮은 비용의 원료를 가지고 정교하게 설계된 재료를 만들 수도 있다. 이들은 자기 자신을 복제하기

미세 로봇은 의학의 혁명을 가져올 전망이다. 나노봇이 인체 내부에서 종양을 치료하는 모습을 보여주는 상상도.

도 한다. 설계에 따라 혹은 돌연변이에 의해 서로 의사소통할 수 있는 능력을 키울 수도 있다. 원자 세계에서 나노봇 사회가 출현하는 것이다. 하지만 아직 모든 원자를 마음대로 조작하는 '마술 손가락'은 어디에도 없다. 그래서 일부에서는 나노봇이 미래학자들의 '백일몽'에 지나지 않는다고 지적하기도 한다.

인간에게 도전하는 새로운 생물종

로봇공학은 전혀 새로운 생물종 탄생으로 이어질 가능성도 있다.

여기에는 두뇌 컴퓨터 장치, 세포기술학, 복합 인체로봇 등이 필연적으로 동원될 수밖에 없다. 복잡한 신체 조직을 대체하는 '신경보철'을 이용해 청각, 시각, 동작 등의 기능을 얻고, 특별한 기기를 이용해 균형감각을 유지하며 자유롭게 이동할 것이다. 인간형 로봇에서 몇 단계 진화한 형태의 사이보그가 스크린 밖으로 뚜벅뚜벅 걸어나오는 셈이다. 인공지능에 의한 두뇌에 신경보철이 몸을 받쳐준다면 로봇이 '노예적 존재'에 머물 까닭이 없다. 언젠가는 로봇이 인간의 욕망을 채우기보다 자신의 존재를 내세우며 인간에 도전할 수도 있다는 것이다. "너무 높이 날면 태양이 날개를 녹여버릴 것이고, 너무 낮게 날면 날개가 물에 젖게 된다"는 그리스 신화의 다이달로스 이야기는 로봇공학자를 향한 오래된 경구인지 모른다.

자연 따르면 '신천지 활짝'

도마뱀은 순식간에 벽을 기어오른다. 마치 첨단 접착제를 분비하는 것처럼 보인다. 하지만 이들은 특별한 생화학적 분비물 없이 기하학적인 운동을 통해 자유롭게 이동한다. 도마뱀은 아무리 부드러운 표면이라도 8천분의 1초 이내에 발톱을 표면에 찔러넣는다. 다시 4천분의 1초 만에 빼내면서 벽과 천장을 기어다닌다. 이때 도마뱀들은 수백만 가닥에 이르는 발바닥의 미세한 털의 기울기와 표면의 각도를 미세하게 조절해 반창고를 떼는 듯한 동작으로 발걸음을 옮긴다. 이런 생물의 신비를 공학적으로 실현한다면 로봇이 위험한 고층 유리창 청소를 도맡아 해결할 수 있을 것이다. 하지만 아직까지 환경에 적응하기 위해 오랫동안 진화를 거듭한 동물들의 신비를 재현하는 것은 쉬운 일이 아니다.

생체모방 로봇들은 오랜 진화를 통해 특유의 기질을 발전시킨 생물들을 흉내낸다. 뱀처럼 이동할 수 있는 로봇뱀의 이미지(일러스트―장병인).

생물학자의 영감

최근 생체 기능을 모방한 로봇들이 각광을 받으면서 생물학자의 활동범위가 넓어지고 있다. 미국 UC버클리 대학 폴리페달랩의 생물학자 로버트 풀(Robert J. Full)은 동물의 운동 원리를 연구한다. 그는 날마다 다양한 종류의 생물체들을 촬영하고 시험하고 해부한다. 그런 관찰을 통해 다리가 달린 생명체는 모두 스프링 질량계처럼 작동한다는 사실을 발견했다. 다리를 압축하고 복원하면서 운동에너지를 이용해 일정한 패턴의 힘을 산출한다는 것이다. 또한 노래기가 움직일 때 다리를 들었다 놓으면서 에너지를 저장하고 소비하는 과정이 매우 섬세하게 이루어지고, 지네는 40여 개의 다리 중에서 6개를 이용해 교대로 움직이는 세 쌍의 그룹으로 나누어 그룹별로 발들의 끝을 함께 모으면서 움직인다는 사실을 발견했다.

이런 사실은 로봇 디자인에 생물학적인 영감을 제공해 로봇공학에 획기적인 기여를 했다. 이미 아이로봇사는 풀의 연구를 모방해 도마뱀의 일종인 게코처럼 벽이나 천장을 기어다닐 수 있는 로봇 '메코 게코(Mecho-Gecko)'를 개발했다. 13센티미터 길이에 1백 그램인 메코 게코는 짧은 시간 동안 어설프게 벽에 붙어 있을 수 있는 끈적끈적한 발을 가지고 있다. 맥길 대학의 로봇 연구자 마틴 부엘러(Martin Buehler)도 풀의 연구에 매료돼 끊임없이 넘어지고 장애물에 부딪히면서도 탁월한 이동성을 자랑하는 바퀴벌레를 닮은 로봇을 만들었다. 스탠퍼드 대학의 공학자 마크 커코스키(Mark Cutkosky)는

아이로봇사가 게코의 운동을 본따 만든 생체모방 로봇 '메코 게코'(사진-『로보 사피엔스』).

곤충의 뼈와 근육을 재현한 금속 플라스틱 대신 바퀴벌레의 운동성을 모방해 로봇의 발들이 표면에 닿자마자 스치듯 앞으로 나아가도록 했다.

미국 넥턴 리서치(Necton Research)사는 '마이크로헌터(Micro Hunter)'라는 하바나 시가 크기의 70그램짜리 로봇을 개발했다. 이 로봇은 듀크 대학 동물학부의 과학자들과 예술가들이 삼차원 운동 모형이라는 공동 모형을 설정해 개발한 것으로 생체모방(bio-mimetics)의 놀라운 가능성을 예고한다. 마이크로헌터는 단세포생물인 짚신벌레에서 영감을 받은 것으로 나선형으로 움직이고 외부의 자극에 대해 속도를 바꿔가면서 자신의 방향을 찾아간다. 여기에 여러 센서를 부착하면 수중로봇들이 인공위성과 선박, 부표 등에서 나오는 데이터를 효과적으로 처리할 것으로 기대를 모으고 있다. 이 로봇은 1백 미터 깊이에서 수중 운행 기록을 세우기도 했다. 앞으로 마이크로헌터는 화학무기 제조공장의 폐수를 측정하고 수중어뢰를 제거하는 등 군사적으로 널리 활용될 예정이다.

로봇공학은 생체모방을 통해 획기적인 전기를 마련하고 있다. 지금까지 로봇에 사용된 톱니바퀴와 강철 등의 쓰임새가 갈수록 줄어들고 있는 것이다. 대신 실제적인 근육과 아킬레스건, 형상변형 재료를 전달하는 신경계 등을 로봇에 적용하려고 한다. 만일 그런 로봇이 현실화되면 딱딱한 기계적 느낌의 로봇들이 더욱 자연스럽고 비구조

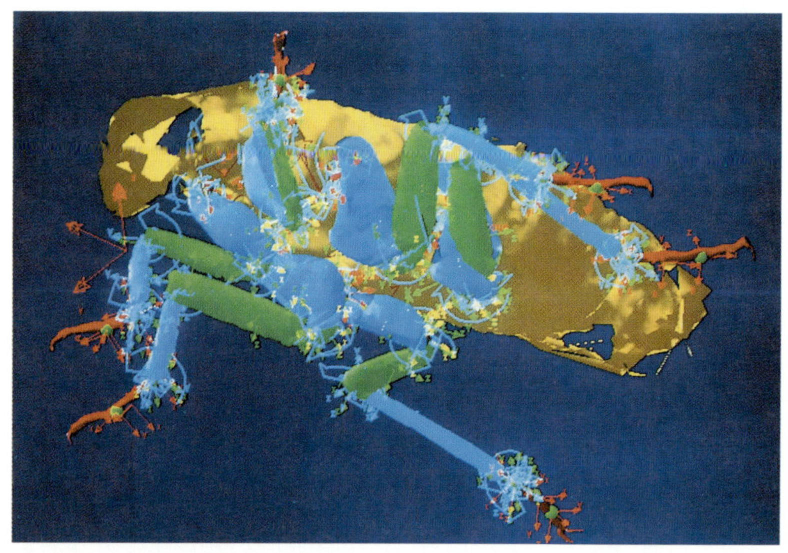

생물학자들은 동물의 운동에 대한 이해를 높이고 있다. 바퀴벌레에 전기적 충격을 가해 근육의 변화를 측정한 컴퓨터 시뮬레이션(사진-『로보 사피엔스』).

화된 환경 속에서 견고하게 작동될 것으로 기대된다. 일상적인 작업을 효율적으로 수행하는 생체형 로봇을 제작할 수 있다는 말이다. 인공근육이 로봇에 삽입되는 것도 불가능한 일이 아니다. 로봇에 근육을 이식해 동작이 더욱 자연스럽게 이루어지도록 하는 것이다. 예컨대 바퀴벌레의 다리를 밧줄에 매달아 고정밀 측정 시스템을 이용해 운동 방식을 측정하면, 거기에서 곧바로 로봇에 적용 가능한 방식을 추출할 수도 있다. 만일 그게 성공하면 동물의 움직임에 바탕한 로봇을 만들어낼 수 있을 것이다.

현재 가장 기대를 모으고 있는 생체모방 로봇은 위험 지역 탐사나 군사 정탐용 등 다목적 활용이 가능한 '비행로봇' 이다. 2002년 7월 UC버클리 대학 비행로봇 개발팀은 초소형 헬리콥터 시제품을 내놓았다. 이 로봇은 길이 30센티미터에 무게 450그램으로 파리의 날개처럼 생긴 얇은 천을 이용해 높이 치솟는다. 문제는 크기를 획기적으로 줄여 실제 파리처럼 자신의 무게를 들어올려 전투기보다 빠르게 선회해야 한다는 것이다. 과실파리는 공중 부양을 위해 1초에 2백 회나 날개를 펄럭거리면서 선회하며 공중에서 U자 선회도 한다. 이것을 곤충로봇에 적용하려면 날개를 상하로 움직이는 '플래핑 (flapping)' 이 효율적으로 이루어져야 한다. 하지만 아직까지는 공중에서 계속 비행할 수 있을 정도로 플래핑이 자유롭지 않다. 기껏해야 3, 4회 정도의 날갯짓을 한 뒤 땅바닥에 곤두박질치고 만다.

로보 사피엔스

영국 북부의 사우스요크셔에서는 2002년 3월 수십 마리의 육식성 로봇과 채식성 로봇이 방목되었다. 로봇들은 생존을 위한 본능만을 갖추도록 프로그램되어 있다. 초식성 로봇들은 전등으로 만든 나무 밑에서 배터리를 충전시키는 것으로 풀을 뜯어먹는 행위를 대신하며, 육식성 로봇들은 초식성 로봇을 사냥해 에너지를 빼앗아 배터리를 충전시킨다. 이들이 공학자들의 기대대로 적자생존의 논리를 익히게 될지는 의문이다. 하지만 언젠가는 무시무시한 송곳니와 발톱으로 무장한 지능형 로봇들이 자기들만의 문명을 건설하기 위해 생존경쟁의 투쟁을 벌이게 될지도 모른다. 생체모방 로봇들이 비약적으로 진화를 거듭한다면 '로보 사피엔스'가 새로운 종으로 나타나 '로봇 생태계'의 지배자로 등극할 수 있을까.

로봇의 진화도

현재 곤충의 지능에도 이르지 못한 로봇. 하지만 그것이 미래까지 규정하는 것은 아니다. 로봇의 발전은 마이크로프로세서의 처리 능력(MIPS)과 메모리의 용량에 따라 결정될 것으로 보인다. 미국 카네기멜론 대학 로봇공학연구소의 한스 모라벡 (Hans Moravec)은 무어의 법칙(마이크로칩의 용량이 18개월마다 두 배로 증가한다는 법칙)을 근거로 로봇의 미래를 예측했다. 그에 따르면 로봇은 10년을 주기로 혁신적인 진화가 이루어져 2050년 이후에는 인간에 필적할 만한 지능을 보유할 전망이다.

로봇의 지능은 MIPS 수치로 나타난다. MIPS는 프로세서의 성능을 나타내는 단위로 초당 몇백만 개의 명령어를 처리할 수 있는지를 나타낸다. 예컨대 50MIPS 성능이라면 초당 5천만 개의 명령어를 처리할 수 있음을 뜻한다. 현재의 로봇은 책 한 권에 해당하는 초당 1천만 개의 명령어를 처리하는 지적 수준이지만 2040년 무렵에는 미 의회도서관의 장서에 해당하는 초당 1백조 개의 명령어를 처리하는 지적 수준에 도달할 것이라는 예측이다. 로봇 발전 단계에 따라 미래 로봇의 성능을 연도별로 예측하면 다음과 같다.

1939년(최초의 로봇)

처리 능력: $\dfrac{1}{1{,}000}$ MIPS

지적 능력: 없음

1939년 뉴욕에서 열린 세계박람회에서 최초의 로봇 엘렉트로가 선보였다. 전원을 넣으면 77개의 단어를 말할 수 있고, 앞으로 뒤로 움직였다. 명령어를 처리하는 능력을 보유하지 못했으며 움직임도 부자연스러웠다. 인간기계의 최초 모델이라는 의미가 있었지만 실용화되지 못했다.

2010년

처리 능력: 3,000MIPS

지적 능력: 도마뱀 수준

크기와 모양은 사람을 닮고 다리는 2개에서 6개까지 사용한다. 이들은 평평한 지면은 물론 계단을 오르내리는 이동 능력을 지닌다. 집 안 청소를 하거나 잔디를 손질하며, 공장에서 현재보다 조금 더 확장된 작업을 할 수 있다. 오지 탐색 기능이 뛰어나 폭발물을 찾는 데도 활용된다.

2020년

처리 능력: 100,000MIPS

지적 능력: 생쥐 수준

이전보다 성능이 30배 정도 개선된다. 이들은 학습 프로그램에 따라 스스로 배울 수 있는 지능을 지닌다. 주위 환경의 변화에 따라 자율적으로 적응하는 능력도 보유하게 된다. 작업은 이전과 유사하나 더욱 유연해지고 신뢰성이 있는 로봇이 나올 것이다.

2030년

처리 능력 : 3,000,000MIPS

지적 능력 : 원숭이 수준

일반적인 사물을 이해하고 그것들이 무엇인지, 그것들을 어떻게 사용할 것인지를 인식할 수 있는 수준에 이르게 된다. 예컨대 계란을 집을 때 조심스럽게 다루어야 한다든지 장애물은 피해야 한다는 등의 인지 능력을 지닌다. 인간과 그 주변의 분위기를 파악하는 것도 가능하게 될지 모른다.

2040년

처리 능력 : 100,000,000MIPS

지적 능력 : 인간 수준

20세기의 로봇보다 성능이 100만 배, 이전 세대보다 30배 정도 뛰어나다. 이들은 대화를 이해하고 말을 할 수 있으며, 창조적인 생각도 할 수 있다. 자신들이 하고자 하는 행동의 결과를 예견할 수도 있다. 인간의 능력을 뛰어넘는 추론 능력을 가진 유능한 로봇이 탄생될지도 모른다.

생각하는 기계로 살련다

인간처럼 행동하는 기계를 개발하는 것은 인류의 오랜 꿈이자 욕망이다. 디지털 기술은 기계장치의 근육을 단련시켰다. 그래서 로봇은 공장자동화를 선도했으며 하이테크의 놀라운 가능성을 보여주었다. 소니의 장난감 강아지나 말하는 자동차, 생체모방 기계 등으로 상품화된 똑똑한 로봇은 '살아 있는 기계'를 예감케 한다. 지금으로선 사람보다 영리한 기계는 희망사항에 지나지 않는다. 로봇은 문학적 상상력을 통해 인간적으로 거듭났다. 1817년 메리 셸리가 『프랑켄슈타인』에서 인간다움의 문제를 고민한 이래, 카렐 차페크의 희곡 『로봇』은 노동자인 로봇을, 아시모프의 『로봇』 시리즈는 인간의 동반자인 로봇을 그려냈다. 영화에서는 더욱 실감나게 다가온다. 〈로보캅〉에서 정체성의 혼란을 겪은 사이보그는 〈A. I.〉에서 인간적인 욕망으로 기계적인 정체성을 뛰어넘는 단계에 이른다. 이런 흐름 속에서 기

영화 〈A. I.〉(Artificial Intelligence, 인
공지능)의 포스터 이미지.

계의 지능이 인간의 한계를 넘어설 것은 의심의 여지가 없다.

하지만 현실적으로 기계에 인간의 생기를 부여하는 게 쉬운 일은
아니다. 아무리 인공지능, 생체공학, 나노기술 등이 발전해도 사정은
크게 다르지 않다. 분자 수준에서 컴퓨터를 작동한다 해도 인간적인
정을 불어넣는 것은 다른 차원의 문제인 까닭이다. 지능으로만 따진
다면 뇌 용적이 1평방 밀리미터에도 미치지 못하는 개미를 로봇으로
구현하는 것도 만만치 않은 일이다. 개미의 지능을 본떠도 행동으로
이어지지 않는다. 신경의 흐름에 따라 다음 행동을 유발하도록 해야
먹이를 운반하거나 집을 짓게 된다. 이런 탓에 기계와 정신이 혼연일
체 단계에 이르는 것은 이론적인 수준에 머물고 있다. 그래서 일부에
서는 기계의 지능이 인간의 수준에 이르는 것은 불가능하리라고 예

측하기도 한다. 물론 인공지능 연구자들의 생각은 다르다. 1999년 미국과학상을 수상한 레이 쿠르츠와일(Ray Kurzweil, 쿠르츠와일 테크놀로지 설립자)은, "인간의 두뇌 구조를 밝혀 이를 바탕으로 컴퓨터의 지능을 구축하면 된다. 인간의 두뇌를 흉내낸 신경망 기술은 이미 확보했다"며 낙관적인 견해를 내놓는다.

인간의 두뇌 이식

그럼에도 현재 로봇의 지능은 인간의 행동과는 비교조차 할 수 없는 낮은 수준이다. 연구자들은 로봇 몸체에 사람의 뇌와 비슷한 물질을 넣어 새로운 돌파구를 찾으려고 한다. 예컨대 개미들이 길을 찾을 때 '페로몬(pheromone)' 흔적과 함께 순간 순간 스냅사진 형태의 영상을 머릿속에 간직하듯, 로봇에 시각정보를 담기 위한 카메라 장치를 설치하는 것이다. 영국 브리티시 텔레커뮤니션사의 '솔 캐처(Soul Catcher)'라는 프로젝트도 여기에 속한다. 기계장치에 인간 두뇌를 삽입해 기억력과 인지 능력을 향상시키려는 것이다. 또하나의 핵심 과제는 '뉴런망'이다. 신경세포를 실리콘에 연결한 인공뉴런을 감아 인간의 뇌에 엉켜 있는 것처럼 만들려는 것이다. 독일의 막스 프랑크 생화학연구소의 연구자들은 거머리의 신경세포를 실리콘에 연결해 컴퓨터칩의 작동에 따라 신경세포가 반응할 수 있도록 하기도 했다. 이를 위해서는 무엇보다 신경망과 뉴런망이 유기적으로 결합되어야 한다. 그래야만 로봇이 생각하는 기계로 거듭나게 된다. 물론 복잡한 행동을 구현하기 위해서는 의학, 생명공학, 심리학 등 제반 연구 성과가 있어야만 한다.

정말로 기계가 인간의 생기를 부여받아 살아 있는 존재가 될 수는 없는 것인가. 이론적으로 불가능하지는 않다. 미국 뉴욕 대학 교수를 지낸 리처드 윌리스(Richard Willis)가 개발한 인공지능 로봇 '엘리자(Eliza)'는 자연언어 처리를 흉내내며 사람과의 대화를 시도한다. 사실 흉내내는 데 그쳐 대화라고도 할 수 없는 수준이지만 엘리자는 컴퓨터의 상식을 키우는 데 이바지했다. 미국 사우스플로리다 대학의 컴퓨터공학자 스튜어트 윌킨슨(Stuart Wilkinson)은 '개스트로봇(Gastrobot)'이라는 생명체 로봇의 원형을 제시했다. 개스트로봇은 전력으로 마이크로프로세서를 작동하는 로봇과 근본적으로 다르다. 이들은 실제 사람의 먹을거리를 섭취하면서 에너지를 얻어 영구히

로봇이 생명체를 닮아가고 있다. 음식물을 먹으며 에너지를 얻어 영구히 작동하는 '개스트로봇'의 원형.

작동한다. 생체 전기공학적 로봇인 셈이다. 하지만 아직은 이론적 모델만 제시되어 있을 뿐이다. 만일 기계에 인간의 뇌를 시뮬레이션한다면 지능을 비롯한 생명 현상도 이식할 수 있을 것이다. 하지만 아직까지 두뇌의 수수께끼가 풀리지 않아 단박에 모사하는 건 불가능한 일이다.

현재 지능을 키워가는 로봇은 마치 아기처럼 교육을 받고 있다. 컴퓨터 기술로 로봇에 상식을 주입해 인간의 감정이나 행동을 학습하도록 유도하는 것이다. 미국 퍼듀 대학의 컴퓨터공학자 애비내시 카크(Avinash Kak)는 센서와 카메라를 로봇에 설치해 기억을 키울 수 있는 장치를 개발했다. 이 장치를 이용하면 로봇이 주위를 인식하는

퍼듀 대학 전자컴퓨터공학 연구실 학생들이 가와사키 로봇(Kawasaki UX120 robot)을 작동시키고 있다. 이 로봇은 눈으로 확인한 물체를 기억해 보존하는 능력을 키우고 있다.

지능을 높여갈 수 있다. 예컨대 유아들이 주변 물체를 만지면서 지능을 높여가고, 어른들에게 교육을 받아 기억하는 것처럼 로봇이 물체를 살핀 내용을 장기기억 저장장치에 저장하는 것이다. 상식을 배우는 프로그램으로는 스탠퍼드 대학 교수 출신의 더글러스 레너트(Douglas B. Lenat) 박사(사이코프Cycorp 설립자)가 주도하는 '사이크(CYC)'를 대표적으로 꼽는다. 사이크는 백과사전(Encyclopedia)이라는 뜻에서 나온 이름으로 1984년부터 상식 수업을 받고 있다. 일종의 소프트웨어 에이전트인 사이크는 '배가 고프면 음식을 먹어야 한다' 따위의 상식을 2백여 만 개 정도 보유했다. 컴퓨터에 지식을 입력하고 규칙 형태로 씌어진 지혜를 주면 그때부터 컴퓨터는 규칙을 적용한다. 성인의 지능에 걸맞은 초당 1백조 개의 명령어를 계산하게 되면 인간형 로봇에 이식할 것으로 알려졌다.

생물종의 진화?

인간을 닮은 로봇도 지능과 감성을 이식받고 있다. 매사추세츠 공과대학 인공지능연구소의 로드니 브룩스(Rodney Brooks) 박사가 지난 1993년에 개발한 로봇 '코그(COG)'가 대표적이다. 코그는 '인지(Cognition)'에서 따온 말로 인공생명의 핵심 개념인 '창발성'에 기초해 개발되고 있다. 인공지능의 네 개의 눈이 모터와 소프트웨어로 제어되는 코그는 반사적인 자극을 익히며 화, 싫증, 행복, 슬픔 등의

코그는 곤충보다 조금 진화한 지능을 지녀 의사소통을 위한 기본적인 표현을 이해하고 상대방에게 반응하는 단계의 로봇으로서 체스 게임을 할 수 있다.

감성훈련을 받고 있다. 코그의 쌍생아인 '키스멧(Kismet)'도 나왔다. 머리와 팔, 몸통이 있는 코그와 달리 머리만 있는 키스멧은 훨씬 작다. 언젠가는 사이크와 코그의 지능을 결합한 로봇이 나올 것으로 보인다. 아무리 똑똑하다 해도 인간형 로봇의 이동 능력을 갖추지 않아 움직이지 못하면 소용없다. 이쯤 되면 영화 〈스타워즈〉의 C-3PO나 R2-D2가 스크린 밖으로 뛰쳐나오는 것을 상상하는 것도 무리는 아니다. 더구나 인간게놈 하나하나의 기능이 분석되고 나노기술이 실용화된다면 로봇들은 자신의 지능과 감성을 소프트웨어를 통해 대를 이어갈 수도 있다. '마음의 아이들(Mind Children)'이 태어나는 셈이다. 그때에는 "로봇이 지구를 물려받을 것"이라던 마빈 민스키(Marvin Minsky)의 오래된 주장이 더이상 허황하게 들리지 않을 것이다.

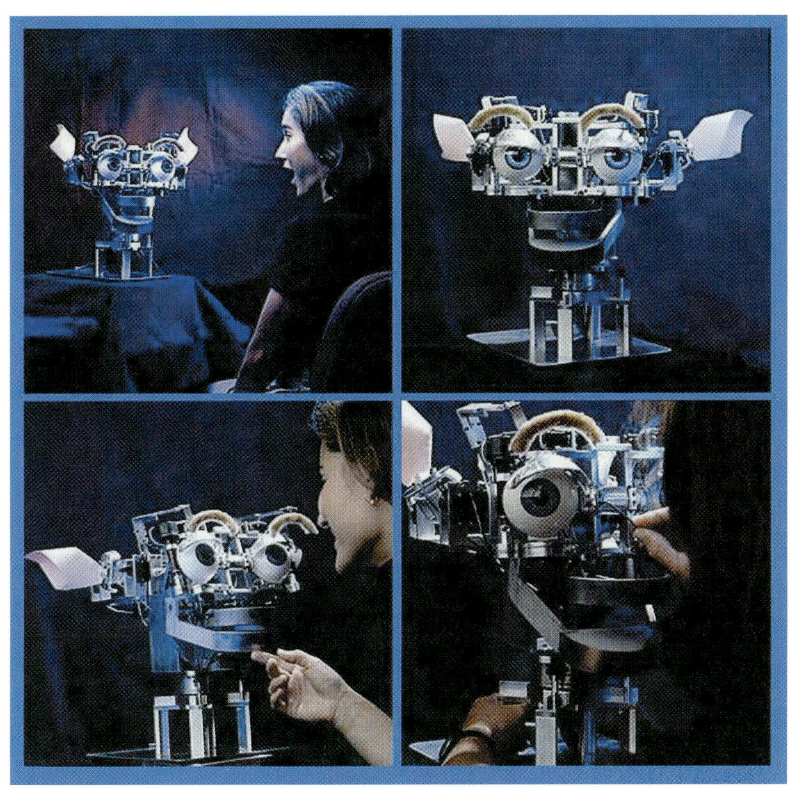

'행운'을 의미하는 터키어에서 이름 붙여진 키스멧은 안구에 들어 있는 CCD(전하 결합 소자) 카메라와 소형 무선 마이크 등으로 주위의 상황을 인식한다. 그리고 눈썹, 눈꺼풀, 안구, 입술, 귀 등 인간과 같은 얼굴 모양을 사용하여 기쁨과 슬픔, 놀람, 웃음 등 매우 많은 표정을 보여준다.

인류의 후계자는 누구일까

인간의 정신까지도 풍요롭게 하는 인공생명(Artificial Life, ALife)은 과연 가능할 것인가. 인공생명은 '인간을 닮은 생명체의 창조'라는 오래된 인류의 꿈을 추구한다. 이전 생물학은 단백질과 탄수화물에 기반한 생물 행동의 본질을 이해하는 것이었다. 하지만 현재의 과학 기술 수준에서는 유기물질을 제대로 활용하기 어렵다. 유기물질에 의한 자기 증식, 진화 등의 생명 현상을 재현하기 어려운 것이다. 그래서 인공생명을 연구하는 사람들은 반도체와 금속 등을 이용해 컴퓨터상(software), 실리콘이나 로봇(hardware), 화학분자(wetware) 등에서 생명 현상을 실현한다.

생명체는 하드웨어와 소프트웨어가 유기적으로 결합되어 있는 시스템이다. 사람은 뇌에서 그 기능이 이루어진다. 인공생명이 생명체 노릇을 하기 위해서는 생체분자를 이용하는 하드웨어 기술이 사람의

지능 시스템(intelligence system)의 전문가인 윤송이 박사가 매사추세츠 공과대학(MIT) 박사학위논문 「감성 합성 캐릭터(Affective Synthetic Character)」에서 소개한 인공지능 동물 캐릭터. 감성과 지능 모두를 지닌 이 디지털 생명체들은 인공생명의 새로운 성과로 평가받고 있다.

뇌처럼 소프트웨어 기능과 서로 구별 없이 작용해야 한다. 인공생명은 인공지능의 한계를 극복할 것으로 기대된다. 인공지능이 단순히 각 개체의 지능을 하향식으로 파악할 뿐인 데 반해 인공생명은 종족 번식과 적자생존 등 유전 알고리즘이 작용하는 가운데 여러 개의 개체가 사회를 구성해 서로 경쟁하고 협력을 통해 발전하는 모습을 상향식으로 접근한다. 다시 말해 인공생명은 생명체의 본질을 포괄적으로 파악해 복잡한 현상을 자발적으로 구현하는 인공 시스템이다.

인공생명은 한마디로 말해 기계가 기계를 낳는 것이라 할 수 있다. 사람이 만든 장치에 스스로 번식할 수 있는 능력, 다시 말해 자기 복제 능력을 부여하는 것이다. 컴퓨터를 이용해 만든 '세포자동자(Cellular Automaton)'는 물리법칙이 작용하는 영역에서 다양한 방식으로 자기 복제기를 만들어낸다. 유기체의 복제를 모방하는 기계에 대한 가설은 많지만 구체적으로 자연을 모방하는 것은 쉬운 일이 아니다. 자연의 경우 철저한 지방분권적 시스템으로 문제를 해결한다. 각자 특정한 임무를 떠맡아 자동적으로 수행하고 감염과 같은 문제가 생기면 소멸한다. 대신 다른 세포가 나타나 임무를 맡는다. 인공세포 역시 마찬가지다. 예컨대 한 개의 간단한 처리장치와 자료저장 능력이 있는 세포처럼. 이 세포들은 최종적으로 집적회로에서 스스로의 생명을 영위한다.

진화적 계산

미국 자이링스(Xilinx)사가 개발한 재구성이 가능한 고성능 FPGA(Field Programmable Gate Array) 칩은 프로그램 가능한 논리회로 칩으로 사용자가 직접 프로그램을 할 수 있고 수만 게이트에 이르는 논리를 실현하게 한다. 이 칩에는 디지털 프로세싱에 관련된 설계 환경이 내장되어 있다. 그래서 칩에 오류가 발생했을 때 스스로, 또는 다운받은 오류 극복 프로그램으로 칩을 재구성한다. 만일 이 칩에 진화와 적합, 자기 조직화, 자기 증식 등 높은 지능의 생명정보를 담는다면 인공생명 연구는 비약적인 발전을 기대할 수 있다. 진화하는 하드웨어로서 생명 현상을 처리하는 시뮬레이션의 속도를 획기적으로 향상시킬 수 있으며, 간단하게 성능을 향상시켜 물질 위주로 접근할 수 있기 때문이다.

컴퓨터가 사람과 같이 창의성과 유연성을 발휘하도록 만들어주는 대표적인 기법은 '진화연산(evolutionary computation)'이다. 이 기법은 미국 미시간 대학의 존 홀랜드(John Holland) 교수가 1960년에 이론을 정립했다. 진화적 계산은 전문가의 지식을 컴퓨터에 차용하여 이를 확장하는 기존의 인공지능적 기법과는 상당히 다르다. 이 기법은 거의 지능이라고는 0에 가까운 아무것도 없는 상태에서부터 진화를 통해 고도의 지능적인 결과물로 구성해간다. 지금까지는 어떤 문제를 해결하려면 가장 좋은 해답 하나를 구성하기 위해 여러 가지 시도를 하는 것이었다. 이에 비해 진화적 기법은 무작위로 여러 답을 만들어 쓸 만한 답을 찾아간다. 그런 과정을 통해 의미 있는 답들을 적절히 짝을 지어 '교배'를 시켜서 완전한 해답을 만들어낸다.

가령 어떤 두 개의 쓸 만한 해답에서 장점이 각각 열 개 정도 있다면, 그 다음 세대에 만들어지는 해답에는 부모로부터 물려받은 이 좋은 장점이 적절히 들어 있게 된다. 물론 물려받은 장점이 적은 자손은 바로 도태된다. 진화적 과정을 프로그램상에서 재현하는 것이다. 인간의 한 세대는 거의 수십 년이 지나야 바뀌지만 엄청나게 빠른 컴퓨터에서는 수만 개의 집단으로부터 그 다음 세대로 진화를 시키는 데 대개 수분 이내면 된다.

한 세대에서 다음 세대로 진화하기 위해 생존경쟁을 치르기도 한다. 세탁기에서 빨래얼룩을 가장 잘 빼면서 세탁물도 엉기지 않게 하는 배출구의 위치를 찾아내는 일을 떠올려보자. 먼저 개별 세탁드럼에 무작위로 선택한 몇 개의 위치에 물살 배출구를 선정해 컴퓨터 모의실험으로 돌려본다. 가상의 세탁기에서 최종적으로 세탁된 결과물을 기준으로 각 세탁드럼의 성능을 평가해서 전체의 20%에 해당되는 1백여 개만 살려둔다. 이런 식으로 계속 교배를 시킨 뒤에 새로운 자식형 드럼을 만든다. 진화적 계산 방법의 핵심 기술은 열등과 우등 집단의 양과 질을 결정해 적절하게 경쟁을 유도하는 것이다.

진화연산 방식은 많은 곳에서 응용되고 있다. 예컨대 스카치 위스키로 유명한 스코틀랜드의 위스키 주정회사인 유나이티드 디스틸러 (United Distiller)사는 이 방식을 응용해 새로운 시장에 적합한 각종 원료주정의 배합과 보관, 그리고 생산에 관한 전체 공정을 획기적으로 개선했다. 그밖에 유정 탐사와 암 진단, 새로운 살균제 개발과 같은 곳에도 응용되어 놀라운 효과를 보이고 있다. 고도의 전문가들만이 할 수 있을 것이라고 믿어진 일을 기계적으로 처리하는 것이다 산타페 연구소의 멜라니 미첼(Melanie Mitchel) 교수는 미래에는 인간과 기계의 공생관계가 확립될 것이라고 내다보기도 한다.

생명 현상 링크

현재 컴퓨터로 표현하는 대표적 생명 현상은 세포자동자를 토대로 영국의 수학자 콘웨이(John Horton Conway)가 만든 '생명게임 (Game of Life)' 이다. 생명게임은 간단한 규칙으로 세포의 생장 · 소멸 과정을 살핀다. 이 게임은 복잡한 생명 현상이 국부적이고 단순한 규칙으로 반복 상호 작용하며 생겨난다는 사실을 밝혀냈다. 컴퓨터 속에 정원을 만들어 식물 생장의 기본 과정을 모방해 다양한 형태의 식물로 성장시키는 '린덴마이어 시스템(Lindenmayer system)'도 세포자동자에 뿌리를 둔 인공생명의 한 형태다. 인공생명은 진화하는 소프트웨어로 복잡한 생명 현상을 단순하게 설명한다. 인간의 유전자도 컴퓨터로 '모의(simulation)'하면 천문학적 숫자의 상호 작용이 몇 가지 패턴으로 모아진다. 일본 국제전기통신기초기술연구소(ATR)에 초빙된 진화생물학자 토머스 레이(Thomas Ray)가 개발한 디지털 생태계 프로그램 '티에라(Tierra)'가 대표적 시뮬레이터다. 티에라는 기생생물이 숙주와 경쟁·진화하는 과정을 보여주어, 수십억 년에 걸쳐 진행된 생물의 진화 과정을 컴퓨터상에서 한눈에 확인할 수 있다.

미국 미시간 주립대학 존 홀랜드 교수가 자연도태를 모의한 '유전 알고리즘(Genetic Algorithm)'은 게임 이론은 물론 복잡한 기계설계에까지 널리 활용되는 문제해결 프로그램이다. 개미들이 군집해서 움직일 때 최적의 길을 찾아가는 생명 현상을 반영한 '앤트팜(AntFarm)'은 부하를 최적화해야 하는 통신망 경로 선택에 유용하게 쓰인다. 또한 '폴리월드(PolyWorld)'는 복잡한 행동을 위한 신경구조의 진화를 모의하기 위해 개발되었다. 인공생명에 기초한 상향식 '이동로봇'은 아직 걸음마 단계에 있다. 현재 우리나라를 비롯해 각국에서 인공생명을 갖는 지능로봇 시스템의 개발에 심혈을 기울이고

진화생물학자 토머스 레이가 개발한 디지털 생태계 프로그램 '티에라'. 이 프로그램은 64킬로바이트의 메모리 안에 자신을 복제하는 프로그램을 하나 넣고 마치 실제 생물이 행동하는 것처럼 복제를 거듭한다.

있다.

인공생명은 컴퓨터와 예술을 접합시켜 베토벤과 피카소보다 뛰어난 예술가를 만들기도 한다. 캐나다 캘거리 대학 컴퓨터과학자 프루신키위츠(Prezemyslaw Prusinkiewics) 교수는 식물이 성장하는 모습을 모의해 컴퓨터 그래픽으로 생생하게 보여주기도 했다. 영화 〈쥐라기 공원〉의 공룡 무리, 〈클리프행어〉의 새 떼, 〈타이타닉〉에서 배가 침몰할 때 아래로 구르는 사람들 등도 성장 모델링에 따라 인공생명 기법으로 복제한 것이다. 음악과 영상을 고를 때도 우울하거나 즐거운 기분에 맞는 내용을 중심으로 선택할 수 있다.

컴퓨터 사용자들의 골칫덩어리인 '컴퓨터 바이러스'도 인공생명체다. 컴퓨터 운영체계에서 스스로를 변형·복제해 자손을 만들고 매우 복잡한 행동을 하며, 백신 프로그램에 의해 죽음을 맞는 등 생명체의 요건을 갖추고 있다. 생물학에서 바이러스가 질병의 원인이면서 의약품 개발에 사용되듯이, 컴퓨터 바이러스도 언젠가는 인공생명의 내용을 풍부하게 할 것이다. 컴퓨터 게임에 등장하는 디지털 전사는 자신을 복제한다는 면에서 인공생명과 유사하지만, 유전 프로그램 기법의 진화에는 이르지 못했다.

인공생명의 미래를 예측하기는 쉽지 않다. 실리콘에 기초한 인공생명체가 탄소생명체를 대체하게 될지는 의문이다. 그럼에도 일부에서는 인공생명체가 인류의 후계자가 될 것이라는 성급한 주장을 내놓기도 한다. 실제로 인공생명이 나노기술과 결합해 군사적 목적으로 쓰인다면 불가능한 주장만은 아니다. 어쩌면 탄소 자체가 생명의 본질이라는 주장은 독단일지도 모른다. 인공생명은 자연의 지성을 모방해 새로운 세계관을 창출하고 있기 때문이다. 마치 망원경이 우주관을 변화시켰듯 인공생명이 보이지 않는 생명의 본질을 밝혀 생명에 대한 새로운 시각을 제공할지도 모른다. 인공생명의 궁극적인 목표는 생물처럼 본능적으로 반응하고 행동하는 물질과 기계를 개발하는 것이다. 만일 그게 가능하다면 인간과 기계의 경계가 무너지게 될 것이다.

일상에 파고드는 초미세입자

아무리 얼굴에 기미가 생기고 주름이 늘어도 화장을 할 수 없는 사람들이 있다. 화장기 없는 자연스러운 피부를 좋아해서 그런 것도 아니다. 피부에 좋다는 특별한 성분을 함유한 화장품도 원천적으로 흡수가 되지 않는다. 그냥 피부가 노화되는 것을 지켜볼 수밖에 없는 이들에게 희소식이 날아들고 있다. 기존 화장품을 사용할 수 없는 사람들의 피부에 생기가 돌 만한 놀라운 화장품이 개발되고 있기 때문이다. 바로 일반 화장품 입자보다 1백 배 이상 작은 30~100nm(나노미터) 사이즈로 입자를 만든 '나노(nano) 화장품'이 등장한 것이다. 화장을 못하던 이들의 피부에 연착륙하는 나노 화장품, 그 첨단기술의 세례를 받은 화장품을 통해 새로운 즐거움을 만끽하고 싶지 않은가.

일상생활 깊숙이 들어오는 10억분의 1미터 크기의 나노기술은 정보통신기술(IT), 생명공학기술(BT)과 함께 21세기 3대 첨단기술로 꼽힌다. 1nm는 원자 3~4개를 붙여놓은 정도의 크기다. 원자를 10억 배 확대하면 포도알 크기가 되고, 야구공을 10억 배 확대하면 지구 크기가 된다. 나노미터 크기의 물질을 제어하는 기술을 적용하면 기존의 물질로 불가능한 새로운 물리적 성질이 나타난다. 나노기술로 반도체를 개발하면 우리나라에서 가장 많은 서적을 보유한 국회도서관을 손톱만한 반도체에 저장할 수 있다. 장기 복용으로 인한 부작용의 염려가 없는 약품을 만들거나 얇은 봉투의 두께로도 방탄복처럼 튼튼한 섬유를 만드는 것도 가능하다.

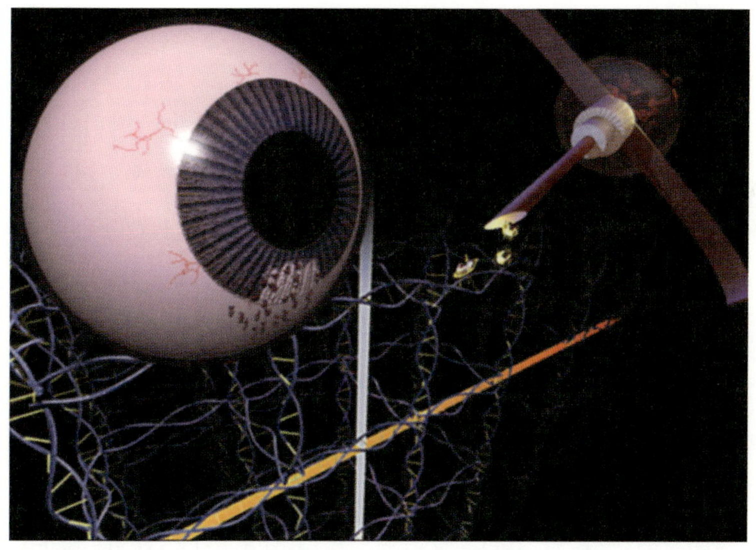

나노 구조체는 인체의 조직과 기관에 들어가 잘못된 부분을 치료한다. 나노 구조체가 안구에 들어가 치료하는 모습을 보여주는 이미지.

나노의 세계를 처음으로 제시한 사람은 1959년에 노벨 물리학상을 받은 리처드 파인만(Richard Feymann)이다. 그는 원자 설계도에 따라 원자를 하나씩 쌓아가면서 조립하면 모든 물체와 장치를 만드는 것이 가능하다고 밝혔다. 하지만 당시 과학자들은 이를 실현 불가능한 몽상이라고 배척했다. 그리고 30여 년이 지난 뒤 에릭 드렉슬러(Eric Drexler)는 『창조의 엔진 *Engines of Creation*』에서 나노기술이 건강과 식량 등 인류의 모든 생활을 바꿀 것으로 예견했다. 지금으로선 원자나 분자의 세계를 마음대로 조작해 '나노로봇'을 만든다는 것은 환상에 가깝다. 나노 크기의 기계 제작 수준의 근처에도 이르지 못하고 있기 때문이다.

그렇다고 나노기술의 실용화 자체가 허황한 바람만은 아니다. 이미 몇몇 기술은 부분적으로 응용돼 상업화를 이루기도 했다. 엑슨모빌(ExxonMobil)사는 나노 크기의 물질인 '지올라이트(Zeolite)'를 촉매제로 시판하고, 스위스 취리히 IBM 연구소 나노스케일그룹은 유전자와 단백질 1백만 개를 심을 수 있는 나노 바이오칩을 개발했으며, 미국 애피매트릭스(Affymetrix)사는 40여 만 개를 심는 바이오칩을 시판하고 있다. 나노 의약을 실현하는 약물 전달체(DDS), 충격을 견디는 자동차 범퍼, 도장력이 뛰어난 페인트, 전자파 흡수물질을 바른 스텔스 전투기, 마모를 줄이는 타이어 코팅용 '카본 블랙' 등에도 나노물질이 쓰였다. 앞으로 나노기술은 나노 크기의 물질로 미세한

나노로봇이 일상생활 곳곳에 들어
오고 있다. 현재 신경자극에 대한
통제 및 탐지가 가능해 '신경 트
랜지스터(neuron transistor)'로
인체 속을 누비고 다닐 수도 있다.

재료나 기계를 만들거나, 새로운 물리 현상을 응용한 장비를 개발하
고, 미세한 영역의 자연 현상을 예측하고 측정하는 기술 등에 쓰일
전망이다.

나노기술이 예고하는 새로운 세상, 그 실체를 엿보기 위해 나노 화
장품 속으로 들어가보자. 요즘 국내외에서 개발되는 나노 화장품은
주름살 제거제, 자외선 차단제, 피부 미백제 등으로 탁월한 효능을
발휘하고 있다. 나노 화장품 성분은 극미세입자로 이루어졌다. 일반
화장품 입자보다 작은 1백여nm 정도는 물론이고, 피부세포 간격인
75nm보다 작은 30~40nm의 입자로 피부 침투력을 높인 것이다. 생
리활성 물질을 머금은 나노 구조체는 바라는 부위에 선택적으로 작
용하기도 한다. 당연히 화장품을 구입하고도 피부에 받지 않아 안타
까워할 일도 없다.

나노 단위의 입자는 흡수력이 높게 마련이다. 입자 크기가 작아지면 입자가 받는 중력이 일반 마이크로 단위 입자보다 줄어든다. 당연히 물질의 작은 알갱이들과 주위를 둘러싼 기체 분자와의 충돌에 의한 움직임도 활발해져 침투력이 좋아진다. 또한 나노 입자들은 일반적인 것보다 쉽게 변형되지 않고, 표면에서 입자들의 '잘못된 만남'을 방지한다. 이런 기술의 관건은 얼마나 피부에 적합한 방식으로 흡수되는가이다. 물론 나노 입자는 생체 친화적인 지질을 이용해 만들어야 한다. 그래야만 피부에 적합한 입자를 만들어 생리활성 물질이

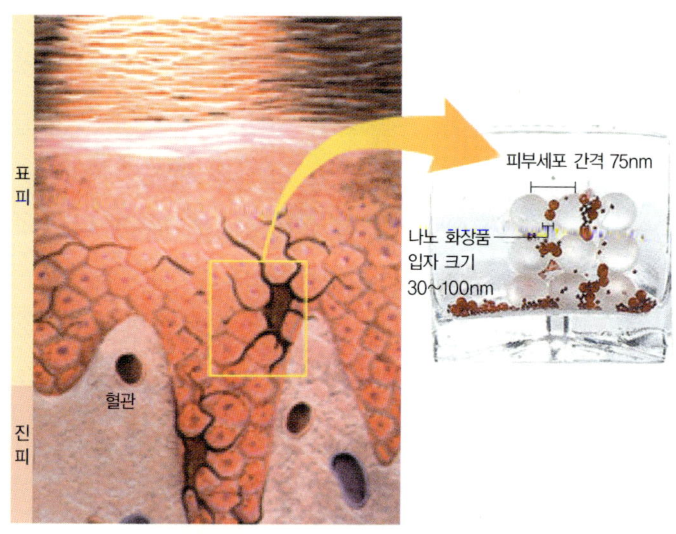

국내 주요 화장품 업체들은 자연성분을 극미세한 나노 크기 입자로 감싸 피부에 안전하게 흡수시키는 나노기술을 적용한 신제품들을 속속 내놓고 있다. 기초 화장품 엔시아 티 플러스는 피부 탄력과 미백 효과가 뛰어난 성분을 피부세포 간격(75nm)보다도 작은 극미세 나노좀(약 40nm)에 넣어 피부 속에 흡수시킨다.

안정적으로 흡수되기 때문이다.

나노 화장품은 단지 입자의 크기만 줄인 것이 아니다. 나노 입자가 됐을 때 수용성과 지용성 성분의 경계를 흐트러뜨려 피부에 빠른 흡수를 일으킨다. 게다가 이들 제품은 나노기술을 다양한 천연성분이나 다른 기술과 접목해 성분의 효능을 높이도록 했다. 작은 입자들에 천연성분 등 전달코자 하는 성분들을 캡슐에 담아 전달력을 높이고 성분의 변질 없이 확실한 피부 흡수를 일으키도록 한 것이다. 2002년 현재 기능성 화장품의 세계시장 규모는 220억 달러로 해마다 8%씩 지속적인 성장세를 보이고 있다. 이런 거대 시장에서 나노기술의 가능성은 무궁무진하며 다른 분야로의 응용도 이루어지고 있다.

특정 성분을 몸에 전달하는 기능이 있는 나노 구조체. 화장품의 경우는 피부까지만 이르면 되기 때문에 상대적으로 적용이 수월하다. 하지만 나노 구조체에 약물을 넣으면 상황은 복잡해진다. 치료약물을 담은 나노 전달체가 몸에 침투해 위, 심장, 간 등 특정 기관의 세포에 정확하게 전달해야 하기 때문이다. 그 동안 연구자들은 바이러스를 전달체로 삼으려고 했다. 예컨대 호흡기 감염을 일으키는 '아데노바이러스' 등의 독성을 없애 유전자 전달체로 삼기도 했다. 하지만 바이러스성 유전자 전달체들은 발현율이나 지속성 등에서 탁월하지만, 면역반응에서 치명적인 문제를 일으켰다. 이런 탓에 다시 약물 전달체로 인공적인 나노 구조체에 관심을 기울이고 있다.

환경지킴이로 우뚝

이제 나노기술은 미래의 새 기술이 아니다. 이미 화장품을 비롯해 반도체 메모리, 배터리 연료 등으로 활용 분야가 넓어지고 있으며, 극미세 우주를 지향하는 첨단 과학으로 확실하게 입지를 굳혔다. 게다가 지구환경의 문제를 해결할 청정기술로 주목받고 있다. 이미 의약·식품·전자·환경 분야에서 가능성을 인정받았다. 앞으로 10년 내에 모든 컴퓨터칩과 의약의 절반, 화학촉매의 절반 등이 나노기술을 토대로 이루어질 것으로 예측된다. 플라스틱은 1930년대에 일상을 바꾸는 구실을 했지만, 환경문제를 불러일으켰다. 반면 나노 부품과 성분은 환경문제를 해결하면서 일상의 혁명을 주도할 것이다.

나노기술은 어떤 식으로 환경지킴이 구실을 할 것인가. 일단 미세한 불순물을 제거할 것으로 예측된다. 음용수와 폐수용 필터 시스템, 천연가스 파이프라인 등을 분자 수준에서 디자인하면 청정 음용수와 연료를 생산할 수 있다. 공장에서는 폐가스에서 나오는 나노 크기의 검댕까지 제거할 수 있는 민감한 세정기를 사용하게 된다. 공기나 음료수에 있는 독성물질을 모니터하는 센서도 등장할 것이다. 만일 이들이 서로 연결되면 지구적 환경오염과 생화학무기 분포 등을 손쉽게 파악할 수 있다. 게다가 초미세 제품들이 실용화되면 원료물질과 폐기물도 줄어들 것이다. 하지만 여전히 희망사항에 지나지 않는다. 나노 세계와 마이크로 세계를 자유롭게 넘나들기까지 풀어야 할 과제와 예상치 못하는 무수한 난관이 버티고 있기 때문이다.

작은 게 탁월하다

첨단 의료 장비에 의한 원격수술이 이루어지는 한 병원. 수술실에 있는 의사는 수술복장을 하지 않았다. 평상복 차림으로 모니터 앞에서 환자에 관한 자료를 살필 뿐이다. 그런 다음 첨단 장비로 이루어진 먼지만한 로봇을 원격조종해 인체에 투입할 준비를 하고 있다. 이 로봇의 크기를 수천 배 확대해보면 소형 잠수정을 빼닮았다. 실제로 로봇은 잠수정처럼 혈액의 흐름에 따라 체내를 여행하면서 환자의 생명을 위협하는 물질을 제거한다. 만일 환자가 동맥경화라면 잠수정 형태를 순식간에 자동굴삭기로 바꾸어 막힌 동맥을 넓힌다. 로봇은 혈관과 세포 사이를 자체 동력으로 돌아다니면서 암세포나 혈전 등을 집중 공격한다. 환자는 로봇이 인체를 들쑤셔도 아무런 통증을 느끼지 않는다. 인체에 투입된 로봇은 임무를 마치고 흔적도 없이 사라진다.

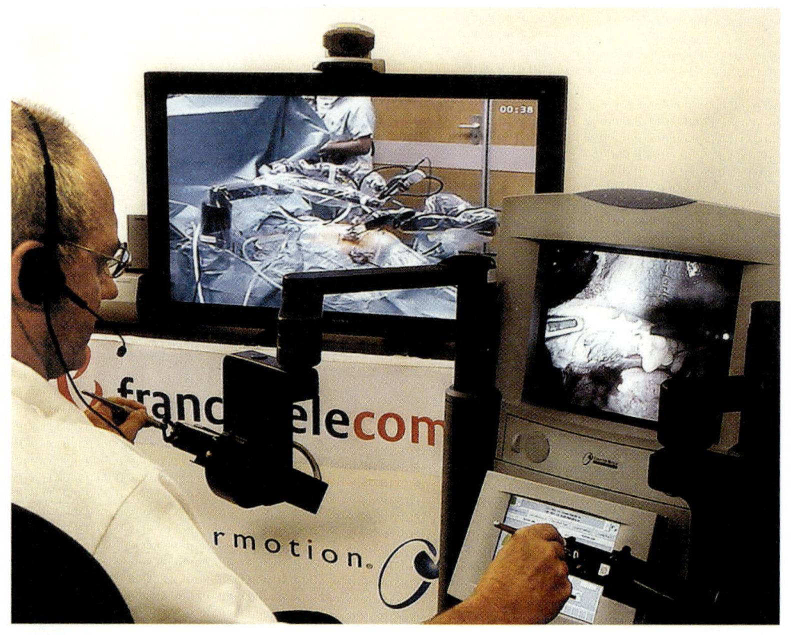

로봇을 원격조종해 수술을 집도하는 모습. 의사는 평상복 차림으로 수술실이 아닌 모니터 앞에서 환자를
수술할 수 있다.

초미세공학의 놀라운 가능성을 예고하는 미래의 수술 장면이다.
원자나 분자 크기를 조절해 초소형 로봇을 만드는 '미세전자기계 시
스템'(MEMS, micro-electromechanical system)은 이제 공상과학의
영역에 머물지 않는다. 주사터널링현미경(STM) 같은 전자현미경으
로 초미세 상태를 다루는 나노기술을 실현하기 위한 전 단계 기술로
급속히 영역을 넓혀가고 있는 것이다. 양자역학과 재료공학 등의 이
론적 토대 위에서 나노 세계는 현실로 드러난다. 하지만 아직은 미소

한 입자와 분자를 조작하는 도구의 수준은 초기 단계에 있다. 마치 손에 권투장갑을 끼고 가까스로 플라스틱 블록을 조립하는 정도이다. 현재는 나노에 이르는 중간 단계로 마이크로(1백만분의 1) 수준의 기술을 실용화하고 있다. 아직은 초보 단계에서 가능성만을 타진하는 수준인 셈이다.

실험실을 벗어나 일상 속으로

MEMS는 의학 분야에서 획기적인 전기를 마련할 것으로 기대를 모으고 있다. 바이오기술에 MEMS를 접목한다면 마이크로 엔진을 장착한 로봇이 인체의 유해물질을 손쉽게 제거할 수 있다. '디엔에이 랩 칩(DNA Laboratory a chip)'은 피부에 대기만 하면 순간적으로 소량의 혈액이 흡입돼 질병을 진단할 수 있다. 원료물질을 미세 가공한 초미세 내시경이나 주사바늘 등을 인체에 삽입하는 것은 어려운 일이 아니다. 일반 약물이 쉽게 전달하지 못하는 치료약물을 미세로봇을 이용해 전달할 수도 있다. 여기에는 미세로봇의 추진력이 부족하다는 어려움이 있다. 마이크로 엔진을 소형화하는 것만으로는 한계가 있는 탓이다. 그래서 연구자들은 박테리아 속의 매우 복잡한 단백질 집합체인 편모 구동장치를 닮은 시스템을 개발하려고 한다. 세포가 편모를 이동시키는 생물학적 회전모터를 기계적으로 재현하려는 것이다.

미세전자기계 시스템은 아직 마이크로 수준을 크게 벗어나지 못하고 있다. 소형화의 최대 문제인 마찰과 점착성을 극복하면 활용 범위가 크게 넓어질 전망이다.

마이크로 기계장치들은 컴퓨터칩처럼 실리콘과 금속을 층으로 쌓아 만든다. 겉보기에는 미세한 실리콘칩처럼 생겼지만 용도는 훨씬 광범위하다. 실리콘칩은 자료처리 능력만 있어서 수동적으로 일을 처리한다. 이에 비해 마이크로 기계장치들은 '움직임'이 자유로워 실리콘의 치명적 한계를 뛰어넘는다. 초기의 MEMS는 실리콘이 굽혀지면 전기 저항이 달라진다는 사실을 이용했다. 하이웰(Hiwell)사는 비행조종 장치용 유압센서를 개발했으며, 자동차 회사와 협력업체들이 연료분사 자동차의 엔진 흡입구 압력을 모니터링하기 위한 센서를 개발했다. 이런 제품은 현재의 MEMS 기술이 그대로 적용되지는 않았지만 잉크젯프린터 헤드와 의료용 혈압측정계 등은 MEMS 원형 제품으로 인정받았다. 1980년대 중반에 MEMS는 단순히 굽히는 원리를 뛰어넘어 진동하고 회전하는 부품으로 영역을 넓히게 되었다.

이미 마이크로 기계장치들은 일상 속에서 소리없이 영역을 넓혀가고 있다. 미국 아날로지 디바이스(Analogy Device)사가 개발한 MEMS 가속도계는 에어백 조절장치 가격을 획기적으로 낮추었다. 이 센서는 실리콘 구조물을 사용해 자동차가 충돌할 때 발생하는 충돌 가속도를 감지하는 것으로, 지금까지 가장 성공한 MEMS 기술로 꼽힌다. 톱니바퀴 하나가 수십만분의 1미터에 불과해 미세한 움직임에도 즉각 반응하기에 자동차가 충돌할 경우 순식간에 에어백이 작동하도록 한다. 이 센서를 미소로봇에 장착해 군사작전이 이루어지는 특정 지역에 '매복' 시키면 상대의 움직임을 소리나 기류의 변화 등으로 감지해낼 수도 있다. 미국 스탠퍼드 대학 미세구조센서 연구소의 기계공학자 토머스 케니(Thomas Kenny) 교수팀은 실리콘 기판을 가공해 기존의 센서보다 1천 배 이상 뛰어난 초고감도 적외선 열 센서를 개발하기도 했다. 이 센서는 실온에서 1백 미터 앞을 걷고 있는 사람을 감지할 정도로 성능이 뛰어나다. 상용화되면 생화학무기나 지뢰를 탐지하거나 인공위성에서 대기오염 물질 등을 관측하는데 쓰일 예정이다.

그 동안 소프트웨어에 의존한 컴퓨터 방호벽도 MEMS가 대신할 날도 멀지 않았다. 사실 내로라 하는 해커들이 판치는 상황에서 소프트웨어에 대한 믿음은 허망하기 그지없다. 미국 산디아(Sandia) 국립연구소에서 개발한 '초소형 조합형 자물쇠' 는 최고의 기술을 가진 해커가 침입한다 해도 손을 쓸 수 없을 것으로 보인다. MEMS 기술을 이용해 만든 이 잠금장치는 현미경을 통해서나 겨우 볼 수 있을 정도로 미세한 하드웨어 방호벽이다. 조합형 자물쇠는 직경 3백 마이크론 이하 크기의 소형 톱니 기어로 이루어졌다. MEMS로 방호벽을 설치한 사람은 1에서 1백만 사이의 특정한 값으로 자물쇠의 조합을 설정한다. 전체 잠금장치의 크기는 셔츠의 단추 크기 정도인 9.4×4.7 밀리미터로서 수백 개의 장치라 해도 6인치 실리콘 웨이퍼 하나로 만들 수 있다. 이 잠금장치는 정보의 방호벽은 물론 시간제어 보안장치로 응용될 수 있다.

이제 마이크로 기계장치들은 다양한 형태로 실험실을 벗어나 놀라

해커와 방호벽의 일대격돌이 벌어지고 있다. MEMS 기술을 이용한 첨단 방호벽은 해커의 침입을 원천 봉쇄할 것으로 기대를 모으고 있다.

운 가능성을 보여주고 있다. MEMS 기술에 기반한 가속도계와 잠금 장치의 뒤를 이어 수백만 개의 마이크로 거울이 들어 있는 우표 크기의 칩, 꽃가루 크기의 기어가 들어간 전기모터도 상용화를 앞두고 있다. 이런 미소 기계장치들은 기존 기계장치들을 대체하기도 한다. 수백만 개의 초소형 거울이 더욱 선명하고 밝은 화상 프로젝터를 제공하며 초소형 모터는 핵폭탄이 사고로 폭발하는 것을 방지하는 안전 장치로 쓰일 예정이다. 국내에서도 삼성종합기술원이 마이크로엔지니어링센터를 구축해 MEMS 관련 정밀기계와 소자 개발에 나섰다. 핵심 개발 제품으로는 마이크로 자이로스코프(Gyroscope) 가속도계 등의 센서류와 하드디스크용 구동기를 비롯한 마이크로 액투에이터(Actuator), 광메모리 광통신 소자 등이 있다. 초정밀 원자현미경을 개발하는 PSIA사는 MEMS 공정을 적용해 극미세 탐침을 5nm 이하로 소형화해 영상 이미지를 고속으로 얻을 수 있는 제품을 개발하고 있다.

21세기를 주도하는 미세 공학

앞으로 MEMS에 기반한 마이크로 기계장치들은 20세기의 반도체 기술에 버금가는 기술로 21세기를 주도할 것으로 보인다. 각종 시스템의 초소형화와 집적화를 통해 기존 가공기술로는 구현할 수 없는 새로운 차원의 세계를 선보이는 것도 시기 문제일 뿐이다. 가공 오차의 한계를 극복하는 것은 물론 반도체 소자보다 낮은 전력으로 훨씬 수준 높은 기술을 구현하는 것도 가능하다. 또한 원자와 분자를 마음대로 조절하게 된다면 미소한 영역에서 제품을 손쉽게 만들어 현존하는 생산기술을 대신할 수도 있다. 그렇게 되면 지금보다 훨씬 작은 시설에서 저렴하게 고성능의 제품을 생산할 것으로 기대된다. 분자 수준에서 물건을 만들게 되면 유해물질을 배출하지 않기에 환경적으로도 유익하다. 공장에서 더이상 유해폐기물과 대기오염 물질을 만들지 않는 것이다. MEMS 기술은 상용화 십여 년 만에 산업현장을 혁명적으로 바꿀 첨단 공학으로 떠올랐다.

'디지털 전사'가 전장을 누빈다

미국의 이라크 침공전쟁은 첨단 과학의 위력을 여실히 보여주었다. 첨단 정찰장비, 초정밀 위성유도 미사일, 첨단 통신시스템 등을 이용한 '네트워크 중심의 전쟁'이 시작된 것이다. 네트워크를 이용해 전략과 전술이 수립된다면 첨단 화력이 가공할 만한 파괴력으로 공격을 감행하게 된다. 지상군으로 배치된 이들은 미 육군에서 최고 난도의 훈련을 받은 레인저 혹은 그린 베레 대원들. 이들은 MC130H 컴뱃텔론2 수송기나 장거리용으로 개조한 블랙호크 헬기를 이용해 작전지역에 투입된다. 특수 훈련을 받은 병사들은 병기를 다루는 것 못지않게 컴퓨터도 능숙하게 다룬다.

현재 실용화 단계에 접어든 군사기술을 실전에 적용하면 이렇다. 지상전을 벌이기 위해 작전을 벌이는 대원들. 그들은 '헤드 업 디스플레이'(Head-Up Display, HUD)를 눈앞으로 내리고, 팔에 장치된 소형 키보드의 버튼을 누르며 이동한다. 헬멧의 디스플레이(VDU)는 상대 주둔지의 지형지물과 보초병의 생생한 영상을 보여준다. 조준기와 상공의 항공기로부터 얻어지는 삼각측량으로 산출한 GPS(위성 위치확인 시스템) 데이터를 전자적으로 조립된 특수병기에 입력한다. 녹색의 라이트들은 준비 상황이 완료되었음을 알려준다. 상자의 빨간 버튼을 누름과 동시에 비행체가 조용히 약 6미터 높이까지 오른 뒤 단숨에 목표를 향해서 공중을 날아간다. 사전에 파악한 정보가 확실하다면 민간병원을 폭파시키는 등의 오폭의 위험은 거의 없을 것이다.

첨단으로 무장한 '디지털 전사'의 모습.

하이테크 전쟁

전쟁은 역사적으로 신기술의 산실 구실을 했다. 최초의 장거리 무기인 활이 등장한 이래로 화약, 전함, 비행기가 전장을 휩쓸었다. 라이트 형제가 세계 최초의 비행기를 만든 지 11년 만에 발발한 1차 세계대전은 항공공학 기술에 크게 이바지했으며 라디오와 잠수함 개발도 이때부터 시작됐다. 나치의 영국 기습공격에서는 내연기관과 무전기가 결합하는 양상을 보였다.

또한 2차 세계대전은 원자탄 개발을 촉진했고 컴퓨터 개발의 기폭제 노릇을 했다. 최초의 컴퓨터로 불리는 '에니악(ENIAC)'은 탄도의 궤적을 손쉽게 계산하려는 군사적 목적에서 개발됐다. 전쟁은 일상생활에도 변화를 불러일으켰다. 세계대전 때 군인들이 햄을 간편하게 먹을 수 있도록 포장한 스팸은 우리나라 식생활 문화까지 바꾸고 있을 정도이다.

미국의 테러 보복 전쟁에서 테스트하고 이라크 등지를 공격할 때 새롭게 선보일 기술은 무엇일까. 우선 '원격탐사(remote sensing)'에 관련된 감시기술을 꼽을 수 있다. 이 기술은 인공위성이나 항공기에 탑재한 각종 계측장치에 근거하는 네트워크 시스템으로 적을 몇 분만에 찾아 궤멸하는 것을 목표로 한다. 실전에서 활용되면 특정 인물을 단박에 추적해 신원을 인식해 공격까지 할 수 있다.

걸프전에서 스마트 폭탄과 위성 이미지 기술이 특정 '시설'을 겨냥한 것이었다면 이제는 공습의 표적이 되는 특정 '개인'까지 표적

미래의 전쟁에서는 네트워크가 핵심이 될 것이다. 21세기 전쟁에서 가장 강력한 부대는 첨단 화력을 자랑하는 특수부대원이 아니라 전쟁에 나타나지 않는 소프트웨어 엔지니어들일 것이다.

으로 삼는 수준에 이르렀다. 토마호크 미사일의 경우 미리 입력된 지도를 토대로 실시간 카메라 사진과 비교하며 목표 지점을 찾았다. 당연히 내장 지도와 실제 화면이 다른 경우 행로를 정확히 찾기 힘들었다. 하지만 최근의 GPS를 이용한 통합정밀직격병기(Joint Direct Attack Munition)의 경우 지구를 10미터 간격의 격자로 나눈 위성위치확인 시스템을 이용해 10미터 이내의 목표물을 겨냥할 수 있다.

이렇듯 첨단 무기들은 무선 시그널 기술과 디지털 이미지 기술이 접목되어야 효용성을 발휘한다. 미래의 전쟁은 네트워크가 핵심이라고 말하는 이유가 여기에 있다. 이미 원격감시에 관련된 컴퓨터 기술도 확보된 상태이다. 관련 기술이 서로 결합하면 목표 인물 추적용 스팅거 미사일을 개발하는 것도 가능할 것이다. 위성이 목표물을 찾아 좌표에 명중하도록 폭탄을 유도하는 시스템도 등장하고 있다. 어쩌면 21세기 전쟁에서 가장 강력한 부대는 첨단 화력을 자랑하는 특수부대원이 아니라 전장에 나타나지 않는 소프트웨어 엔지니어들인지도 모른다.

이미 렉시스넥시스스타일(Lexis-Nexis-style)이라는 온라인 탐색 시스템은 보이지 않는 적의 신원을 파악하는 사이버 정찰대 구실을 한다. 델피 시스템지사가 개발한 무게 12킬로그램 정도의 시그널 정보 개인장비도 선보일 예정이다. 이 시스템은 광대역 탐색을 벌이고 상대의 통신 송신지를 발견해 통신을 차단할 수 있는 휴대용 통신장치이다. 게다가 동굴 속에 숨어 있는 인물 표적을 찾아내 신원을 확인하는 얼굴 인식 데이터베이스도 갖춰질 전망이다.

전투현장에서 개인병사들은 '디지털 전사'로 탈바꿈하고 있다. 특수부대원들이 하이테크 장비를 이용해 작전을 수행하는 것이다. 리모트 센싱과 감시기술이 작전을 위한 하드웨어라면 하이테크 장비는 소프트웨어 구실을 하게 된다. 육군 지상 전투병에 관한 대형 프로젝트인 '랜드 워리어 프로그램(Land Warrior Program)'의 일부도 이라크 침공전쟁에서 모습을 드러냈다.

이 프로젝트는 입을 수 있는 컴퓨터와 온도 이미지 장치를 장착하고 지속적으로 전군의 정보 네트워크에 접속이 가능한 초미래식 복장을 갖춘 전투병을 실전에 배치하는 것을 목표로 삼고 있다. 간단히 말해 '하이테크 갑옷'을 입은 첨단 군인을 전장에 배치하겠다는 것이다. 이를 위해서는 옷감에 정보처리 기술을 접목한 가볍고 견고한

'스마트 셔츠'가 필수적이고 '입는 컴퓨터(Wearable computer)'가 뒷받침되어야 한다. 그렇게 되면 병사 1인당 장비가격이 1만 7천 달러에 이를 전망이다.

전투복의 진화

가장 먼저 눈에 띄는 개인장비로는 헬멧을 꼽을 수 있다. 트로이 전쟁 이후 기후와 산탄 유탄으로부터 병사들을 보호한 헬멧이 전자적으로 재탄생하는 것이다. 첨단화된 헬멧에는 비디오카메라와 야간 투시장치, 음성통신용 헤드세트 등이 부착된다. ITT사가 최전선 병사를 위해 만든 야간 투시경은 걸프전 당시보다 성능이 35% 정도 개선됐다. 작전을 수행하는 병사들은 소총에 야간조준기를 부착해 사격의 정확도를 높였다. 일부 병사들은 빛이 전혀 없는 상황에서 볼 수 있거나 안개, 연기 그리고 벽을 통과해 볼 수 있는 열선 이미지 장치를 사용하기도 한다. 이런 기기를 이용해 정보를 지휘부에 전송한 야전군인들은 원격지휘에 따라 실전을 치르게 된다.

미래의 병사는 화학 무기나 다른 장치를 탐지하기 위한 컴퓨터를 몸에 지닐 수 있게 될 것으로 예상된다. 울창하고 무더운 정글을 걸어가는 병사도 정밀하게 온도가 조절되는 군복을 입어 더위에 지치지 않을 수 있게 될 것으로 보인다. 3미터 앞을 볼 수 없는 어둠 속에서도 길을 추적할 수 있도록 병사가 먹은 음식 속에 들어 있는 바이오센서가 헬멧에 붙어 있는 이어폰을 통해 본부의 안내에 따라 길을 추적할 수 있게 될 것으로 전망된다.

시계처럼 팔목에 찬 탐지기가 독성 화학 작용제의 존재를 탐지하여 정글의 고요함을 깨뜨리는 경보를 발하게 된다. 그러면 헬멧의 바이저가 내려지고, 병사의 생명 신호를 감시하는 군복으로부터 병사가 계속 안전하게 임무를 완수할 수 있도록 하는 데 필요한 약품이 자동적으로 투여될 것이다. 군인들은 썩지 않으며 사람의 몸에 충분한 영양분을 공급하는 유전공학적으로 처리된 음식에서부터 탐지할 수 있을 것이다. 상처를 치료하며, 피를 흘리고 감염되는 것을 막을 수 있는 군복도 개발될 것으로 예측된다.

현재 매사추세츠 공과대학(MIT) 재료공학연구소의 에드윈 토머스(Edwin Thomas) 박사팀은 놀라운 성능의 슈퍼 전투복을 개발하고 있다. 슈퍼 전투복은 나노과학을 응용한 것으로 섬유에 내장된 인공 근육을 이용해 한 손으로 80킬로그램의 물체를 번쩍번쩍 들어 올리고 6백만 불의 사나이처럼 몇 미터를 뛰어오를 수도 있다. 그리고 전투중 피가 흐르는 부위가 있으면 그 부위에 특수 군복을 접착하여 온도를 낮춰주고 자동으로 지혈해주는 기능도 내장될 예정이다. 이 군복은 나노공법으로 만들어진 폴리머(polymer, 여러 종류의 분자들이 모인 중합체)를 이용해서 만들어진다. 여기에 일정한 세기의 전기를 흘리면 강하게 수축하거나 팽창하게 된다.

슈퍼 전투복은 안정된 상태의 폴리머에 전기를 가하면 마치 접자를 펴는 것과 같은 원리로 폴리머가 팽창하는 방식을 응용한다. 나노미터 굵기의 폴리머 섬유를 여러 가닥 묶어서 실을 만들고 그것으로 옷감을 만들면 그야말로 슈퍼맨과 같은 인공근육을 만들어낼 수 있다. 하지만 아직 인공근육이 사람의 근육처럼 20% 정도 늘어나는 수준에는 이르지 못했다. 게다가 근육이 아직 완전히 펴지는 데 1분 정도의 시간이 걸린다. 연구자들은 탄소 나노튜브(nanotube)로 저항을 줄여 근육의 팽창 속도를 극대화하는 데 관심을 기울이고 있다.

MIT 특수군복개발팀은 전투병들간의 통신 문제를 쉽게 해결하는 군복도 개발하고 있다. 군복에 광학적 바코드(optical barcode)를 입히는 것이다. 야간 시가전을 벌일 경우 특수 안경을 쓰면 아군의 군복이 모두 빨강이나 노랑 등 단일한 색깔로 보이는 식이다. 이렇게 되면 아군과 적군의 식별이 용이해 오인 사격을 방지할 수 있다. 한 가지 재미있는 사실은 이런 군복이 상대편에 빼앗겼을 때에는 매우 치명적일 수 있는데, 이때를 대비하여 그 물질에 흘려주는 전류의 세기를 조종하여 다시 군복의 반사색을 바꿀 수 있는 방법도 연구되고 있다.

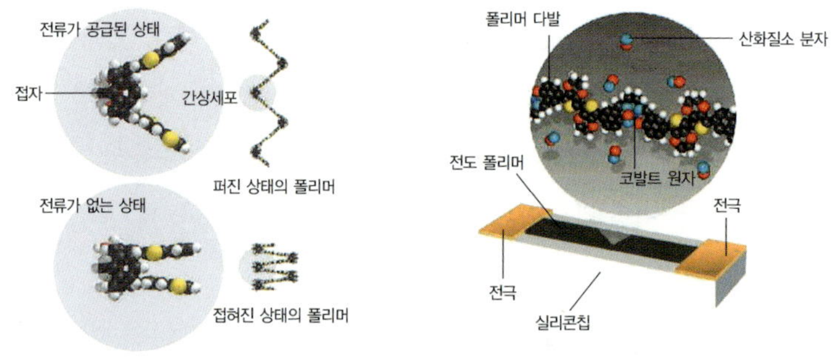

슈퍼 전투복의 인공근육(왼쪽)과 산화질소용 센서(사진―『*MIT Technology Review*』 2002년 10월호).

이러한 슈퍼 전투복에는 병사의 신체 상태를 본부에 자동으로 전
달하는 기능도 내장될 전망이다. 전투복의 양끝 단에 전류를 연결한
특수 폴리머를 이용해 산화질소 분자를 흡착함으로써 병사의 상태를
파악하는 것이다. 예컨대 산화질소 분자가 폴리머에 쌓이면 양단의
전류 사이에 저항을 증가시키고, 각 전투병의 저항 값이 전투본부에
신호로 전달된다. 인간의 호흡에서 발생되는 산화질소는 신체가 스
트레스를 심하게 받았을 때 최고치를 기록한다. 이 정도를 해석하면
개별 병사가 총상을 입었는지, 또는 의식을 잃어가고 있는지를 전투
본부에서 파악할 수 있는 것이다. 이미 연구진은 특수물질인 '덴드리
머(dendrimer)'를 개발했지만 군복에 안정적으로 설치하는 데는 한
계가 있는 것으로 알려졌다.

전자적 부대

재래식 병기에 속하는 개인화기도 성능이 크게 향상됐다. 새로운
저격용 총은 거의 1마일 밖에서 발사해도 경방탄복을 관통할 정도이
다. 스마트 폭탄은 총알보다 빠르고 3미터 이내에 적중하는 명중도
를 자랑한다. 특수요원들은 위성위치확인 시스템(GPS)을 통해 작전
수행력을 높일 수 있다. 인공위성의 신호를 이용해 자신의 위치를 10
미터 오차 범위에서 알 수 있으며 동료 병사의 위치를 확인하는 것도
가능하다.

GPS 장치는 정찰중인 특수 작전병들이 원거리 폭격을 위한 목표물 측정에 사용되기도 한다. 예컨대 작전병은 레이저 지적장치로 목표를 가리키고 GPS 판독기로 비교해 B-2 폭격기에 좌표를 전달하는 식이다. 전투현장에 투입된 병사들이 얻는 모든 정보는 인공위성이나 고공에서 배회하는 무인비행기에 전달된다. 이미 록히드 마틴사는 미국 국가정찰국의 요청으로 두 개의 극비 인공위성을 발사해 작전을 지원하는 것으로 알려졌다.

음성인식이나 웹브라우저 인터넷 등도 따지고 보면 군사기술에 바탕한 것이다. 최근에는 '인공지능'이 군사적으로 각광받고 있다. 이미 걸프전 때 컴퓨터에 의한 작전지원 프로그램으로 '동적분석재계획툴(Dynamic Analysis Replanning Tool)'이 사용되기도 했다. 당시 군사작전에서 상당한 빛을 발휘한 이 툴은 업그레이드된 형태로 아프가니스탄에서 작전을 세우고 있다. 게다가 사람과 컴퓨터의 관계를 맺어주는 쌍방향 컴퓨팅에 바탕한 '프로액티브(Physical Real Out There Active)'라는 기술도 지휘부를 거들고 있다.

그뿐만이 아니다. 미국 에너지성이 개발한 탐색장비는 레이저를 이용해 밀폐된 용기의 유독화학물을 찾아내고 벌레 모양의 미니로봇으로 폭발물을 탐색하기도 한다. 삼엄한 방공망으로 보호되는 전략 요충지에는 무인전투기를 보내 유인비행기의 공격을 돕기도 한다. 바야흐로 전쟁은 기술을 만들고 기술은 전쟁을 치르고 있는 형국이다. 물론 거기엔 시스템의 오류에서 비롯되는 무고한 사람들의 희생이라는 치명적 한계가 있게 마련이다.

옷감에 데이터를 심는다

미국 항공우주국(NASA) 무중력 실험실에서 '입는 컴퓨터'의 놀라운 가능성을 보여주고 있다. 입는 컴퓨터는 우주 상태를 모방한 707 비행기 KC-135에서 마이크로 중력 실험을 벌이기도 했다. 우주 공간으로 나온 우주비행사들이 두 손을 자유롭게 사용하면서 우주선의 지시를 받아 작업할 수 있도록 하는 것이다. 이들이 착용한 입는 컴퓨터는 자이버노트(Xybernaut)사의 '모빌 어시스턴트'(MA, Mobile Assistant). 이 장비의 디지털카메라가 달린 헬멧과 조끼에는 무선으로 컴퓨터에 연결되는 송수신 장치가 붙어 있다. 컴퓨터가 작동되면 윈도 포맷 15인치 스크린이 눈앞 60센티미터 지점에 나타난다. 소매에는 터치스크린과 키보드까지 달려 있어 실시간으로 본부의 지시를 받아 원격작업을 벌인다.

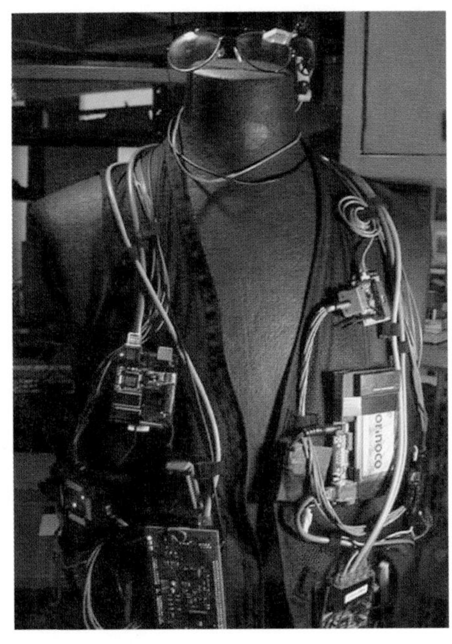

현재 개발된 입는 컴퓨터는 첨단 기기를 몸에 부착한 수준이다. 이 기기들을 의류에 심어야 진정한 입는 컴퓨터가 될 수 있다.

　우주 공간에서 활용 가능성을 인정받은 입는 컴퓨터가 놀라운 기세로 일상 속에 파고들고 있다. 마치 1979년 소니의 '워크맨'이 거리를 활보하기 시작했던 것처럼. 이미 시판에 들어간 입는 컴퓨터의 대표적인 기종은 자이버노트사의 MA V이다. 개인휴대단말기(PDA) 같은 팜톱컴퓨터의 기능이 사용자 위주라면 입는 컴퓨터는 쌍방향의 무선 네트워크로 정보를 주고받는다. 터치스크린을 이용해 원터치로 자료를 송수신하고, 핸드프리로 음성통신이 자유롭게 이루어진다. 어떤 악조건에서도 자료를 입출력하고 이메일을 보내는 등 논스톱

업무를 돕는다. PDA보다 활용폭이 넓은 만큼 메모리 용량도 개인용 컴퓨터에 버금갈 정도이다. MA V의 CPU는 이전 버전의 233메가헤르츠(MHz)보다 크게 향상된 인텔 셀러론 500메가헤르츠. 윈도 98/2000/NT/XP는 물론 리눅스와 유닉스 등 대부분의 PC 운영체제를 지원하기도 한다.

소형화 · 첨단화

현재의 패션은 의류나 장신구, 염색, 피어싱 등을 통해 이루어진다. 이제 장신구들도 정보기기로 업그레이드될 전망이다. 자이버노트사가 대량생산한 최초의 착용 컴퓨터 '포마(Poma)'는 6인치 높이의 컴퓨터에 120메가헤르츠의 RISC 프로세서와 32메가바이트의 램 등을 내장하고 있다. 머리에 쓰는 스크린도 있고 광학마우스를 이용해 커서를 움직이기도 한다. 이것을 착용하면 마치 사이보그(뇌 이외의 부분을 인공적으로 교체한 개조인간)가 된 듯한 느낌을 갖게 된다. 아직은 입고 다니기에 전선이 너무 많다는 게 단점으로 지적된다.

그렇다면 입는 컴퓨터는 누구를 위해 개발되는 것일까. 그것은 우선 입는 컴퓨터가 90년대 초반 미국 첨단방위고등연구계획청(DARPA)의 프로젝트에서 시작된 데서 이유를 찾아야 할 것이다. 당시 DARPA는 항공기 제작업체인 보잉사와 함께 병사용 전투조끼를 공동 개발하면서 입는 컴퓨터에 관심을 기울였다. 당연히 군사적 목적을 염두에 둘 수밖에 없었다. 디지털 야전군인을 목표로 삼은 '랜드 워리어 프로그램'에 따르면 특수부대원들은 표준형 인텔 펜티엄 프로세서와 윈도 소프트웨어를 기반으로 삼은 입는 컴퓨터를 착용할 예정이다. 입는 컴퓨터가 군사적으로 실용화된다면, 이를 착용한 야전군인이 위성신호를 이용해 상대 거점을 추적하고, 태양열을 발생시키는 특수 기능을 가진 낙하산처럼 폭넓게 군사적으로 응용할 수 있을 것이다.

2001년에는 9 · 11 테러로 인해 보안시설이 입는 컴퓨터의 주요 고객으로 떠오르기도 했다. 보안에 관련된 이동 근무자에게 입는 컴퓨터를 지급하면 감시망을 더욱 촘촘히 할 수 있기 때문이다. 공항이나 관공서, 빌딩 등 주요 건물의 이동 근무자가 입는 컴퓨터를 착용한

미국 라스베가스에서 열리는 컴텍스에서 입는 컴퓨터 장비들은 큰 주목을 받고 있다. 마이크로옵티컬사가 개발한 액정디스플레이 안경.

상태에서 그냥 걷기만 해도 '요주의 인물'에게는 위협적이다. 이동 근무자가 자연스럽게 걸으면서 헤드폰처럼 머리에 쓴 장치에 있는 비디오카메라로 주변을 찍어 지휘소에 보내기 때문이다. 컴퓨터 모니터로 자료를 전송받은 지휘소에서는 데이터베이스에 있는 자료와 동영상 필름 자료를 비교 검토한다. 그리고 곧바로 확인된 인물은 집중적인 감시를 받게 된다. 물론 터치스크린을 통해 직접 인물에 관한 정보를 얻거나 헤드셋을 이용해 컴퓨터에 작업 지시를 내리는 것도 가능하다. 이런 기능은 백화점이나 대형 할인매장에서 물건을 훔치려는 사람의 행동을 감시하는 데 사용되기도 한다.

입는 컴퓨터는 산업현장을 누비고 다닐 태세다. 열악한 환경에서 고도의 정밀작업을 수행하는 능력을 높이 평가받고 있는 것이다. 일하는 사람들이 입는 컴퓨터를 이용하면 대형 엔진 아래나 유조선 파이프라인 부근 등에서 터치스크린으로 매뉴얼을 살피며 수리작업을 할 수 있다. 소음에 강한 헤드셋은 새로운 인터페이스 기능을 하기도 있다. 현재 시판중인 입는 컴퓨터는 85데시벨(db)의 소음에서도 음성을 인식해 현장작업에 유리하다. 이미 캐나다의 통신업체인 벨 캐나다(Bell Canada)사의 현장기술자 18명이 입는 컴퓨터로 작업하고 있으며 세계 최대 규모의 종합화물 운송기업인 페더럴 익스프레스(Federal Express)는 항공기 유지 요원들에게 1백만 달러어치의 입는 컴퓨터를 지급했다. 일반 가정에서도 입는 컴퓨터를 활용할 수 있다. 치매를 앓거나 거동이 불편한 환자가 있다면 일상의 불편함을 크게 덜 수 있다. 집 밖으로 나가서 해야 하는 일을 크게 줄일 수 있을 뿐만 아니라 집 밖에서도 무선 네트워크를 이용해 하고자 하는 일을 원활히 할 수도 있다.

하지만 현재 시판중인 입는 컴퓨터는 무게가 만만치 않다. CPU만 해도 1킬로그램에 가까울 정도이다. 거기에다 각종 부속장치를 추가하면 소형 노트북보다도 더 무게감이 느껴진다. IBM사도 2002년에 윈도 CE 기반의 펜티엄급 입는 컴퓨터 2만 5천 대를 출시했지만 획기적으로 중량이 줄어들지는 않았다. 그래서 입는 컴퓨터에 관심을 기울이는 업체들은 관련 부품의 소형화에 매달리고 있다. 우선 눈에 띄는 제품은 미국 마이크로옵티컬(MicroOptical)사가 개발한 액정디스플레이(LCD)가 내장된 안경이다. 이 안경의 투박한 안경테에는 미세부품이 내장돼 있다. 이 부품을 이용해 렌즈에 대각선으로 빛을 투사하면 LCD가 생성된다. 이때 해상도는 320×240dpi(dot per inch)로 마치 일반 텔레비전을 보는 듯하다. 바이아 컴퓨터즈(Via Computers)사의 통신 기능을 갖춘 손목시계도 활용 가능성이 높다. 이 제품은 소형이지만 첨단 기능으로 똘똘 뭉쳐 있다. 마이크 스피커는 물론 컬러 디스플레이도 갖추고 있다.

일본 세이코 인스트루먼츠(Seiko Instruments)사가 개발한 손목시계형 PDA인 '러퓨터(Ruputer)'도 입는 컴퓨터의 일종이다. 아직 16비트 CPU 수준이어서 정밀한 작업에는 사용하기 힘들지만 소형화에 성공해 활용 가능성은 높은 편이다. 국내에서도 입는 컴퓨터 관련 시제품이 완성되어 관심을 모으고 있다. 바로 삼성전자가 개발한 '스커리(Scurry)'는 반지 모양의 기구를 이용해 자판을 치듯 손가락을 움

입는 컴퓨터가 대중화되려면 첨단 기기의 소형화가 이루어져야 한다. MIT 미디어랩 연구자들이 자신들이 개발한 입는 컴퓨터 장비를 착용하고 있다.

직이면 텍스트가 입력되는 신개념의 키보드이다. 이 제품은 미니 키보드마저 거추장스러운 부품으로 밀어낼 것으로 보인다. 머지않아 중량감이 느껴질 뿐만 아니라 4시간 안팎이면 수명이 다하는 휴대용 배터리도 사라질 것으로 보인다. 매사추세츠 공과대학 미디어랩(MIT Media Lap)이 사람의 발걸음에 따라 신체에너지를 전기에너지로 바꾸는 발전기 내장 구두를 개발하고 있기 때문이다. 아직은 소비전력이 낮은 라디오에나 사용할 수 있지만 수년 내에 입는 컴퓨터 전력원으로 쓰일 예정이다. MIT 미디어랩은 입는 컴퓨터를 위한 차세대 플랫폼 '미스릴(MIThril)'을 개발하고 있다. 미스릴은 간편한 의류에

경량의 RISC 프로세서를 설치해 광대역의 무선 네트워킹을 지원하는 입는 컴퓨터이다.

섬유 개발이 관건

이렇듯 입는 컴퓨터 관련 부품의 첨단화가 이루어지고 있다. 하지만 아직도 입는 컴퓨터의 근본적인 문제는 풀리지 않고 있다. 컴퓨터를 '입는' 데까지 다가가지 못하고, '걸치는' 착용감을 높이기 위해 개인용 컴퓨터 비슷한 기기의 소형화에 매달리고 있기 때문이다. 실제로 현재 개발되는 기기는 대부분 '착용 가능한' 수준에 머물고 있다. 다시 말해 기존 컴퓨터를 소형화해 옷에 부착하는 정도라는 것이다. 입는 컴퓨터만의 고유한 시스템 구조에는 옷감에 회로를 입힌 '전자섬유'가 최대의 관건이다. 이에 관한 가능성은 프랑스의 통신회사인 알카텔(Alcatel)사가 2001년 4월 독일 하노버에서 열린 세빗(CeBit) 2001에 선보인 '블루 투스 재킷(Blue Tooth Jacket)'에서 엿볼 수 있다. 이 재킷은 옷감에 각종 컴퓨터 회로를 내장한 '스마트 옷감' 구실을 한다. 옷이 첨단 정보기기로 거듭난 셈이다. 하지만 전자회로의 성능이 떨어져 실용화까지는 갈 길이 멀다. 이런 가운데 DARPA가 앞으로 막대한 연구비를 투자해 2007년까지 전자섬유를 개발하기로 결정해 기대를 모으고 있다.

입는 컴퓨터는 무선 인터넷 시대의 총아로 떠오를 것으로 보인다.

물론 거기엔 장애물이 수두룩하게 놓여 있다. 지금처럼 거추장스러운 기기들을 온몸에 주렁주렁 달고 다녀야 한다면 미래는 불투명할 수밖에 없다. 각각의 기기가 아무리 첨단으로 무장해 소형화된다 해도 전체가 유기적으로 연결되지 않으면 효용성이 떨어진다. 무려 10억 달러를 투자한 펜컴퓨터가 고객을 자유롭게 만나지 못하고 있는 것처럼 말이다. 입는 컴퓨터가 대중화되기 위해서는 무엇보다 정보처리가 가능하고 데이터를 전송하는 옷감이 개발되어야 한다. 입는 컴퓨터 설계를 위해 섬유공학자와 컴퓨터공학자가 만나야 하는 이유가 여기에 있다. 그렇게 된다면 사용자가 착용감을 느끼지 못할 정도의 컴퓨터를 간편하게 입게 될 것이다. 때로는 자신의 의복을 친구삼아 대화를 나누는 것도 충분히 가능할지 모른다. 바로 지금 그런 시대로 서서히 진입하고 있다.

종이의 혁명 '저장매체'

종이의 미래에 대해서는 의견이 분분하다. 정보화 대열에 합류한 사람들은 종이가 완전히 없어지지는 않더라도 기록 수단으로서의 의미는 차츰 사라질 것이라고 여긴다. 하지만 중국 후한 시대에 만들어져 오랫농안 생명력을 발휘한 송이가 '박물관의 유물'로 선락할 것 같지는 않다. 재래식 종이와 잉크는 디지털 시대에도 나름의 위치를 확보하며 오히려 수요가 늘어나는 추세다. 다만 이런 가운데 종이가 첨단 기술 세례를 받으며 놀라운 변신을 준비하고 있다. '전자종이(Electronic Paper)'가 차세대 디지털 저장매체로 떠올라 시장의 주도권을 잡기 위한 대결을 치열하게 벌이고 있는 것이다.

자이리콘의 전자종이는 플라스틱 판 사이에 흑백 구슬이 들어 있는 액정 디스플레이다. 이 디스플레이의 픽셀들이 전기적 신호에 반응하면서 흰색에서 검은색으로 혹은 검은색에서 흰색으로 변하게 되는 원리를 이용한다.

디스플레이 시장 뒤흔들 전자종이

현재의 종이와 잉크는 넓은 쓰임새에도 불구하고 곧바로 내용을 삭제하지 못하고 재사용이 불가능하다는 치명적인 약점이 있다. 이에 비해 1970년대 초반 컴퓨터 화면의 낮은 해상도를 대신하기 위해 출현한 전자종이는 이제 우수한 해상도와 높은 선명도에다 이미지 보존을 위한 외부 전원도 필요하지 않으며 반영구적으로(훼손되지만 없으면) 재생해서 사용할 수 있다. 스포츠 경기장의 광고판도 사람의 손을 거치지 않고 다른 내용으로 바꿀 수 있으며 무선으로 얇고 유연한 디스플레이에 내용이 전송되어 지하와 지상을 가리지 않고 내용을 전송받는 것도 가능하다. 전자광고판에 전자잡지, 전자신문 등까지 나오는 것이다.

재생 가능한 종이

새로운 종이의 역사를 쓰는 대표적인 곳은 세계적인 복사기 제조업체로 알려진 미국 제록스사의 팔로알토연구소(Xerox PARC)이다. 이곳에서는 디지털 데이터를 표시할 수 있는 섬유질의 디스플레이 '자이리콘(Gyricon)'을 개발하고 있다. '회전하는 이미지'라는 뜻의 자이리콘은 PARC의 주임연구원으로 있는 니콜라스 셰리던(Nicholas Sheridon)이 20여 년 전에 제안했다. 하지만 상품화는 희망사항에 지나지 않았다. 심지어 제록스사마저 관심을 보이지 않아 재사용 가능한 종이는 오랫동안 빛을 보지 못했다. 물론 니콜라스 셰리던도 당시의 아이디어가 실용화될 것으로는 확신하지 못했을 것이다.

당시 니콜라스 셰리던은 투명하고 유연한 박막에 사람 머리카락 굵기의 플라스틱 알갱이를 박아 넣은 디스플레이를 떠올렸다. 액정보다 훨씬 싸고, 무거운 음극선 관보다 휴대하기 편리한 전자그림을 그릴 수 있는 방법을 찾으려 했던 것이다. 그는 읽기와 쓰기를 반복할 수 있는 기술에 대한 특허를 내기도 했다. 하지만 그때는 응용 분야가 많지 않을 것으로 여겨 개발을 포기할 수밖에 없었다. 그러다 90년대 중반 웹과 디지털 디스플레이 시장이 형성되면서 묵혀둔 특허가 빛을 보게 됐다. 니콜라스 셰리던은 2000년 12월에 자이리콘을 상품화하려고 제록스사가 대주주로 참여한 벤처기업 자이리콘 미디어사를 설립했다.

자이리콘은 얇고 유연한 종이의 장점을 살렸다. 적은 양의 전력을 소모하면서도 영상을 거의 영구 저장한다. 지금까지 개발된 제품의 해상도는 레이저 프린터 수준이며, 액정 디스플레이보다 훨씬 저렴하다. 게다가 새끼손가락 크기의 건전지 하나면 충분한 에너지를 공급할 수 있다. 시제품으로 나온 '스마트페이퍼(SmartPaper)'라는 패널은 세 개의 AA 배터리로 2년 동안 사용할 수 있다. 액정화면처럼 배경 조명이나 지속적인 재충전이 필요하지 않기 때문이다. 아직 성능은 만족할 만한 수준에 이르지 않았다. 해상도가 100dpi로 인쇄 상태가 흐릿하다.

자이리콘 디스플레이의 구체적인 화학 공정은 세부적으로 알려지지 않았다. 중크롬산염 알갱이가 회전할 수 있도록 기름에 적신 실리콘 고무로 만든 디지털 종이라는 정도가 고작이다. 그 물질에는 0.03~0.1밀리미터쯤의 플라스틱 공과 용해된 투명한 실리콘 액체가 혼합돼 있다. 각각의 공은 한쪽은 희고, 다른 한쪽은 검다. 공들은 특별한 공정을 통해 전하를 띠게 된다. 그래서 전기장이 얇은 판의 표면에 가해지면 회전을 통해 눈동자처럼 검은 반구나 흰 반구가 드러나면서 문자나 도형, 화상 등을 만든다. 이 공이 잉크와 다른 점은 얼마든지 서로 위치를 바꿀 수 있다는 것이다. 만일 다른 전기장이 작용하면 공들의 재배치가 일어나 새로운 형상이 된다.

그렇다면 자이리콘은 어떻게 활용될 수 있을 것인가. 아직은 인쇄용지의 1200dpi 수준에 이르는 것도 벅차지만 가능성은 무궁무진할 것으로 기대된다. 자이리콘 물질은 3백만 번 이상 쓰고 지워도 안정성을 유지한다. 파피루스 두루마리처럼 생긴 알루미늄 원통의 스마트페이퍼를 잡아당기면 전극 배열이 움직이면서 새로운 정보를 인쇄

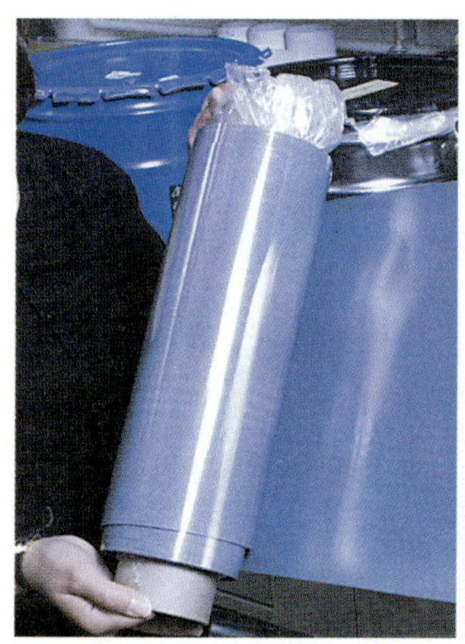

전자종이는 무선으로 작동하는 광고판 등에 활용될 예정이다. 자이리콘 미디어사가 개발한 섬유질의 디스플레이 '자이리콘' 시제품(왼쪽)과 자이리콘을 이용해 원격지에서 내용을 바꿀 수 있는 소형 광고판(오른쪽).

하게 된다. 머지않아 무선 네트워크를 통해 업데이트되는 광고판이 등장할 것이다. 예컨대 백화점이나 대형 할인매장에 스마트페이퍼가 등장한다면 물품 선반에 올려놓고 원격지에서 일괄적으로 가격과 제품명을 바꾸는 것도 가능하다. 앞으로 5년 정도 지나면 주간지나 신문 독자들은 스마트페이퍼 한 권만 있으면 매주 혹은 매일 업데이트되는 기사를 읽을 수 있을 것으로 기대된다. 하지만 디지털 종이의 두께가 15밀(mil, 0.015인치)로 기존 종이의 4밀(0.004인치)보다 훨씬 두꺼워 이를 얇게 만드는 게 과제다.

만일 팔로알토연구소가 선견지명이 있었거나 셰리던이 야심적인 사람이었다면 전자종이는 오래 전에 시장을 선점했을 것이다. 하지만 이제 자이리콘은 막강한 경쟁자와 대결을 펼쳐야 한다. 가장 치열한 각축전을 벌일 상대는 매사추세츠 공과대학 미디어랩의 연구자들이다. 디지털 전도사 니콜라스 네그로폰테(Nicholas Negroponte)가 소장으로 있는 이 연구소의 마이크로미디어연구실 조지프 제이콥슨(Joseph Jacobson) 팀은 전자잉크(E잉크)를 개발해 종이 혁명을 예고하고 있다. 이 잉크를 사용한 종이는 데이터를 읽고 쓰고 지우는 게 자유롭다. 전자잉크는 펄프로 만든 종이와 거의 비슷한 종이를 사용한다는 측면에서 팔로알토연구소의 것보다 혁신적인 기술로 인정받는다.

MIT 미디어랩의 제이콥슨이 개발한 E잉크의 전자 알갱이. 검은 칩과 흰 칩이 들어 있는 마이크로 캡슐에 전기적 자극을 통해 문자와 그래픽을 표현한다.

전자잉크를 종이에 ······

　전자잉크를 상업화하는 곳은 이잉크(E.Ink)사이다. 미디어랩의 지원으로 연구진 가운데 일부가 독립해 차린 벤처기업이다. 이 회사에서 생산할 전자잉크는 머리카락 굵기의 고분자 마이크로 캡슐에 싸인, 매우 작은 흑백의 입자를 이용한다. 이 입자들은 캡슐 표면에 가해지는 전하량에 따라 투명한 플라스틱 공동(Cavities)의 표면에 떠오르기도 하고 바닥에 가라앉기도 한다. 마치 전국체전 개막식 때 응원석에서 흑백 판을 들어 카드섹션을 하는 것처럼 다양한 데이터를 만들어낸다. 전자잉크로 코팅된 책들은 실제 책과 거의 같아 책장을 넘길 수도 있고 귀퉁이에 메모를 할 수도 있다. 다른 점이 있다면 한 권의 책에 수천 개의 제목이 있다는 것이다.

전자잉크도 자이리콘과 비슷하게 사용할 수 있다. 전자잉크는 전자적으로 위치를 파악하는 디스플레이 매체, 초소형 캡슐 제작 화학 공정, 기능적인 회로는 물론 종이에 구동장치를 인쇄하는 것도 가능하다. 백화점에서 반짝 세일 시각을 알리는 선반의 가격표시판을 그때그때 표시할 수도 있다. 일일이 수작업으로 장시간 동안 인력을 투입해야 하는 일을 네트워크를 이용해 순식간에 버튼 하나로 해결할 수 있는 것이다. 각종 간행물의 내용을 최신판으로 바꾸는 것도 어려운 일이 아니다. 어제 읽었던 신문을 다시 집어들고 펼쳐 흔들면 당일치 기사를 볼 수 있는 것이다. 신문사에서 무선 네트워크로 정보신호를 보내면 그대로 나타나는 까닭이다. 현재의 신문보다 조금 두꺼운 종이라는 게 단점이지만, 잉크가 손에 묻을 염려는 하지 않아도 된다. 어떤 책이든 전송받을 수 있다는 의미에서 현재 시판중인 전자책과 비슷하지만 전자잉크로 쓴 책은 엄연히 종이 위에 잉크로 인쇄된 진짜 책이라는 점이 다르다.

이잉크사는 2001년 2월 네덜란드의 로열 필립스(Royal Philips)사로부터 750만 달러를 투자받았다. PDA나 전자책의 디스플레이 모듈을 제조하고 판매하도록 허락한 것이다. 필립스사는 LCD 화면에 비해 1백분의 1만큼의 전력만으로 쓰기 가능한 전자종이를 기반으로 노트북 컴퓨터의 최대 약점인 짧은 배터리 수명을 획기적으로 연장할 방침이다. 루슨트 테크놀로지(Lucent Technologies)도 이잉크사와 제휴를 맺어 2000년 12월에 최초의 유연한 전자잉크 디스플레이를 선보였다. 이잉크사의 최종 목표는 '라디오 종이(radio paper)' 이다. 이것은 유연한 디지털 종이로 높은 해상도의 색상을 가지고 무선 데이터 네트워크를 통해 내용을 재구성하는 것이다. 언젠가는 전자종이 한 장만으로 모든 문서와 그림 심지어 동영상까지 저장하는 것도 가능할 것으로 기대된다. 그때가 되면 인쇄와 제본은 아주 특별한 경우에나 이루어질지도 모른다.

지금 사용하는 종이는 대부분 나무를 물리적으로 갈거나 화학적으로 분해해서 얻는 펄프를 가공해 만든다. 단단한 나무에서 셀룰로오스라는 섬유질 화합물을 분리하는 과정에서 화학물질을 이용한 표백공정을 거치게 마련이다. 전자종이는 이보다 훨씬 복잡한 화학공정을 거치며 플라스틱이나 폴리머의 성질을 부여받는다. 그런 가운데 탁월한 디지털 매체, 전자종이로 거듭나는 것이다. 아직까지 전자종이는 일부분에만 적용될 뿐이고 종이에 인쇄한 것에 비해 선명도가 떨어진다. 최소한 2010년 무렵은 되어야 확실하게 입지를 마련해 널리 쓰일 것이라는 게 일반적인 판단이다. 종이 해상도를 높일수록 떨어지는 데이터 전달 속도문제를 해결해야 하고, 원격신호장치를 개발하는 것도 필요한 때문이다. 제록스사와 이잉크사는 지금 전자종이의 실용화를 앞두고 숨막히는 대결을 벌이고 있다.

정보화 역군 '전자 플라스틱'

20세기 인류의 문명사에서 빼놓을 수 없는 게 플라스틱이다. 인간의 편의를 위해 수없이 개발된 화학문명은 '내분비 교란물질'이라는 끔찍한 이름으로 도리어 인류의 미래를 위협하는 재앙으로 여겨지기도 한다. 하지만 플라스틱이 없는 세상을 떠올리는 건 거의 불가능하다. 오히려 플라스틱이 고도의 정보화 사회를 이끄는 유력한 도구로 떠오르고 있는 상황이다. 영화 〈졸업〉에서 대학 졸업을 앞둔 벤자민(더스틴 호프먼)에게 "플라스틱을 선택하라"고 했던 주위의 도움말이 30여 년이 지난 뒤에도 여전히 유효한 것이다. 플라스틱 재료의 활용 범위가 전기공학적으로 더욱 넓어지고 있다. 아마도 벤자민은 졸업을 앞둔 막내에게 이런 조언을 하게 될지도 모른다. "플라스틱 전자 공학을 선택하라"고.

플라스틱은 나무의 자리를 차지한 데 이어 금속과 실리콘의 자리마저 위협하고 있다. 플라스틱이 산업체에서 쓰이는 금속기계를 대체하고 첨단 전자기기로 쓰이는 모습을 보여주는 이미지.

가볍고 저렴한 액정

플라스틱은 우리 주변에 널려 있다. 가구나 주방용품, 장난감 등은 물론이고 가전기기, 컴퓨터, 자동차 등에 이르기까지 대부분의 기기에 플라스틱이 들어 있다. 게다가 요즘에는 금속과 실리콘의 영역까지 넘보며 가장 유망한 소재로 각광받고 있다. 만일 플라스틱이 없었다면 텔레비전이나 컴퓨터 등이 요즘처럼 보편화되기도 힘들었을 것이다. 플라스틱 대중화는 '엔플라'(Enpla, 엔지니어링 플라스틱)에서 비롯된 것으로 여겨진다. 엔플라는 플라스틱 특유의 성형성과 가공성에다 내열성, 내충격성을 보강한 제품들이다. 기존의 플라스틱에 유리섬유나 탄소 등을 첨가해 만든 엔플라는 자동차와 전기·전자 산업에 크게 이바지할 수 있었다. 열 성형에 의해 모양을 원하는 대로 만들면서 충분한 강도를 유지할 수 있었기 때문이다. 앞으로도 고기능의 엔플라가 첨단 산업의 소재로 널리 활용될 것이다.

　플라스틱 신소재가 자동차의 외장과 몸체로 사용될 날도 머지않았다. 현재 포드사는 '퓨마' 모델에 플라스틱 재질의 자동차 몸체를 시험적으로 제작하고 있다. 크라이슬러사는 1999년 독일 프랑크푸르트 오토쇼에 전체가 플라스틱 몸체인 복합체 개념의 신차를 선보이기도 했다. 플라스틱은 금속을 대체하고 있을 뿐만 아니라 종이마저도 위협하고 있다. 오스트레일리아 중앙은행이 세계 최초로 플라스틱 화폐를 개발한 데 이어 중국 중앙은행도 플라스틱 화폐 발행 계획을 발표했다. 플라스틱 화폐는 원활한 사용 기한이 7~8년 정도로 지폐에 비해 3~4배나 길다. 태국, 인도네시아, 싱가포르, 쿠웨이트 등도 오스트레일리아와 계약을 맺어 플라스틱 기념화폐 제작에 나섰다.

　플라스틱은 신분증이나 프로그램 가능한 신용카드, '액정표시장치(LCD)' 같은 고성능 전자장치로도 응용되고 있다. 액정표시장치는 휴대용 정보기기의 핵심부품이다. 인간에 비유해 반도체가 뇌, 충전식 전지가 심장이라면, 액정표시장치는 얼굴 격이다. 지금까지의 '박막트랜지스터 액정표시장치(TFT LCD)'는 유리 성분의 얇은 막 사이에 백라이트가 내장돼, 두께가 두껍고 시야각이 좁으며 소비전력도 높았다. 그런 이유 때문에 소형 액정화면에 사용될 수밖에 없었다. 영국 케임브리지 디스플레이 테크놀로지는 유기 전기발광 특성을 이용한 '발광 폴리머(LEP)'를 개발해 박막트랜지스터 액정표시장치의 단점을 획기적으로 개선했다. 전기적 성질이 있는 플라스틱을 이용한 발광 폴리머는 전류가 흐르면 자동적으로 붉은색, 녹색, 푸른색 등의 빛을 낸다. 플라스틱이 직접 빛을 내므로 빛의 산란을 막아줘

플라스틱은 실리콘을 대체하는 전자기기로 거듭나고 있다. 플라스틱을 이용한 전자회로(왼쪽)와 이를 이용한 플라스틱 반도체(오른쪽).

넓은 시야각과 선명한 화질을 제공한다. 국내에서도 발광 폴리머에 대한 연구가 이루어지고 있다. 대우 고등기술연구원 전자재료연구실은 영하 45도에서 영상 80도까지 사용할 수 있는 플라스틱 액정표시장치를 개발했다. 삼성전관도 5.9인치의 세계 최대의 플라스틱 액정표시장치를 개발해 세계시장을 노리고 있다. 이 제품은 유리기판을 사용한 박막트랜지스터 액정표시장치에 비해 무게는 5분의 1, 두께는 3분의 1 정도이다.

발광 폴리머는 호출기나 휴대전화, 랩톱컴퓨터 등의 액정표시장치를 대체하고 언젠가는 대형 텔레비전이나 컴퓨터 화면에서도 사용될 가능성이 높다. 하지만 그때까지는 적지 않은 시간이 걸릴 것으로 보인다. 적당한 크기의 유기체 발광다이오드 화면을 작동시키는 데 적지 않은 전류가 필요하기 때문이다. 일반적으로 액정표시장치 당

10A(암페어) 정도의 전류가 필요하다. 그런데 지금까지 개발된 모든 전도성 폴리머의 전도도는 거기에 훨씬 미치지 못하고 있다. 게다가 발광다이오드의 수명이 아직까지 5천 시간 안팎에 그치며, 유기물의 안정성도 의심받고 있다. 앞으로 이러한 문제점을 해결한다면 책받침처럼 얇은 화면장치를 간단히 휴대하거나, 초대형 스크린을 둘둘 말아 보관하는 것도 가능할 것이다.

실리콘 자리 위협

플라스틱은 실리콘의 자리도 넘보고 있다. 최근 네덜란드의 전자 회사 필립스는 오직 플라스틱만으로 이루어진 최초의 집적회로를 선보였다. 트랜지스터가 폴리아미드 위에 부착된 이 칩은 반도체(폴리디에닐비닐렌), 절연성분(폴리비닐페놀), 전극(폴리아닐린) 등이 모두 플라스틱 물질이다. 제조공법도 기존의 실리콘 박막트랜지스터에 비해 훨씬 간단해 생산비용을 절감할 수 있다. 실리콘 트랜지스터는 온도 조절이 가능한 진공 상태에서 제조해야 하지만, 플라스틱 트랜지스터는 어떤 설비에서든 자유롭게 만들 수 있다. 다만 정보처리 속도가 초당 30비트에 머물러 현재의 컴퓨터를 대신하기는 힘들 것으로 보인다.

미국의 루슨트 테크놀로지도 플라스틱 트랜지스터 개발에 박차를 가하고 있어 더욱 개선된 제품이 나올 전망이다. 앞으로 플라스틱 트랜지스터가 고집적화가 요구되는 마이크로프로세서 분야에서 활용되기는 쉽지 않을 것이다. 하지만 내구성과 유연성이 우수해 장난감이나 소형 전자기기에는 충분히 활용할 수 있을 것으로 예측된다. 저속이더라도 지장이 없는 노트북에 사용하면 제품을 가볍게 만들 수도 있다. 스마트 카드도 지금 것보다 많은 정보를 저장하게 된다. 굳이 실리콘 트랜지스터를 쓰지 않아도 되는 전자기기가 얼마든지 있다. 발광 폴리머 기술과 플라스틱 트랜지스터를 접목하면 전혀 새로운 제품을 만들 수도 있을 것이다.

플라스틱이 절연체라는 말은 이제 부분적으로만 옳다. 전도체는 물론이고 반도체로도 얼마든지 사용할 수 있기 때문이다. 플라스틱은 금속과 실리콘 사이를 넘나들며 인류의 풍요로운 미래를 약속하고 있다. 그러나 아직은 전자공학적으로 완전히 활용되고 있지 못하다. 그만큼 미개발의 영역이 많은 것이다. 플라스틱은 여전히 고부가가치를 기대할 수 있는 전자공학의 유용한 소재이다. 아직 상용화된 플라스틱 전자공학 제품이 나오지 않은 만큼 우리나라도 연구개발에 집중적으로 투자해볼 만하다.

우주 시대는 멀어지는가

우주여행은 더이상 공상과학영화의 전유물이 아니다. 미국 우주운송협회(SPA)는 앞으로 10년 안에 연 2백억 달러의 우주여행 시장이 형성될 것으로 내다봤다. 우주의 무한한 자원을 차세대 혁신적인 에너지 원천으로 삼으려는 연구도 활발하다. '우주태양발전위성(Solar Power Satellite)'을 쏘아 올리거나, 달 표면에 발전소를 세워 태양에너지를 전력으로 바꿔 지구에 송전하려는 것이다. 미국의 스페이스데브(SpaceDev)사는 소행성에서 광물을 캐내려는 계획을 수립하기도 했다. 우주를 상업적으로 이용해 일확천금을 얻으려는 사람들도 적지 않다. 우주에 열광하는 일반인들도 지구를 떠나 우주 휴양지, 달이나 화성 기지에 갈 날을 손꼽아 기다리고 있다.

우수로 가는 길은 열릴 것인가. 우주여행의 대중화를 위한 다양한 실험과 개발이 이루어지고 있지만 대형참사가 잇따르면서 우주개발 계획을 포기하는 사태가 벌어지고 있다.

우주 휴양지 건립?

하지만 우주 시대는 그렇게 호락호락하지 않을 것으로 보인다. 캘리포니아 모하비 사막에는 버려진 두 대의 우주선이 숨겨져 있다. 에드워드 공군기지의 격납고에는 미 우주항공국과 록히드 마틴사가 시험 제작한 우주선인 X-33이 일부만 조립된 채 방치되어 있고, 그곳에서 20마일 떨어진 모하비 공항에는 문을 닫은 로터리 로켓(Rotary Rocket)사에서 제작한 6층 건물 높이의 시험우주선 라턴(Roton)이 보관되어 있다. X-33은 무려 12억 달러가 넘는 엄청난 재원을 투자해 5년여 동안 제작했지만 우주선 무게의 열 배에 이르는 연료탱크를 부착해야 하는 결정적인 장애를 극복하지 못했다. 라턴 로켓은 인공위성 발사 수요가 둔화되는 추세와 맞물려 경제성을 인정받지 못해 중도 폐기됐다. 이들은 지난날 재사용이 가능한 발사용 로켓의 선두주자로 인정받았지만 이제는 용도 폐기된 '첨단 쓰레기'로 전락했다.

설령 우주여행 길이 뚫리더라도 그에 따르는 장애물은 한두 가지가 아니다. 현재로선 지구에서 우주로 나가는 데는 기술과 비용 등 숱한 어려움이 있다. 우주여행 상품은 우주 운송수단의 혁명적 진전을 전제로 할 수밖에 없는 것이다. 현재의 우주 추진기술로 낮은 지구 궤도에 도달하는 비용은 1킬로그램 당 2만 달러(2천4백여 만원) 수준. 우주왕복선 탑승 비용이 무려 수백만 달러에 이른다면, 우주여행에 나서는 사람이 거의 없을 것이다. 우주로 가는 비용이 비싼 이유는 돈을 무더기로 삼키는 고체화학연료 로켓에 있다. 실제로 1997년 미국 항공우주국은 연간 예산 138억 달러 가운데 25%나 되는 35억 달러(4조 2천여 억원)를 각종 인공위성 발사 비용으로 썼다. 게다가 화학 로켓은 장시간의 연속운전을 하기 어렵고, 폭발 위험성이 높아 목숨을 걸고 여행길에 나서야 한다. 우주연구소들이 발사비용을 획기적으로 낮출 방안을 찾는 이유가 여기에 있다.

우주여행을 꿈꾸는 사람들을 위한 저비용 1단 로켓은 적어도 2025

로터리 로켓사가 개발한 시험우
주선 라턴이 우주를 항해하는
모습을 형상화한 이미지. 하지
만 라턴은 상업성을 인정받지
못해 용도 폐기되고 말았다.

년 무렵에나 검토될 예정이다. 1단 로켓의 뒤를 이을 우주선에는 상
단에서 떨어진 뒤 쏘아 올려진 지점으로 다시 되돌아갈 수 있는 하나
나 그 이상의 액체연료 보조추진 로켓이 장착될 전망이다. 액체연료
로켓은 연료의 주입량을 변화시켜 속도를 조절하기에 고체연료 로켓
보다 안전성이 탁월한 것으로 알려졌다. 한편에서는 3단 로켓을 제
안하기도 한다. 발사 장소로 되돌아갈 수 있는 두 개의 커다란 보조
추진 로켓이 승무원이 탑승하게 될 상대적으로 조그만 우주선을 궤
도에 올려놓는 것이다. 이런 로켓은 무인탐사 임무나 대륙간 군사공
격용 로켓으로도 활용이 가능하다. 하지만 이 역시 활용도가 제한될
수밖에 없는 한계가 있다.

저가의 일회용 우주 추진 시스템은 화물보다 탐사 목적으로 활용
될 가능성이 높다. 물론 소수의 우주여행자를 운송하려는 연구도 활
발히 이루어지고 있다. 이들은 화학적인 추진체 대신 물리적인 힘을
발생시키는 특별한 장치를 이용한다. 비행체가 지구 대기권을 벗어

나 마하 25 정도에 도달하면 지구의 중력과 공기저항과 싸우지 않아
도 된다. 그 이전까지 추진할 수 있는 물리적 작용만 있으면 우주를
자유롭게 항해하는 것이다. 그래서 지구 궤도를 벗어나 천왕성, 해왕
성 등의 태양계도 얼마든지 탐사할 수 있다. 이온엔진의 경우 화학
로켓보다 열 배 정도나 강력한 추진력을 얻는다. 현재 '딥 스페이스
(Deep Space)' 1호도 태양 전지판에서 동력을 얻어 이온엔진을 작동
하는 물리적 추진 시스템을 사용하고 있다.

우주여행을 꿈꾸는가

　해마다 열리는 '고성능 우주 추진 연구 워크숍'은 우주를 향한 연
구자들의 새로운 성과를 보여주고 있다. 우주연구자들은 소형 저궤
도 우주선을 위한 새로운 기술을 제시하고 있다. 강력한 적외선 레이
저 빔을 우주선에 쏘는 '레이저 추진', 양성자와 중성자의 쌍소멸로
생성되는 에너지를 이용한 '반물질 추진', 별도의 추진체 없이 전류
가 흐르는 밧줄을 이용한 '우주 밧줄 추진', 지구에서 바람이 돛단배
를 밀어내듯 태양광선을 이용해 반사 구조물을 항해시키는 '우주항
해' 등 엄청난 비용 절감과 환경오염까지 막을 수 있는 것들이다. 우
주 밧줄 추진은 운송비용과 환경문제를 해결할 획기적인 방법으로
연구자들의 관심을 모았다. 미세섬유인 '버키튜브(Buckytube)' 형태
의 밧줄로 우주선을 연결해 3만 6천 킬로미터 이내의 궤도에 올린다

는 것이다. 전류가 흐르면 전류 방향에 따라 형성되는 자기장을 이용하는 방법이다. 미국 항공우주국의 마셜 우주비행센터는 2000년 8월에 비행실험(ProSEDS)을 실시할 예정이다.

지구 탈출을 꿈꾸는 사람들을 위한 우주 고속도로가 뚫리는 지금, 우주가 황금시장으로 자리잡을 태세다. 하지만 당분간은 적은 비용으로 우주여행에 나서기는 힘들다는 게 전문가들의 판단이다. 아무리 핵에너지와 레이저광선 등을 이용해 저렴한 '우주 통행료'를 내더라도 안전성이 확인되지 않으면 여행길이 황천길이 될 수 있기 때문이다. 물론 우주 엘리베이터나 양자 순간이동, 운동량 제거 등 신개념의 기술이 등장하면 모든 걱정을 한꺼번에 씻을 수 있을 것이다. 하지만 그런 날이 쉽게 오지는 않을 것이다. 앞으로 40년은 지나야 킬로그램 당 운송비용을 2달러 정도로 낮출 수 있다고 한다. 아직까지 우주는 일반 여행자들이 다가가기엔 너무 멀리 떨어져 있다.

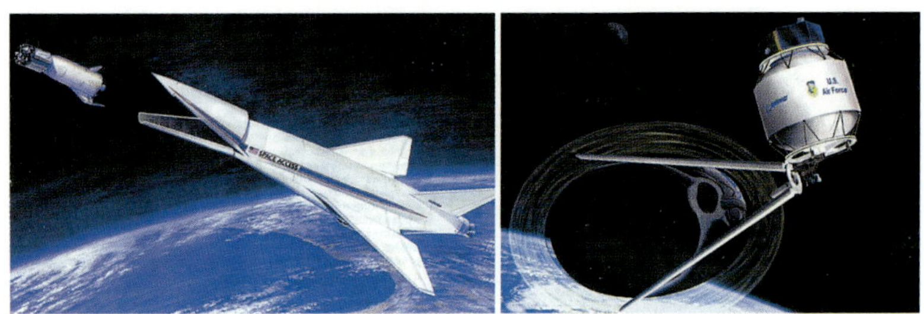

우주왕복선 사고가 잇따르고 차세대 왕복선들의 성능이 미흡해 후속 연구가 계속 미뤄지고 있다. 우주왕복선에서 로켓을 발사하는 이미지(왼쪽)와 소형 위성이 우주에서 활동하는 모습을 보여주는 이미지(오른쪽).

로봇 비행기가 우주 속으로

인공위성은 사람이 만든 별이다. 우주의 별이 수명이 다하면 언젠가는 사라지듯 인공위성도 고철로 우주 공간을 떠돌게 마련이다. 1957년 소련이 세계 최초로 '스푸트니크'를 우주에 쏘아 올린 뒤 지금까지 지구 상공 위에 있는 인공위성은 5천여 개가 넘는다. 그 가운데 임무를 수행하는 인공위성은 2천5백여 개 안팎이다. 절반은 정처 없이 떠도는 '우주 쓰레기'로 전락해 충돌 사고의 위험까지 안고 있다. 예정된 수명을 살 수밖에 없는 시한부 인공위성들. 그런 인공위성을 대신해 우주의 가장자리를 여행하는 로봇 비행기들을 만들 수는 없는 것일까.

국내 첫 실용위성이었던 '아리랑 1호'의 수명은 고작 3년이다. 인공위성 원천 기술을 확보한다는 의미가 있지만, 그 짧은 기간 동안 한반도 주위를 관측하고 과학실험을 하기 위해 2천억원 이상을 쏟아

미군 최첨단 무인정찰기인 프레데터는 가격이 2천5백만 달러나 된다. 공중에서 29시간 동안 작전을 수행하는 이 정찰기는 기상 레이더, 4km 밖에서 교통신호 식별이 가능한 고해상도 카메라, 적외선 탐지장치와 위성 제어장치 등 최첨단 장비를 갖추고 있다.

부어야 했다. 그토록 값비싼 인공위성의 수명이 짧은 것은 배터리(연료전지) 때문이다. 아무리 통화품질이 좋은 휴대폰이라도 배터리가 방전되면 쓸모가 없는 것과 마찬가지다. 휴대폰이야 어느 곳에서건 손쉽게 재충전할 수 있지만 인공위성은 그게 아예 불가능하다.

헬리오스의 야망

배터리 기술이 아무리 발전하더라도 우주 공간에서 인공위성의 배터리를 재충전할 수 있는 가능성은 희박하다. 지상 3만 6천 킬로미터 이상에 있는 정지궤도위성에 접근하는 것 자체를 상상하기도 힘들다. 지상 320~800킬로미터 주위의 저궤도위성 역시 마찬가지다. 저궤도위성은 한 시간에 27,359킬로미터를 이동해 90분이면 지구를 한 바퀴 돈다. 그런 인공위성을 순간적으로 정지시킬 수도 없는 노릇이다. 사정이 그렇다면 새로운 물체에 인공위성의 임무를 맡기는 방법을 찾아야 한다. 최대한 높이 나는 비행체를 만들어야 하는 것이다.

미국 항공우주국이 '항공기와 센서기술의 환경연구(ERAST)' 프로젝트로 개발해 에어로비론먼트(AeroVironment)사가 제작한 무인비행선 '헬리오스(Helios)'는 지상 30~50킬로미터의 성층권 진입을 눈앞에 두고 있다. 길이 76.8미터에 너비 3.6미터의 거대한 날개로 이루어진 이 비행선은 천장에 달린 팬의 모습으로 사막 하늘을 조용히 누빈다. 마치 행글라이더가 움직이듯이 우주 공간을 선회하는 것이다. 인공위성의 한계로 작용하는 배터리도 필요 없다. 반짝반짝 빛나는 날개가 태양전지판 구실을 하는 까닭이다. 태양전지판은 낮 동안 받은 태양열을 에너지로 전환해 자체 엔진으로 프로펠러를 움직인다. 비행선이지만 조종사 없이 지상 30킬로미터 정도의 상공을 시속 28~34킬로미터 속도로 자유롭게 비행한다. 물론 지상관제소에서 원격조종해야 하며 한 번 비행에 나서면 최장 6개월까지 버틸 수 있다.

미국 항공우주국은 인공위성 구실을 할 수 있는 비행선뿐만 아니라 무인항공기도 개발하고 있다. 오로라 플라이트 사이언스(Aurora Flight Sciences)사가 제작하는 '페르세우스(Perseus) B'라는 이름의 비행기는 고고도 원격조종 항공기로 1996년에 만들어졌다. 페르세우스 B는 80킬로그램을 탑재하며 20킬로미터 상공을 24시간 정도 비행하는 걸 목표로 삼았다. 앞으로 과학적인 임무를 맡을 예정이다. 제너럴 아토믹스 항공 시스템(General Atomics Aeronauical Systems)사의 프레데터(Predator)와 '앨터스(Altus) 2'도 비슷한 목적으로 제작됐다. 미군 최첨단 무인정찰기로 쓰이는 프레데터는 2001년 10월 헬파이어(Hellfire) 미사일을 장착하고 아프가니스탄 공습에 참여했다. 스케일드 캄퍼지트(Scaled Composites)사의 '프로테우스(Proteus)'는 두 개의 날개와 뱀 모양의 머리에 광학 조종장치를 탑재하고 있다. 주로 통신 중계용 궤도비행체로 쓰일 예정이다.

이처럼 다양한 무인비행체는 구름 위에서 지구 곳곳의 변화를 살필 수 있다. 인공위성보다 낮은 곳을 비행하기 때문에 관측 영역이 좁아 되도록 많은 비행체를 띄워야 하지만, 일정한 궤도를 따라 움직이는 저궤도위성과 달리 원하는 위치로 움직일 수 있어 효율적이다. 언제든지 지상에서 새로운 기술로 개선하는 것도 가능하다. 관측장비를 바꾸고 최신 연료로 장기간 상공에 머물 수 있게 할 수 있는 것이다. 다만 여러 비행체가 함께 움직이므로 예기치 않은 사고로 공중폭발할 경우를 생각해야 한다. 개발자들은 폭발위험이 없는 연료를 사용해 그런 피해를 줄이려고 한다.

헬리오스와 같은 무인비행체는 일단 저렴한 비용으로 통신 인공위성의 기능을 일부 대체할 것으로 보인다. 인공위성은 목표 궤도나 기능에 따라 다르지만 중대형의 경우 보통 2천억원 안팎의 막대한 비용이 든다. 아무리 소형화를 이루어도 1천억원은 보통이다. 이에 비

무인비행선 헬리오스는 별도의 연료를 사용하지 않고 태양열을 에너지로 전환해 비행한다. 헬리오스는 저궤도위성을 대신할 것으로 보인다.

해 무인비행체는 한 대의 제작비용이 몇십억원 정도이다. 인공위성 하나의 비용이면 무인비행체 수십 대를 쏘아 올릴 수 있는 것이다. 통신업계에서 무인비행체에 대한 관심이 높아지고 있다. 개발자들 역시 고속 무선통신 서비스를 제공하기 위한 통신장비를 싣고 주요 도시의 상공을 맴도는 일련의 비행기 함대를 꿈꾸고 있다.

제너럴 아토믹스 항공 시스템의 차세대 무인정찰기 앨터스 2. 이 정찰기는 마치 순항미사일처럼 생겼으며 2001년 2월 시험비행을 성공적으로 끝냈다.

스케일드 캄퍼지트사의 무인 궤도비행체 프로테우스. 1998년 9월 처음으로 궤도 시험비행에 성공한 이 궤도비행체는 윌리엄스 인터내셔널(Williams International)사가 개발한 엔진 FJ44-2E을 장착하고 있다.

효용성은 제한적

그렇다고 무인비행체가 여러 분야에서 널리 쓰일 것으로 단정하기는 힘들다. 무엇보다 무인비행체가 성층권에 있다 해도 인공위성보다 훨씬 낮아 용도가 제한될 수밖에 없다. 게다가 무인비행기의 경우 특별한 정찰 목적이 아니라면 임무 시간이 너무 짧아 위성 구실을 제대로 하는 데 어려움이 따른다. 인공위성의 대용물로 상공에 올리기는 쉬워도 기능 면에서 인공위성을 따라잡길 기대하는 건 무리인 것이다. 국내에서는 한국전자통신연구원과 한국항공우주연구소의 우주사업단이 공동으로 '성층권 비행선' 개발을 추진하고 있다. 당장의 성과는 기대하기 힘들어도 잠재적인 가능성이 엄청난 만큼 국가적 관심이 필요한 상황이다. 물론 무인항공체가 나름대로 기능을 발휘해도 인공위성을 대체하는 걸 기대하긴 힘들 것이다. 더 높이 올릴 수 있는 구조체를 개발해야 저궤도위성의 일부분이라도 감당할 수 있다. 그렇지 않다면 인공위성이 필요 없는 전혀 새로운 분야를 개척해야 할 것이다.

무인폭격기

현대전은 공중에서 판가름난다. 하지만 '빨간 마후라'는 공중에서 활동하지 않을지도 모른다. 감시 카메라와 레이더에다가 스마트 폭탄과 미사일을 운반하는 무인전투기가 하늘을 지배할 수도 있기 때문이다. 현재 무인전투기로 주목받는 것은 K-45A. 이 무인전투기는 자율적으로 편대를 이루어 중무장 전투 지역을 비행하면서 특정 지역을 폭격하도록 설계되어 있다. 지대공미사일의 폭격을 뚫고 직접 위험한 전투 임무를 수행하는 것이다.계

차세대 무인전투기는 미국 공군과 첨단방위고등연구획청(DARPA)의 후원으로 보잉사의 연구개발 조직인 팬텀웍스(Phantom Works)가 개발하는 것으로 1억 3천만 달러 이상의 개발비를 투자했다. 이 무인전투기의 기수는 삽 모양이고 날개는 부메랑처럼 생겼으며 동체는 쥐가오리를 닮았다. 꼬리가 없는 스텔스형으로 1.5톤의 무기를 적재해 1천 마일을 비행할 수 있다. 물론 비디오 카메라와 위성위치확인 시스템(GPS)과 레이더도 장착돼 목표물을 찾는 천리안도 갖추고 있다.

무인전투기는 조종사가 있는 전투기보다 생존확률이 높을 것으로 기대된다. 크기가 작아서 레이더에 포착될 가능성이 훨씬 낮기 때문이다. 경제성도 탁월한 것으로 보인다. 일단 조종사를 양성할 비용이 들지 않는다. 유인전투기의 경우 연간 수백 시간을 공중에서 훈련받은 조종사가 필요하다. 이 비용이 만만치 않다. 게다가 제작비와 운용비도 훨씬 저렴하다. 무인전투기는 마치 미사일처럼 활동하지만 발사할 때마다 막대한 비용이 들어가지 않는다. 게다가 재배치가 가능한 표적에 대해서도 명중률이 높다. 하지만 정밀위치 미사일 구실을 하기에 그 효용성을 의심하는 사람도 있다.

우리는 지금 미래로 간다

허버트 조지 웰스(H. G. Wells)가 1895년에 발표한 『타임머신』은 공상과학소설의 대표작이다. 『타임머신』은 과학적 상상력의 집대성이라 할 만했다. 그것을 영화화한 사람은 조지 펄 감독이었다. 1960년에 처음으로 영화화된 〈타임머신〉에서는 전쟁에 염증을 느낀 한 발명가가 평화를 염원하며 미래를 찾아갔다. 그리고 다시 40여 년이 지난 뒤 공교롭게도 허버트 조지 웰스의 증손자인 사이먼 웰스 감독이 현대 최첨단 테크놀로지를 통해 빅토리아 식 타임머신을 선보여 과거로의 여행을 떠나고 무려 80만 년 뒤의 세계까지 찾아갔다. '시간여행'을 이끄는 타임머신은 지구의 수호자로(〈스타트렉IV〉), 번갯불에서 에너지를 얻는 모습(〈백 투 더 퓨처〉) 등으로 대중에게 다가오기도 했다.

우리는 시공을 초월해 시간여행을 떠날 수 있을까. 웜홀 발생기를 이용해 우주 속으로 시간여행을 떠나는 모습을 상상한 이미지.

시간 늘어남

이렇듯 시간여행은 백여 년에 걸쳐 대중의 관심을 사로잡았다. 비단 영화가 아니라 해도 누구나 시간의 흐름을 거스르는 여행을 꿈꾸게 마련이다. 요즘의 복잡다단한 현실은 미래로 훌쩍 떠나고픈 욕망을 자극하기도 한다. 사실 시간여행이 과학적 탐구의 대상으로 학문적 관심을 모은 것은 오래된 일이 아니다. 과학의 힘으로 못할 것이 없어 보이는 첨단 과학 시대에 살면서도 백 년 전의 상상을 현실로 구현하는 것은 여전히 유쾌한 상상거리에 가깝다.

물리학자들은 대부분 시간여행의 가능성을 부정한다. 과거로의 시간여행을 인정한다면, 물리학의 근간을 이루는, 원인이 결과에 시간적으로 앞선다는 '인과율'을 부정할 수밖에 없기 때문이다. 만일 시간여행이 이론적으로라도 가능하다면 시간에 관한 통합 이론은 일대

전기를 맞이하게 될 것이다.

현재 시간에 관한 생각은 너무나 단순하다. 우리가 생각하는 과거는 경험에서 이미 지나간 것이고, 미래는 어둠에 싸여 아직 세부적인 것이 형성되지 않은 것이다. 미래는 금방 지나가버리는 현재의 사실로 바뀐 뒤 과거로 흘러간다. 이런 절대적인 개념에 대해 아인슈타인은 "환상에 지나지 않는다"고 말했다. 그의 상대성 이론에 따르면 시간은 절대적인 것이 아니라 관찰자와 관찰대상 사이의 상대적인 운동에 의해 결정된다. 예컨대 관찰자에 대해 광속의 절반으로 움직이는 시계가 있다면, 그 시계는 관찰자에 대해 정지한 시계에 비해 1.15배의 시간을 기록한다. 이런 현상은 '시간 늘어남(time dilation)'이라 불리며 두 관찰자가 서로를 향해 상대적으로 이동할 때 생긴다. 빛의 속도에 가까이 가거나 강한 중력장에 있다면 다른 사람들보다 시간을 아주 느리게 느끼기에 나타나는 현상이다.

모든 것이 상대적으로 우주적 시간을 받아들인다면 시간여행은 상상 속의 일이 아니다. 미래로의 시간여행은 시간 늘어남을 통해 간단히 체험할 수 있다. 일상생활에서도 경험하지만 아주 특별한 경우가 아니라면 느끼지 못할 뿐이다. 시간 늘어남은 빛의 속도로 이동할 때만 생기지만 그에 버금갈 때도 미세하게 나타난다. 장거리 비행에도 시간 늘어남이 생긴다. 그것은 겨우 10억분의 1초 정도로 나노(nano)초에 지나지 않는다. 보통 시계로는 확인 불가능한 시간 늘어남이다. 하지만 '원자시계'로는 측정이 가능하다. 이런 식으로 속도를 통해 시간을 뛰어넘을 수 있다. 시간여행은 중력을 통해서도 이루

미래 화가가 그린 웜홀 발
생기의 상상도.

어진다. 중력이 시간을 느리게 하기 때문이다. 실제로 시계는 지구의 중심에 가까워지면 중력장의 영향을 많이 받기 때문에 건물 옥상에 있을 때보다 지하에서 조금 느리게 움직인다.

이렇듯 미래로의 시간여행은 시간 늘어남을 통해 실현될 수 있다. 하지만 그것은 매우 제한적인 일방통행의 시간여행만을 예고할 뿐이다. 만일 과학자들이 새로운 동력원과 비행사를 보호할 방법을 발견해 빛의 속도로 움직이는 우주선을 만들더라도 우주비행사들이 지구에 돌아오는 것은 수천 년 뒤에나 가능한 일이다. 게다가 블랙홀 근처에 떨어진다면 우주 속에서 영원에 가까운 시간 속으로 흘러가게 된다. 그런 시간여행을 체험하기 위해 우주로 나갈 사람은 아마 없을 것이다. 설령 시간여행자가 시간을 거슬러 돌아온다 해도 현실과 무관한 낯선 이방인이 될 수밖에 없다. 그가 만일 현실감을 느끼려 한다면 다시 과거로 여행을 떠나야 한다. 과거로의 여행은 미래보다 훨씬 어렵고 복잡해 이론적 가능성마저 의심받고 있다.

과거로의 여행이 가능하다는 가설을 내세운 사람은 쿠르트 괴델(Kurt Gödel)이다. 그에 따르면 우주 자체가 회전을 하며 빛의 속도를 초과하지 않아도 시간의 닫힌 경로를 따라 이동할 수 있다. 하지만 이 이론은 우주 전체가 회전한다는 증거가 없기에 '수학적 가설' 수준에 머물고 있다. 1974년 툴레인 대학의 수학자 프랭크 티플러(Frank Tipler)도 우주비행사가 자신의 과거로 돌아갈 수 있다는 사실을 수학적으로 증명했다. 무한하게 넓고 긴 원통이 빛의 속도로 회전할 때 원통 주위의 빛을 회전 경로 안으로 끌어들이면 가능하다는 것이다. 1991년에는 프린스턴 대학의 리처드 고트(Richard Gott)가 '우주끈(cosmic string)'이라는 개념을 통해 시간을 따라잡는 운동을 증명했다. 우주끈은 우주 초기에 만들어졌을 것으로 추측되는 끈 모양의 에너지 덩어리로서, 빛보다 빠른 입자가 없어도 실현될 수 있다.

시간여행의 이론적 가능성이 현실에 적용되려면 타임머신을 만들어야 한다. 최근 타임머신에 관한 연구에서 가장 주목받는 것은 '웜

웜홀은 두 개의 공간을 연결하는 공간이다

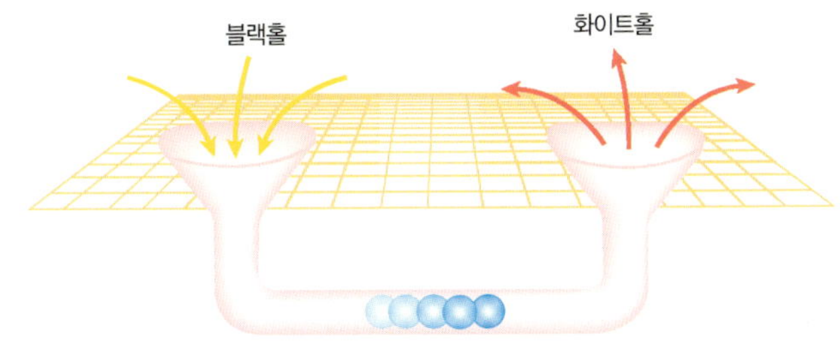

웜홀은 시간여행을 실현할 수 있을까?

홀(wormhole)'이다. 웜홀은 말 그대로 일종의 '벌레구멍'으로서, 시간과 공간을 연결하는 터널이다. 우주의 한 지점에서 순간적으로 다른 지점으로 나가게 된다. 구불구불한 산비탈 도로 대신 최단거리의 터널을 이용하는 셈이다. 웜홀의 구조를 물리학 법칙에 따라 제시한 사람은 캘리포니아 기술연구소의 킵 손(Kip Thorne)이다. 그는 웜홀을 출구가 있는 블랙홀로 여겨 반중력 상태의 음에너지를 이용해 만들어낼 수 있다고 보았다. 음에너지 상태의 특이물질은 지금까지 구현되지 않았다. 설령 양자론에 따라 현실화해도 웜홀을 안정적으로 유지시킬 만큼 충분한 반중력 상태를 만들 수 있을지도 불확실하다.

시간은 어디로 가나

그렇다면 웜홀 타임머신은 개발이 가능할까. 이를 위해서는 우선 웜홀이 있어야 한다. 일부에서는 빅뱅의 결과로 우주가 커지면서 웜홀도 같이 커져 자연스럽게 존재할 가능성도 있다고 한다. 만일 그게 사실이라면 에너지 펄스를 이용해 작은 크기의 웜홀을 안정화한 다음 사용 가능한 크기로 팽창시킬 수도 있다. 또한 블랙홀이 웜홀로 변신할 수 있다는 주장을 내놓기도 한다. 웜홀이 존재한다고 해서 타임머신이 실현 가능하다고 단정할 수는 없다. 웜홀 주위의 물질에너지의 영향으로 타임머신이 생성되기 전에 뭉개질 수 있기 때문이다. 게다가 타임머신이 자연 현상에서 성립하는 가장 일반적이며 중요한 에너지보존 원리를 위배하는 것도 걸림돌이다. 과거로의 시간여행은 논리적 역설을 낳기도 한다. 가령 시간여행자가 과거로 돌아가 그의 할아버지가 될 소년을 죽였다고 하면 살인을 할 수 있는 미래의 여행자는 태어날 수조차 없다.

영화 속에서 시간여행은 과거가 바뀌는 순간마다 새로운 세상이 펼쳐진다는 대체 우주 모델로 등장하기도 한다. 웜홀이 공간이동 장소로 묘사돼 멀리 떨어진 우주 공간을 짧은 시간에 여행하는 것이다. 하지만 그것은 수많은 우주가 있어야 가능한 일이다. 지금으로선 시간여행의 가능성을 양자역학과 중력의 통합을 통해 밝혀낼 수밖에 없다. 우주여행을 가능하게 하는 혁신적인 추진기술이 개발돼 성간(星間)여행이 가능하다 해도 양자 순간이동이나 웜홀 등은 상상의 테두리를 벗어나지 못하고 있다. 그렇다고 시간여행이 영원한 불가사의로 남아 있지는 않을 전망이다. 물리학에 대한 새로운 대안 모델을 통해 믿기 어려울 만큼 놀라운 생각들을 실현할 수 있기 때문이다. 우주 어딘가에는 시간 방향성을 갖지 못하는 세계 혹은 시간이 거꾸로 가는 곳이 있을지 모른다.

현존하는 시간여행들

시스템	특징	시차
항공비행	8시간 동안 시속 920km	10나노초
핵잠수함	6개월 동안 300m 깊이	500나노초
중성자별	적색편이 0.2	시간 간격이 20% 확장

2부
바이오토피아
Biotopia

생명력 키우는 '바이오 동물'

경기도 수원시 권선구 농업진흥청 산하 축산기술연구소에서 '황금 유즙'을 내놓고 있는 '새롬이와 그 후손들'. 이들은 덴마크 재래종 돼지에 대요크셔종을 교배해 오랜 시간에 걸쳐 살코기형으로 개량된 랜드레이스 혈통을 이어받았다. 하얀 털에 긴 얼굴, 곧은 코는 영락없는 랜드레이스종임을 실감케 한다. 다만 이곳의 랜드레이스는 탄력 있는 피부에 붉은 핏기가 짙게 배어 있는 게 이채롭다. 이 랜드레이스는 사람의 몸에서 추출해 합성 재조합한 '에리트로포에틴(EPO)' 유전자를 가지고 있다. 3백 킬로그램이 넘는 새롬이가 '가축호텔급' 축사의 첫 칸을 차지하고 있고, 바로 앞에는 갓 태어난 손자들이 재롱을 피우고 있다. 나머지 십여 칸에도 새롬이 후손들이 버티고 있고, 그 옆으로는 새롬이네 암컷들이 분비하는 유즙을 멸균환경에서 분리·정제하는 첨단 시설이 들어서 있다.

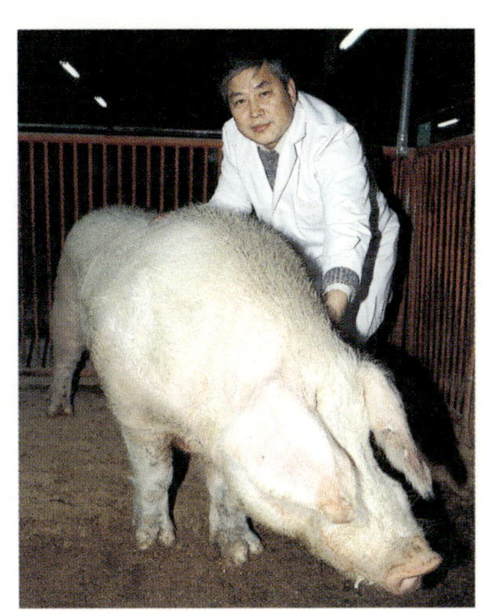

인체 단백질을 주입받은 형질전환 동물인 새롬이와 그를 만든 장원경 축산기술연구소 축산연구관. 새롬이의 후손들은 고가의 조혈촉진제를 젖으로 배출한다.

냉·온방 시설이 완비된 곳에서 아주 특별한 대접을 받는 돼지들. 축산기술연구소 생명공학연구실은 1998년에 유즙 속에 조혈촉진제를 젖으로 생산하는 돼지를 세계 최초로 개발했다. 지금은 새롬이를 필두로 그 후손이 50여 마리나 된다. 이 돼지들의 유즙에서 나오는 EPO는 DNA 재조합 기술에 의해 만들어진 당단백질로 체내에서 분비하는 것과 같은 약리작용을 한다. 건강한 성인이라면 신세뇨관의 간질세포에서 대부분의 EPO를 만들지만 만성심부전 환자나 지도부딘(zidovudine) 치료를 받는 에이즈 감염자들은 EPO가 분비되지 않아 심각한 빈혈을 느끼게 된다. 그런 환자들은 조혈촉진제를 인체에 공급해야 정상적인 생활을 영위할 수 있다. 하지만 특효제가 있다고 해서 모두가 혜택을 누릴 수 있는 것은 아니다. 그 비용이 상상을 초월하기 때문이다.

현재 시판중인 조혈촉진제는 세포배양법으로 만든 인공 단백질이다. 사람의 유전자를 동물세포에 집어넣어 인위적으로 배양한 것이다. 이 경우 동물세포 유전자들이 불필요한 단백질을 많이 만들고 독성물질을 방출해 이를 분리하는 데 시간과 비용이 많이 들어간다. 미국 암젠(Amgen)사가 개발한 세포배양 조혈촉진제 1그램은 가격이 무려 84만 달러(약 9억원)나 된다. 4만여 명이 1회씩 주사를 맞을 수 있는 분량이다. EPO의 세계시장 규모는 연간 28억 달러(약 3조원)에 이른다. 세포배양법으로 EPO 1그램을 만드는 데 1천 달러 이상의 비용이 들어간다. 이에 비해 형질전환 동물을 이용하면 1백분의 1 정도의 비용으로 고부가가치를 얻을 것으로 예상된다. 암퇘지 한 마리가 한 해 동안 짜내는 4백 킬로그램 안팎의 유즙에서 EPO를 최대 2.8그램까지 생산한다. 한 마리가 한 해에 25억원 정도를 벌 수 있다는 얘기다. 축산기술연구소 생명공학연구실은 유즙뿐만 아니라 오줌에서도 EPO 유전자를 분비하는 형질전환 돼지를 만들기도 했다. 돼지들이 형질전환 기술을 통해 암수나 출산 여부에 관계없이 의약품 공급원 노릇을 할 길이 열린 것이다.

그렇다면 가축의 고가의 생리활성 물질을 얻는 형질전환은 어떻게 이루어지는 걸까. 형질전환을 한마디로 말하면 외부 유전자를 특정 동물에 인위적으로 이식하는 것이다. 특정 종의 유전자를 다른 동물 수정란의 핵 속에 삽입해 새로운 형질을 나타내는 생명체를 얻도록 하는 것이다. 재조합 DNA라는 소프트웨어를 만들어 특정 동물이라는 천연의 하드웨어에 이식해 사람에게 유용한 단백질을 함유하도록 생체기능을 업그레이드시키는 셈이다. 최초의 형질전환 동물은 1982년 미국 워싱턴 대학의 리처드 팔미터(Richard Palmiter) 교수팀이 생쥐 수정란의 전핵에 재조합 DNA를 미세주입해 만들었다. 요즘 형질전환 기술은 약제로 가치가 있는 인간 단백질을 동물의 젖을 통해 얻거나 인간에게 이식할 수 있는 이종장기를 만드는 동물산업으로 각광받고 있다.

형질전환 동물이 유용 단백질을 생산하는 것은 간단한 일이 아니다. 유전공학에 관련된 모든 분야가 유기적으로 연결되어야 효력을 발휘하는 일종의 '종합예술' 이기 때문이다. 어쩌면 하나의 원천기술만 확보하면 시술을 할 수 있는 체세포 복제보다도 훨씬 까다로운 과정을 거치는지도 모른다. 동물의 형질을 바꾸기 위해서는 먼저 사람의 재조합 유전자를 동물의 수정란에 삽입해야 한다. 재조합 유전자가 삽입된 수정란은 일종의 대리모 구실을 하는 암컷 동물에 이식돼 출산 과정을 거치게 된다. 태어난 새끼가 이식 유전자를 지니고 있어야만 비로소 형질전환에 성공한 것이다. 형질전환 동물은 대부분 유즙을 통해 이식 단백질을 배출한다. 당연히 출산을 해야만 유용물질을 얻을 수 있다.

유전자를 포유동물의 수정란에 이식하는 대표적인 물리적 방법은 미세주입법이다. 이 방법은 DNA의 크기에 관계없이 게놈에 삽입되지만 염색체에 삽입되는 부위가 불규칙해 삽입 성공률이 그다지 높

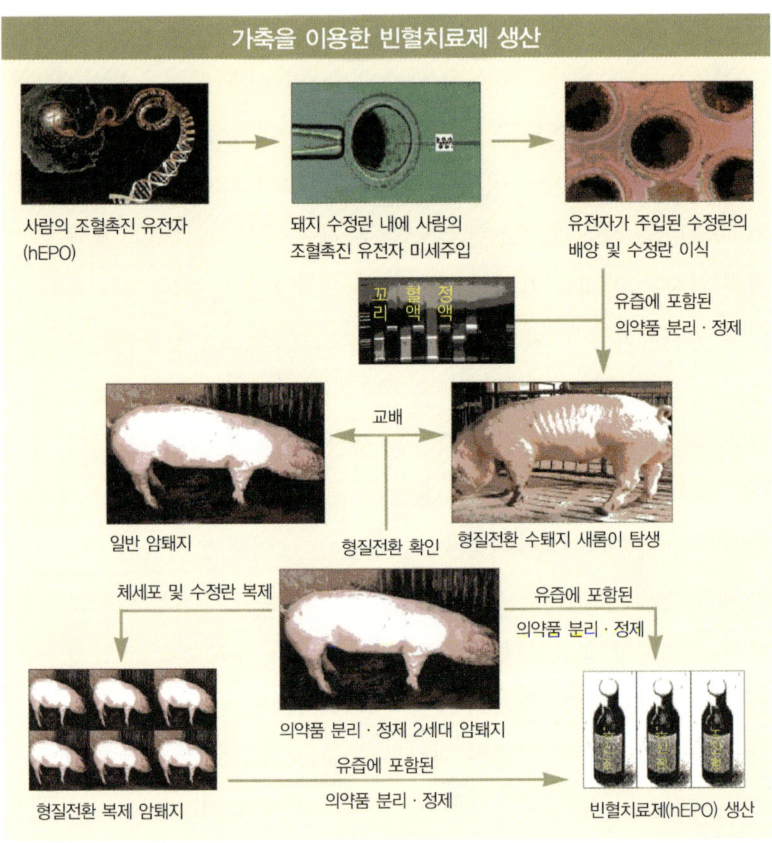

지는 않다. 가축의 경우 성공률이 돼지는 0.3~4.0%, 면양은 0.1~
4.5%, 소가 0.3~2.6% 정도로 알려졌다. 다른 물리적 유전자 이식법
으로는 세포현탁액에 짧은 시간 동안 고전압을 걸어 그 충격으로 외
래 DNA가 들어가도록 하는 '전기도입법', 금 · 텅스텐 등의 미세입자

(직경 0.5~10마이크로미터) 표면에 원하는 DNA를 발라 세포나 조직 속으로 고속 분사하는 '입자분사법' 등이 있다.

생물학적인 방법으로 재조합 유전자를 동물에 삽입하기도 한다. 포유류나 가금에서 바이러스가 숙주의 염색체에 삽입되는 메커니즘을 이용해 유전자를 전이하는 것이다. 대표적인 것이 병원성 유전자를 제거한 레트로바이러스나 아데노바이러스 등에 특정 유전자를 넣어 삽입하는 '바이러스 벡터 이용법'이다. 이 방법을 사용하면 어떤 조직이나 세포로도 쉽게 삽입된다. 형질전환된 정자를 체외수정하기도 한다. 외래 유전자를 정자의 부첨체(subacrosome) 부분에 결합해 핵 속으로 들어가도록 하는 것이다. 정자를 운반체로 삼으면 비용이 적게 들어 관심을 모으지만 아직까지는 생쥐에서만 성공했을 뿐이다.

생물학적 의약품 생산공장으로 거듭난 새롬이는 천신만고 끝에 얻었다. 2천여 번의 시도 끝에 얻은 유일한 형질전환 수퇘지였던 것이다. 새롬이는 사람의 몸에서 주출한 EPO 유전지를 2천여 번이나 수정란에 이식해 얻은 '인내의 결실'이었다. 수정란은 대리모를 만나더라도 적혈구를 과도하게 형성한 탓에 태아 돼지로 죽기도 했다. 건강하게 태어나도 EPO 유전자를 지니지 않은 게 대부분이었다. 출산에 성공한 67마리의 돼지 중에서 오직 1998년 8월 9일에 태어난 새롬이만이 EPO 유전자를 지니고 있었다. 새롬이는 일반 암퇘지와의 교배를 통해 EPO 유전자를 대물림한다. 모든 새끼들이 유용 단백질을 생산하는 것은 아니다. 갓 태어난 새끼돼지의 꼬리와 조직, 성세포에서 EPO 유전자가 나와야만 새롬이 가계에 편입된다. 새롬이 2세가

백여 마리 태어났지만 20마리만이 형질전환 돼지였다. 형질전화 암
수 돼지들의 교배로 태어나는 3세대의 전이율은 60% 정도이다.

인공장기도 생산

유전공학의 세례를 받아 의약품 공급원으로 새롭게 태어나는 형질
전환 동물들. 세계 각국의 연구기관은 고수익을 보장하는 동물산업
의 실용화를 위해 막대한 예산을 투자하고 있다. 미국의 생명공학회
사인 젠짐 트랜스제닉스(Genzyme transgenics)사는 형질전환 동물
에서 65종의 유용 단백질을 얻어내 실용화에 박차를 가하고 있다. 대
표적인 것은 암컷 염소의 젖에서 나오는 '안티트롬빈(antithrombin)
Ⅲ'로 심장질환자들의 혈액 응고를 방지하는 단백질로 임상실험 막
바지 단계에 있다. 국내에서도 한국과학기술원 유욱준 교수팀이 사
람의 백혈구 인자(G-CSF)를 흑염소 유전자에 삽입했고, 생명공학연
구소 이경광 박사팀은 여성의 모유성분인 락토페린 유전자를 젖소
유전자에 삽입해 상업화를 위한 절차를 밟고 있다. 형질전환 동물들
은 이미 유용 단백질로 의료시장에 들어섰고 이종이식용 장기 공급
원으로 나설 태세다. 돼지는 장기의 크기와 혈액성상이 사람에 가깝
고, 한 번에 10마리를 분만해 가장 주목받는 대체장기 공급원으로 꼽
힌다.

돼지의 장기를 이식한다?

스위스 바젤에 본사를 둔 세계적인 생명공학회사 노바티스 (Novartis). 이 회사는 장기이식을 전문적으로 취급하는 이뮤트란 (Imutran)사를 영국 케임브리지에 세워 유전자가 특이한 돼지를 사육하고 있다. 돼지를 돌보는 사람들은 축산업자가 아니라 하얀 가운을 입은 전문의들이다. 돼지들은 사람의 유전자를 수정란에 주입받아 인체 이식용 장기를 만든다. 사람과 돼지의 유전적 차이를 줄여 장기이식을 기다리는 15만여 명의 환자들에게 희망을 안겨주려는 것이다. 만일 안전성만 확인되면 이뮤트란사처럼 유전자 변형 물질을 개발한 업체들은 엄청난 이익을 얻는다.

동물의 심장이나 신장, 간, 췌장 등을 사람에게 이식하려는 '희망 사항'은 오랜 역사를 간직하고 있다. 17세기에 러시아의 귀족은 개의 두개골을 이식받아 종교계에 파문을 일으키기도 했다. 가까이는

1993년에 미국 피츠버그 대학 연구팀이 비비원숭이의 골수와 간을 62살의 남자 환자에게 이식하기도 했다. 하지만 환자는 생명에 치명적인 면역거부반응이 나타나 이식 26일 만에 목숨을 잃고 말았다. 이 때부터 '이종이식'(異種移植, Xenotransplantation)이 사회적 문제로 떠올라 공개적인 시술이 중단되고 말았다.

다른 생물종의 장기라도 이식받아 난치병을 고치려는 환자들의 오랜 꿈은 점차 실현되고 있다. 그러나 면역거부반응과 바이러스 감염이라는 걸림돌이 아직도 남아 있다.

다산계인 돼지 유망

이식의학의 개척자로 불리는 영국 케임브리지 대학 로이 캘네(Roy Calne) 교수가 1972년에 개발한 장기이식 거부반응 억제제 '시클로 스포린 에이(Cyclosporine A)' 마저도 이종이식이라는 상황에서 속수무책이었다. 더욱 강력한 면역억제 기능을 가진 'KF506'과 'MMF' 등도 실패의 고리를 자르진 못했다. 이런 가운데 미국 미주리 대학 바이오벤처 이머지 바이오 세러퓨틱스(Immerge Bio Therapeutics)사와 영국의 생명공학회사 PPL 세러퓨틱스사가 잇따라 인체 거부반응 유전자를 제거한 돼지를 복제 생산하는 데 성공해 이종이식의 실용화에 한 걸음 다가서게 됐다.

세계적으로 하루에 30여 명의 장기이식 대기자들이 이식용 장기가 없어 목숨을 잃고 있다. 장기기증이 활발히 이루어진다면 굳이 동물의 기관을 이식하는 위험을 감수하지 않을 것이다. 하지만 장기이식 대기 환자들에게 절망을 안겨주는 상황이 지속되고 있다. 인체에 두개 있는 장기일지라도 기증자가 드물고, 하나밖에 없는 것이라면 뇌사자의 마지막 선행을 기대해야 한다. 그렇게 기증받은 장기도 필요한 수량의 5%밖에 안 된다. 그래서 환자들은 다른 생물종의 장기라도 이식받게 되길 바란다.

국내에서는 2000년 2월 9일 '장기 등 이식에 관한 법률'이 시행된 뒤에 절차상의 까다로움 등으로 인해 뇌사자의 장기기증이 이전보다 절반 가량 줄어들었다. 예컨대 1999년 11월 30일 현재 심장과 신장의 장기이식을 기다리는 사람이 각각 134명과 3,242명이었지만 2000년 2월 이후 뇌사자의 장기이식은 심장 31건과 신장 173건에 지나지 않았다. 물론 이보다 훨씬 많은 사람들은 이식을 기다리다 죽어갔다. 이런 까닭에 장기이식을 기다리는 난치병 환자들은 안전성을 의심받는 상황에서라도 다른 동물의 장기라도 이식받길 간절히 바라고 있다.

지금까지 40여 차례의 이종간 장기이식 수술이 이루어진 것으로 알려졌다. 1990년대 초반까지만 해도 침팬지나 비비원숭이가 이종장기 공급원 노릇을 했다. 영장류의 종속이 인간과 가까이에 있어 유전적 구조가 인간의 것과 거의 일치한 때문이었다. 하지만 영장류의 장기는 인간에게 적합한 크기로 되기 어렵고, 필요한 수량을 확보하는 것도 쉬운 일이 아니었다. 인간과 공통적으로 여러 가지 바이러스에 감염되기 쉬운 것도 걸림돌로 작용했다. 그래서 새롭게 주목한 게 돼지였다.

돼지는 심장 등 장기의 크기가 인체의 그것과 비슷하고 혈액성상이 인간에 가까운 이점이 있다. 게다가 한 번에 10여 마리를 분만하는 다산계이고 무균 사육이 가능해 이종이식용으로 제격이었다. 스위스의 생명공학회사 노바티스사는 이종이식 전문 계열사로 이뮤트란사를 세워 사람과 유전적 차이를 줄인 돼지를 생산하기도 했다. 아직은 이식용 장기에는 이르지 못했고 심한 화상을 입은 사람에게 돼지의 피부를 이식하고 당뇨병 환자에게 돼지의 췌장에서 뽑아낸 인슐린을 만들어내는 세포를 이식하는 수준이다. 이뮤트란사는 사람의 유전자를 수정란에 주입받은 형질전환 돼지들이 인체에 치명적인 문

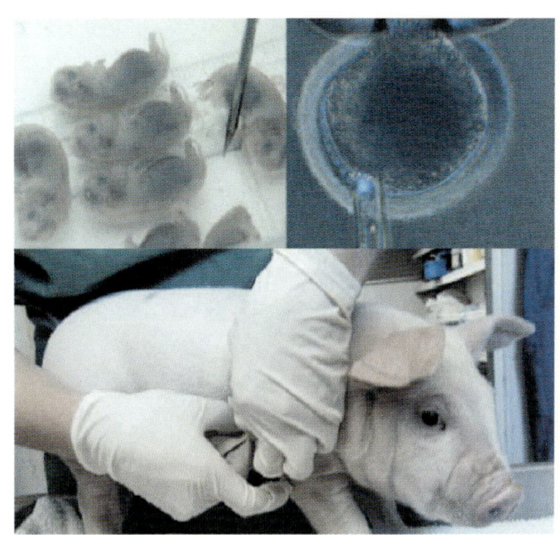

아직까지 이종이식은 여전히 미지의 영역이다. 하지만 현재의 의학 발전 속도라면 복제돼지 등을 이용해 인체의 거부반응을 극복하는 것도 불가능한 일이 아니다.

제를 일으키지 않는다고 밝히고 있다.

돼지들이 이종장기 공급원으로 나서는 데는 걸림돌이 수두룩하다. 무엇보다 인간과 동물 간에 이질적인 생체가 결합되면서 나타나는 인체 거부반응이 최대 문제였다. 인간의 몸은 외부에서 침입하거나 내부에서 발생한 이물질에 민감하게 반응한다. 만일 미생물이나 이종단백질, 암화세포 등이 체내에서 활동을 하면 면역계가 곧바로 상황을 파악해 전시 상태로 돌입한다. 다른 사람의 장기가 인체에 들어와도, 체내의 면역계는 임파구가 만들어내는 항체와 공동전선을 형성해 이식장기의 세포막을 파괴하려고 한다. 그것이 다른 종의 것이라면 더욱 강력하게 맞설 게 틀림없다.

이런 상황에서 미국 미주리 대학 연구진은 이종장기 이식 과정에서 초급성 거부반응을 일으키는 데 관련된 'GATA' 유전자를 제거하는 데 성공했다. 이 유전자가 제거되면 이종장기에 대한 인체반응이 나타나지 않는다. 이물질이라는 꼬리표가 사라지기 때문이다. 하지만 면역거부반응에 유전자는 초급성뿐만 아니라 급성·만성 등에 관련된 많은 유전자가 있기에 이를 모두 해결해야 한다. 그래야만 돼지의 장기가 인체에서 적으로 취급당하지 않는다.

바이러스 감염 우려

그렇게 면역거부반응이 없어진다고 해서 당장 돼지 장기를 이용한 이종이식이 이루어지는 것은 아니다. 또다른 문제로는 먼저 돼지 유전자에 있는 '돼지 내인성 레트로바이러스(PERV)' 감염에 대한 우려가 꼽힌다. 침팬지에 의해 에이즈바이러스(HIV)가 사람에게 감염되는 것처럼 돼지바이러스 역시 기관이식을 통해 사람에게 감염될 수 있다. 레트로바이러스는 기관을 이식받은 환자뿐만 아니라 인체 접촉을 통해 불특정다수에게 확산되는 것으로 알려졌다. 동물의 조직이나 세포를 인체에 주입하려면 열처리 과정을 통해 감염물질을 제거해야 한다. 하지만 장기이식 과정에서는 별도의 열처리를 할 수 없기 때문에 각종 바이러스 감염 가능성이 높을 수밖에 없다.

게다가 무균 실험실이라는 특수한 환경에서 자란 돼지의 장기가 얼마나 생명력을 발휘할지도 알 수 없는 노릇이다. 돼지의 평균 수명은 8년 안팎으로 인간보다 훨씬 짧은 탓에 이식 장기가 아무리 능력을 발휘해도 인간의 수명을 획기적으로 연장하지는 못할 것으로 보인다. 또한 사람과 동물은 대사작용과 다양한 질환에 대한 내성이 달라 인체에서 어떻게 서로 작용할지도 모르는 상태이다. 이렇듯 이종이식의 두려움이 가시지 않자 미국 식품의약국(FDA)과 유럽의회는 1990년대 후반에 동물조직과 세포이식을 위한 임상실험 중단 조처를 내리기도 했다.

어쨌거나 면역거부 유전자를 제거한 돼지는 난치병 환자들에게 희망의 불씨로 자리잡을 전망이다. 손상된 장기의 이종이식에 대한 잠재적 가능성을 한껏 높여놓은 것이다. 하지만 안전성을 확보한 시술까지는 풀어야 할 걸림돌이 많아 적어도 10여 년이 걸릴 것으로 예측된다. 더구나 이종장기가 난치병 치료에 적용되지 않을 가능성도 있다. 인간복제를 통해 면역거부반응은 물론 다양한 생체 적합성 등의

이종간 장기이식 과정

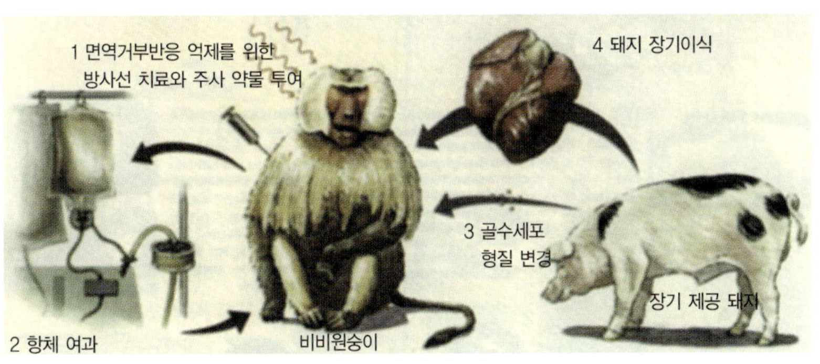

문제를 해소한 '치료용 복제' 장기들이 생산될 수도 있기 때문이다. 2001년 10월 미국의 생명공학회사 어드밴스드 셀 테크놀로지(ACT)사는 치료용 복제가 눈앞의 현실임을 보여주기도 했다.

이 회사는 복제 초기 단계의 인간 배아와 난자에서만 태어난 인간 배아를 이용하는 '처녀생식(Partheno genesis)'을 통해 활성화된 세포에서 줄기세포를 얻어내는 데 성공했다. 아직까지는 장기 생산보다는 당뇨병 환자를 위한 췌장세포 배양, 심장마비 환자를 위한 심장세포 재생, 양쪽 하지 마비환자를 위한 척수 치료 등 자기면역장애나 혈액과 골수에 관련된 질환에 적용하려는 수준이다. 하지만 치료용 복제라는 이름으로 인간복제에 관한 비밀의 문이 열린 만큼 획기적인 진전이 이루어질 것으로 보인다. 동물복제를 이용한 이종이식과 인간복제를 이용한 동종이식 간의 치열한 인체 진입 경쟁이 어떤 식으로 전개될지 자못 궁금하다.

그들은 어떻게 공중에 뜰까

삼엄한 눈초리의 보초병들이 격전지 요새를 빈틈없이 지키고 있다. 땅 위의 미세한 움직임에도 촉각을 곤두세우는 보초병들이지만 공중의 작은 반점처럼 보이는 물체에는 주목하지 않는다. 설령 누군가 물체의 쓰임새에 이상한 느낌을 받더라도 속수무책이다. 주시하는 순간 민첩한 동작으로 금세 시야에서 사라져버리는 탓이다. 다시 물체는 공중에 머물며 적의 동태를 카메라에 담는다. 같은 시각에 몇 킬로미터 떨어진 곳의 지휘본부 병사들은 손목 모니터를 통해 비행물체에서 날아오는 입체적 정보를 분석한다. 그리고 얼마 뒤 지휘본부는 비행물체를 일정한 장소로 원격조종해 목표물을 공격하도록 지시한다.

이런 일은 공상과학영화 밖에서도 일어날 수 있다. 미국 DARPA의 3천5백만 달러짜리 미세비행체(MAV, Micro Air Vehicles) 프로젝트가 성공리에 끝나면 MAV는 전투현장에 실전 배치될 전망이다. 이미 미군은 MAV 유형의 무인정찰기를 걸프전과 보스니아 내전에서 사용하기도 했다. 당시 투입된 무인정찰기는 무게 4.5킬로그램, 길이 1.2미터로 MAV의 시험기 정도에 지나지 않았다. 비행체의 크기를 줄인다고 MAV 구실을 하는 건 아니다. 새나 곤충의 비행 특성을 살펴 양력(揚力)이나 추진의 원리를 제대로 적용해야 성공적인 MAV 구실을 할 수 있다. MAV는 미세전자기계 시스템(MEMS)의 기술 지원을 받아 손가락 크기로 줄어들 것으로 보인다. 소형인 까닭에 연구자들은 새보다는 곤충의 비행을 모방하는 방식에 기대를 걸고 있다.

곤충은 날개를 사용해 지구에서 가장 번성한 생물이 되었다. 곤충의 비행을 모방한 미세 비행체의 모형도.

왜소한 날개로 가능

　지금까지 곤충의 비행에 관한 수수께끼를 풀려는 시도가 끊임없이 이어졌다. 하지만 아직까지 생물체의 비행 원리는 완전히 파악되지 않았다. 라이트 형제의 발명에서 비롯된 고정익 항공기가 주류를 이루고 있는 까닭도 거기에 있다. 고정익 항공기는 날개의 형태와 접근각이 날개의 상부에서 저압 지역을 만들어 양력을 발생시켜 날아오른다. 이에 비해 곤충은 날아다니기에 충분한 양력을 얻지 못하는 것으로 여겨졌다. 그럼에도 곤충은 하늘을 날 수 있는 최초의 생물로 무려 3억 5천 년 전인 석탄기 시대에 비행을 시작했다. 고정익 항공기는 낮은 속도에서 충분한 양력과 추진력을 얻을 수 없지만 곤충은 날갯짓을 통해 저속 비행을 즐기기도 한다. 잠자리의 순간 가속 능력은 최신예 전투기가 감히 넘볼 수 없을 정도로 월등하다.

　곤충이 왜소한 날개에 의지해 육중한 몸집을 공기중에 띄우는 비

곤충들은 독특한 비생술로 공기 중에 머문다. 잠자리 날개 주위에 공기가 흐르고 있는 모습을 보여주는 이미지.

결은 무엇일까. 영국 케임브리지 대학의 동물학자 찰스 엘링턴 (Charles Ellington) 연구팀이 이런 의문에 관한 실마리를 풀었다. 현재 DARPA의 MAV 프로젝트에 참여하고 있는 엘링턴은 비행중인 곤충이 날개 전방 테두리 위의 공기에 나선형의 소용돌이를 발생시켜 양력을 얻는다는 '공기기둥 형성설'을 제시했다. 소용돌이가 날개 위쪽에 저압 지역을 만들고 날개 밑에 형성된 고압 영역이 날개를 밀어 올려 양력을 만든다는 것이다. 보통 항공기는 주로 날개 위에 형성되는 와류(渦流) 효과로 날개 위쪽의 공기 속도가 아래쪽보다 더 빨라 날개 윗부분의 기압이 낮아져 날게 되는데, 이와는 반대의 비행 원리인 셈이다. 이런 곤충의 양력 발생 메커니즘도 곤충이 어떻게 공기중에서 스스로를 조절하는지는 설명하지 못하고 있다.

곤충은 지구상에서 최초로 하늘을 지배한 생물이다. 곤충 중에서도 가장 교묘하게 비행하는 게 잠자리다. 잠자리는 전진·후퇴가 자유롭고 공중에서 정지했다가 갑자기 시속 50킬로미터의 속도를 낼 수 있다. 4륜 구동의 놀라운 기동성을 발휘하는 것이다. 흉부에 있는 아포템이라는 탄력성이 뛰어난 단백질은 큰 날개를 1초에 25~30회나 저을 만큼의 힘을 뒷받침한다. 파리는 곤충 중에서 가장 빠른 비행속도를 자랑한다. 애벌레가 사슴에 기생하는 말파리는 시속 1천3백 킬로미터의 속도로 날 수 있다는 보고도 있으며, 시속 65킬로미터로 자동차 주위를 선회하다가 순간적으로 차체에 내려앉기도 한다. 곤충이 지구상의 유기체 중에서 가장 번성할 수 있었던 까닭은 날갯짓 비행이 있었기 때문이라 해도 지나친 말은 아니다.

곤충의 근육에 전극을 연결하면 곤충이 일정한 방향으로 움직일 때마다 날개의 변화를 살필 수 있다.

신비로운 날개운동으로 수억 년 동안 진화해온 곤충. 공중에서 방향을 선회하고 놀라울 정도의 곡예비행을 수행하는 것도 독특한 날개운동을 통해 이루어지는 일이다. 하지만 이를 밝혀내는 것은 간단한 일이 아니다. 무엇보다 조그만 날개들의 역학적인 본질이 비행기처럼 날개 주변의 일정한 공기 흐름과 고정된 날개를 통해 접근할 수 없다는 게 걸림돌이다. 만일 새의 날개를 비행기의 날개로 취급하고서 어떤 특정 시간에서 그 속도와 상승력을 계산해 전체 날갯짓에 합산한다면, 그 새가 어떻게 공중에 머물러 있을 수 있는지를 대략 설명할 수 있다. 하지만 조류에게 적용되는 고정익 항공기의 공기역학이 곤충에게는 통하지 않는다.

이런 곤충의 독특한 비행역학의 원리를 파악하기 위해 미국 캘리

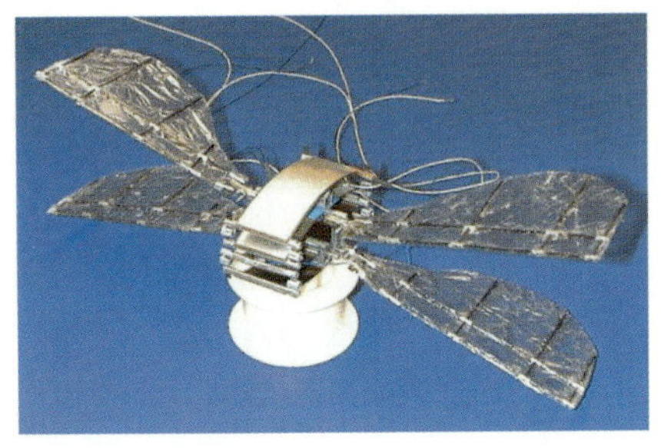

곤충의 비행역학 원리를 응용해 로봇 비행체의 날개를 만들었다. 로봇 날개의 움직임을 통해 곤충처럼 이동할 수 있다.

포니아 대학의 생물학자 마이클 디킨슨(Michael Dickenson) 연구팀은 노랑초파리를 모델로 '로보플라이(robofly)'라는 25센티미터 길이의 로봇 식 날개 한 쌍을 제작했다. 이들은 비늘이 있는 날개들처럼 공기중에서 빠르게 퍼득거리는 효과를 내도록 로보플라이를 점성이 강한 미네랄 오일 탱크에 넣어두었다. 그런 다음에 각 부위에 센서를 부착한 로보플라이에 힘을 가하면서 날갯짓의 작용 메커니즘을 파악했다. 이런 과정을 거쳐 디킨슨 팀은 곤충이 중력을 이겨내고 공중에 떠 있도록 하는 세 가지 흥미로운 기술을 밝혀냈다.

신체의 상호 작용

곤충이 공기중에 머무는 대표적인 방법은 '지연성 스톨(delayed stall)'이다. 곤충이 날개의 아랫면과 공기 흐름면이 받음각을 이루도록 날개를 앞쪽으로 기울이면서 빠르게 지나갈 때 일어난다. 항공기나 새들의 날개처럼 고정된 날개가 큰 받음각으로 멈추게 되면, 갑자기 상승력을 잃고 추락하게 된다. 그렇지만 곤충은 날갯짓으로 양력을 계속 만들어 공중에 머물 수 있다.

다음은 곤충이 날갯짓을 거의 마칠 즈음에 날개가 뒤쪽으로 회전해 역회전력을 만들어내는 '교대식 회전(rotational circulation)'이다. 역회전으로 테니스공을 들어올리듯이 교대식 회전을 통해 순간적인 상승력을 얻을 수 있다는 것이다. 마지막은 '항적(航跡) 포착(wake capture)'이라 불리는 기작이다. 날갯짓을 시도한 곤충이 원위치로 되돌리기 전에 회전하면 애초의 항적과 교차할 수 있어서 곤충이 일시적으로 공중에 뜨면서 활력을 얻는다는 것이다.

곤충의 날갯짓에 관련된 지연성 스톨은 고난도의 비행술이다. 그래서 특정한 곤충이나 즐기지만 교대식 회전이나 항적 포착은 대부분의 비행성 곤충이 이용하는 기작이다. 물론 이런 기작을 따르지 않는 곤충도 있다. 곤충은 5밀리미터 안팎의 크기로 날아오르기 위해 고난도의 비행술을 진화시켜왔다. 만일 곤충의 비행 기작을 MAV 제작에 그대로 적용할 수 있다면 놀라운 성능을 기대할 수 있을 것이다. 하지만 그것은 아직까지 머릿속에서나 가능한 일이다. 곤충이 날갯짓 순간을 어떻게 잡는가에 따라 비행의 형태는 복잡한 양상으로 펼쳐진다. 그런 순간 포착은 기술적인 차원에 머물지 않고 뇌와 신경계, 근육 그리고 골격의 상호 작용을 통해 이루어지게 마련이다. 앞으로 곤충의 신체 상호 작용을 둘러싼 비밀이 풀린다면 곤충을 닮은 MAV가 전장을 누비는 것도 어려운 일이 아니다.

염소가 배출하는 '바이오 강철'

거미줄은 정말로 가늘다. 왕거미가 만든 거미줄의 지름은 0.0003 밀리미터로 누에가 만드는 실의 10분의 1 정도이다. 그럼에도 거미줄은 같은 지름의 강철보다 강하고 나일론만큼이나 질기다. 거미줄은 곤충을 잡는 데만 쓰이는 게 아니다. 먹이를 싸고, 알을 보호하며, 이동을 위해 비행할 때는 마치 등산에 쓰는 자일처럼 '안전줄'로 이용하기도 한다. 또한 거미줄은 거미만 이용하는 건 아니다. 거미줄은 더욱 놀라운 모습으로 인간 곁에 다가오고 있다. 머지않아 날아가는 탄환을 멈추게 하거나, 우주 공간에서 5톤이나 나가는 인공위성을 묶는 데 사용될지도 모른다.

거미는 독특한 생물학적 방법으로 강하고 질긴 거미줄을 만든다. 천연의 거미줄을 인공적으로 만들려는
연구가 활발하게 이루어지고 있다.

거미는 도대체 어떤 방법으로 실샘(silk gland)에서 신비한 섬유를 뽑어내는 것일까. 만일 거미의 비밀을 밝혀낸다면 환경친화적인 비단섬유를 얼마든지 만들 수 있다. 현재까지 나온 섬유 가운데 가장 강력한 것으로 알려진 듀퐁의 '케블라(Kevlar)'보다도 훨씬 강할 게 분명하다. 방탄조끼를 만드는 데 쓰이는 케블라는 재활용이 불가능한 합성플라스틱이다. 이에 비해 거미실크는 재활용이 가능한 천연섬유다. 거미실크로 옷을 만든다면 마치 거미가 자신이 만든 거미줄을 먹어치우듯, 그 옷을 사람이 먹어도 탈이 나지 않을 것이다. 게다가 케블라를 만드는 방법은 매우 위험하고 막대한 비용이 들어간다. 끓는점까지 가열된 고농도의 황산에서 방적되기에 그 과정이 복잡하고 잔존 화학물질을 다루기 어려운 탓이다. 하지만 거미실크는 평범한 물질인 단백질에서 뽑아내기 때문에 위험하지 않고 비용도 저렴할 수 있다.

하지만 아직까지 거미줄은 신비의 장막을 완전히 걷어내지 않았다. 기껏해야 '원자힘 현미경(ATM)'에 의해 실체를 조금씩 드러내고 있을 뿐이다. 거미줄의 바깥 층을 살짝 벗겨내면 나노미터(10^{-9}m) 크기의 미세 조직이 나타난다. 이 섬유조직을 나선형의 계단처럼 감싸고 있는 게 바로 나노피브릴이다. 거미줄에 몸무게가 80킬로그램인 사람이 올라타도 견딜 수 있는 것은 바로 나노피브릴이 강력하게 버티고 있기 때문이다. 나노피브릴의 안쪽에는 '스파이드로인

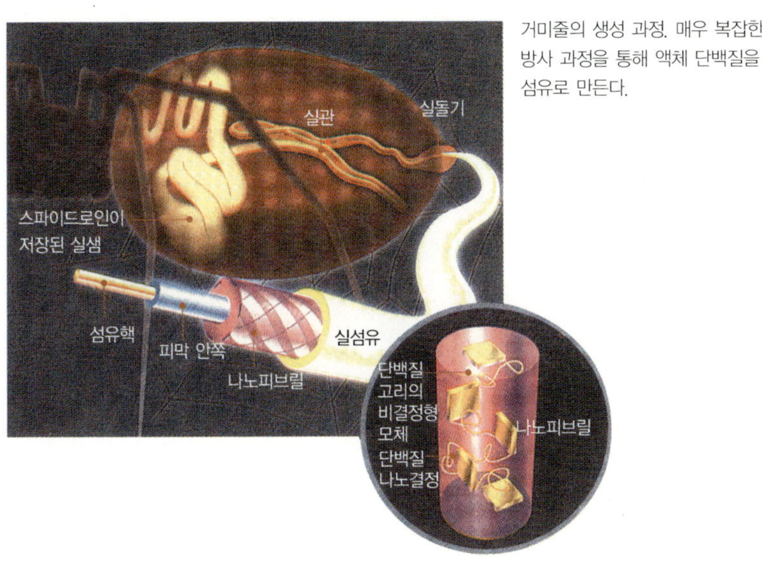

거미줄의 생성 과정. 매우 복잡한 방사 과정을 통해 액체 단백질을 섬유로 만든다.

(Spidroin)'이라는 미세한 수용성 단백질 결정체가 곳곳에 퍼져 있다. 그런 결정체들에서 발생히는 전하 사이의 강한 인력이 단백질 고리의 탄성을 유지한다.

그렇다면 거미의 수용성 액체가 어떻게 초강력 섬유조직을 만드는 것일까. 덴마크 아르후스(Arhus) 대학의 동물학자 프리츠 볼라스(Fritz Vollrath)는 이에 대한 의미 있는 연구 결과를 내놓았다. 그가 발견한 것은 거미의 방적법이 나일론과 같은 합성섬유를 제조하는 방법과 놀랄 만큼 비슷하다는 것이다. 볼라스가 '정원거미(*Araneus diadematus*)'를 면밀히 관찰한 내용은 대충 이렇다. 거미의 섬유는 몸 밖으로 나오기 전에 섬유관을 따라 흐른다. 그 관에 유입되는 스파이드로인은 액체 상태의 단백질이다. 스파이드로인이 섬유관에 유입되면 특수한 세포가 단백질의 수분을 제거한다. 그 뒤 액체에서 떨어져 나온 수소 원자들이 섬유관의 다른 부분으로 이동해 '산 저장소'를 만든다. 실크 단백질이 산에 접촉해 단백질 분자들이 서로 결합하는 과정에서 단단한 실크를 만들게 된다. 거미의 방사 메커니즘은 윤곽이 약간 드러났지만, 스파이드로인이 무엇에 의해 거미줄로 변화되는지는 분명하지 않다. 이런 가운데 인공 거미줄의 생산 가능성이 희미하게 보이고 있다.

미국 오하이오 대학의 론 에비 박사는 '전자방적'으로 알려진 기술을 인공 거미줄 개발에 응용하고 있다. 철사판과 깨끗한 주사바늘 사이에 3만 볼트의 에너지 차이를 두고 스파이드로인 용액을 제트 분사해 단백질을 생산하는 것이다. 실제로 분사물이 전기적인 힘에 따라 철판에 당겨질 때 스파이드로인 분자들이 재배열되는 과정에서 건조한 섬유조직을 얻기도 했다. 하지만 그렇게 만든 인공 거미줄은 실제 거미줄이 갖고 있는 탄성력의 절반에도 미치지 않았다. 거미줄의 특성을 살린 신물질을 유전공학적으로 만드는 것도 기대를 모으고 있다.

캐나다 몬트리올의 넥시아 바이오테크놀로지(Nexia Biotechnologies)의 제프 터너(Jeff Turner) 박사는 거미 유전자를 이용해 총탄에 파괴되지 않을 만큼 튼튼하면서도 매우 가벼운 산업용 '바이오 강철(biosteel)'을 2002년 1월 세계 최초로 개발했다. 두 마리의 숫염소가 암컷과 짝짓기해 태어난 암컷의 우유에서 거미의 스파이드로인 단백질을 추출해 합성섬유를 만든 것이다.

인공 거미줄은 자연 상태에서 거미가 생산하는 과정을 그대로 모방했다. 정밀수술용 봉합선이나 낚싯줄, 케블라 등에 버금가는 강도의 초강력 섬유를 만드는 것은 쉬운 일이 아니었다. 처음에는 거미를 사육하는 방식으로 접근했는데, 자신의 세력권을 만들어놓고 다른 거미가 접근하면 잡아먹는 거미의 육식성 때문에 실패하고 말았다. 그 뒤 거미 단백질을 만들어낼 형질전환 염소를 탄생시켰다. 거기에 유전자 응용기술을 접목시켜 인공 거미줄 생산에 성공한 것이다.

넥시아 연구진은 가장 강도가 센 거미줄을 만드는 오브웹 위버(orb-web weavers)라는 거미의 두 거미종에서 거미줄 합성 유전자를 복제해냈다. 이 유전자 중 한 세트가 오브웹 위버가 거미줄을 형성하는 단백질을 분비하게 만드는 유전자다. 이 유전자를 햄스터 신장과 소의 유방에서 추출한 세포에 주입하면 세포가 자연 상태에서 거미줄처럼 질긴 '단백질 실'의 새료기 되는 두터운 단백질액을 분

무당거미 유전자를 감자와 담배 식물에 주입해 다량의 실크 단백질을 생산하려는 연구도 활발하게 이루어지고 있다. 만일 거미 단백질로 실을 뽑으면 강한 재질에 비독성, 생분해성이 뛰어난 직물을 생산할 수 있다.

비한다. 포유동물 조직으로 배양한 이 단백질 실은 펼친 길이가 11마일이 넘지만 자연 상태에서 뽑아내는 거미줄의 길이와는 비교가 안 될 정도로 짧다. 더구나 이 세포는 일반 거미줄에 함유된 단백질 중 고작 한두 가지만 생산하는 정도다.

포유동물 조직으로 배양한 인공 거미줄의 양은 1온스가 채 안 되는 적은 양으로 이제 대량생산이 남은 과제다. 넥시아는 염소를 이용한 대량생산에 눈을 돌리고 있다. 넥시아의 터너 사장은 자사의 몬트리얼 시설에 '웹스터(Webster)'와 '피터(Peter)'라고 명명된 숫염소 두 마리에 거미의 유전자를 주입했다. 이 유전자는 젖을 분비하는 포유동물 암컷의 젖샘에서만 활동한다. 숫염소 두 마리가 암컷과 짝짓기해 난 암컷이 나중에 인공 거미줄을 뽑아낼 수 있는 젖을 분비한다. 거미의 암컷만 거미줄을 만들고 수컷은 종족 번식만을 한다. 넥시아는 2002년 현재 약 50여 마리의 암컷 염소를 기르고 있다. 이제 머지않아 거미줄 단백질을 젖으로 분비하는 염소를 이용해 인공 거미줄의 대량생산에 이를 것으로 기대된다.

넥시아 바이오테크놀로지의 제프 터너 박사팀은 복제 염소 웹스터(왼쪽)와 피터를 이용해 세계 최초로 인공 거미줄을 만들었다. 이들이 개발한 거미섬유는 직경이 1백만분의 1미터보다 가늘다.

인공 거미줄 실용화

거미들은 우주에서도 그물을 짠다. 미국 항공우주국은 이미 1973
년에 아폴로 우주선에 스카이랩(Skylab)이라는 실험실을 싣고 올라
가 거미들이 무중력 상태에서 그물을 만들 수 있는지 살펴봤다. 거미
들은 작은 시행착오를 거쳤지만 결국 정상적인 그물을 만들었다. 그
런 거미의 환경 적응력은 신비로울 정도다. 그 놀라운 공정기술을 인
간이 단숨에 배우기는 어려운 일이다. 그럼에도 강한 재료에 대한 욕
망이 거미줄의 신비를 벗겨내 신기술로 이어질 것은 틀림없는 사실
이다. 누에에서 뽑아내던 실크를 인공으로 제조해 인조근육을 만들
고 화상을 입은 환자들을 치료하고 있듯이. 연구자들은 앞으로 5년
쯤 지나면 거미의 방적공정을 모방한 바이오 강철을 생산할 것으로
내다보고 있다. 바이오 강철은 우주산업, 엔지니어링, 의학 분야 등
에서 널리 활용될 것이다. 물론 스파이드로인의 메커니즘이 완전히
밝혀져야 가능한 일이다.

반도체와 미생물이 만났을 때

이른바 별코두더지(*Condylura cristata*)는 지구상에서 가장 독특한 동물로 꼽힌다. 미국 북동부와 캐나다 동부 습지의 얕은 굴에 서식하는 별코두더지는 무게가 생쥐의 두 배인 50그램밖에 나가지 않는다. 이 두더지 코의 둘레에는 22개의 부속지(肢)가 있다. 이것은 주변을 탐색할 때 흐물흐물 움직인다. 먹이감 구별은 이 부속지를 통해 30여 초 만에 이루어진다. 긴 부속지가 문제의 먹이감을 건드리면 코가 움직여 가장 짧으면서도 민감한 부속지로 순식간에 먹이감을 해치운다. 이 별코두더지처럼 오염물질을 삼키는 인공 코를 개발하기 위해 반도체와 미생물이 만나고 있다. 미생물은 '21세기의 노다지'로 전방위 활약을 하고 있다. 인간을 괴롭히는 위험한 쓰레기도 미생물의 먹이가 될 수 있다. 미생물은 독성물질을 게걸스럽게 먹어치워 무해한 물질로 분해한다. 반도체의 기능도 이에 못지 않다. 생명력은 없을

지라도 정보화 사회에서 '산업의 쌀' 노릇을 톡톡히 한다.

이 둘의 환상적인 만남은 인류에게 희망을 안겨준다. 오염물질을 손쉽게 처리하는 길을 열어주기 때문이다. 온갖 데이터를 처리하는 반도체가 어떤 악조건에서도 번식력과 생존력을 자랑하는 미생물의 특성을 그대로 갖는다. 유전공학적으로 손을 본 미생물과 실리콘칩을 융합해 만든 게 바로 '오염 감지 · 정화용 바이오센서(Biosensor)'다. 생물학적 특성을 지닌 반도체가 탄생하는 것이다. 바이오센서는 생체물질을 사용해 특정 물질을 예민한 감도로 쉽게 구별한다. 분자식별 능력을 가진 생체물질과 전기적, 물리 · 화학적 소자인 실리콘

바이오센서는 질병을 막는 데도 유용하게 쓰인다. 곰팡이에 생기는 아플라톡신 등의 발암물질을 찾으면 녹색으로 발광하는 바이오센서.

칩을 결합한 것이다.

생체물질의 특성을 가진 센서 시스템 구조는 사람의 감각기관과 유사하게 작용한다. 하수구나 오염지대에서 코로 냄새를 맡듯이 오염물질을 알아낸다. 어떤 환경에서도 미세한 촉감을 지닌 만능코 구실을 하는 것이다. 바이오센서는 이미 우리 생활 주변 곳곳에 보급돼 있다. 당뇨병 환자들이 매일 혈당을 측정하는 데 사용하는 글루코스센서(Glucose sensor)를 비롯해 병원에서 피로도, 졸음, 스트레스 등 건강 상태를 살피는 데 쓰이는 각종 센서도 개발됐다. 혈중 알코올농도를 측정하는 음주측정기에도 바이오센서가 내장돼 있다. 게다가 분자족집게로 유전자의 변이를 분석하는 바이오칩도 널리 보급되고 있다.

색깔별로 반응

오염 감지·정화용 바이오센서 박테리아를 이용해 오염 지역을 찾아내 토양과 물을 정화한다. 이 과정에서 실리콘칩은 살아 있는 물질로 거듭난다. 절반은 유전공학적으로 처리된 미생물이고, 나머지 절반은 코팅된 보통 실리콘칩이다. 미국 테네시 대학 환경생물공학센터 소장 게리 세일러(Garry S. Sayler)는 박테리아를 이용해 푸른빛을 발산할 수 있는 발광체를 개발했다. PF HK 44 박테리아가 원유의 성분인 나프탈렌 등 위험한 쓰레기를 소화시킬 때 푸른빛을 발산하도록 유전자를 주입한 것이다. 박테리아의 발광 유전자는 개똥벌레를 반짝이게 하는 유전자를 닮았다. 미생물들이 푸른빛을 내면 실리콘 칩은 관측자에게 전자 알람으로 위치를 알려준다. 발광체에서 나오는 빛의 세기를 통해 오염도는 물론 오염물질을 정화할 만큼의 박테리아가 있는지 파악할 수 있다.

바이오센서로 오염물질을 감시하려는 연구는 오래 전에 시작됐다. 하지만 그 동안에는 미생물에서 나오는 빛을 측정하는 게 쉽지 않았다. 바이오센서를 특정 지역에 설치해도 그 식별 내용을 파악하기 힘들었던 것이다. 엄청난 비용을 감수하며 거대한 섬유광케이블을 넓은 오염 지역에 설치하는 게 최선이었다. 이런 불편을 개선한 사람이 미국 오크리지 국립연구소 연구원 마이클 심프슨(Michael Simpson)이다. 그는 일반적인 실리콘칩으로 집적된 광센서를 개발했다. 무선 칩 위에 광전자관과 미생물을 통합한 것이다. 이 '생물칩'으로 중앙 컴퓨터에 곧바로 정보를 보낼 수 있다. 이런 과정으로 만든 게 칩 내의 미소생물 기능을 하는 '칩 위의 꼬마(Critters on a Chip)'라는 바이오칩이다. 이 칩은 말 그대로 꼬마칩이다. 한 변의 길이가 약 2밀리미터인 정방형에 두께는 0.5밀리미터로 크기가 작아 에너지를 거의 소모하지 않는다. 연결선이 필요하지 않아 오염 지역 어디든지 설치할 수 있다.

칩 위의 꼬마의 활용 범위는 무궁무진하다. 토양과 물, 공기중에 있는 오염물질은 물론 암세포 추적 등 의학적 진단과 산업용 공장제어 시스템에도 얼마든지 활용할 수 있다. 군사적으로도 효용가치가

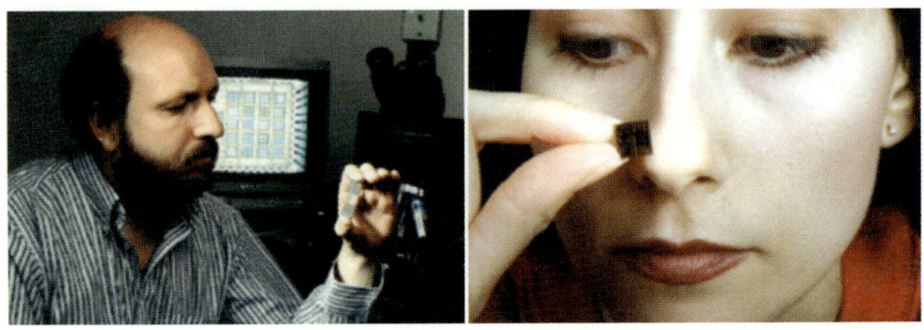

미국 오크리지 국립연구소에서 개발한 바이오칩 '칩 위의 꼬마' (왼쪽)와 '칩 위의 코' (오른쪽). 이들은 전력 소모 없이 화학물질을 검색할 수 있다.

높다. 생화학전이 벌어졌을 때 무인비행기나 소형자동차 등에 탑재해 의심되는 지역에 보내 화학물질의 종류와 발원지 등을 추적한다. 오염 지역을 모니터하기 위해 배치된 광섬유센서와 덩치 큰 전자컨버터에 막대한 비용을 투자할 필요가 없는 것이다. 표준 반도체 생산공정을 그대로 따랐기 때문에 생산비용도 저렴하다. 세일러와 심프슨의 연구는 아직 실용화 단계에는 이르지 못했다. 무엇보다 살아 있는 바이오센서의 생명력에 한계가 있기 때문이다. 아무리 칩의 감도가 높고 저렴하더라도 오염 탐지를 오래 할 수 없다면 그다지 쓸모가 없다. 바이오칩으로 오염물질을 감지·정화한다면 저렴하게 환경문제를 해결할 것이다. 하지만 현재로선 상용화를 섣불리 기대하기 어렵다. 무엇보다 생명체인 박테리아에게 계속 먹이를 공급해주면서도 겨우 살아 있을 정도를 유지하는 게 어려운 까닭이다.

또하나의 문제는 화학오염물질의 종류가 헤아릴 수 없을 만큼 많다는 데 있다. PF HK 44를 통해 원유 오염을 증명하는 나프탈렌의 신호를 감지했을 뿐이다. 수많은 유기공해물질과 중금속 등 중요한 화학물질을 감지해 정화할 박테리아를 만들어야 하는 것이다. 이를 보완할 수 있는 것이 오크리지 국립연구소에서 개발한 '칩 위의 코(Nose on a Chip)'라는 칩이다. 이 칩은 수은, 천연가스, 일산화탄소와 기타 화학물질의 냄새를 맡을 수 있다. 하나의 집적회로 위에 선택적으로 코팅한 작은 센서들을 배열해 어떤 화학물질, 생물종이라도 검출할 수 있는 것이다.

마이크로센서가 인간의 코 노릇을 하는 세상이다. 하나의 칩에 냄새를 맡을 수 있는 여러 천적물질을 코팅해 해당 화학물질을 검출한다. 이를테면 금으로 코팅된 부분의 센서로 수은을 검출하는 식이다. 칩 위의 코는 칩에 장착된 라디오파 전송기로 탐지신호를 수신기기로 내보낸다. 이 칩을 가정의 가스스토브나 냉·난방기구에 장착하면 가스 노출을 손쉽게 파악할 수 있다. 하지만 화학물질에 대한 자체 정화 작용은 없다. 칩 위의 꼬마가 칩 위의 코처럼 여러 물질을 탐지할 수 있는 박테리아를 하나의 칩 위에 배양하면 오염물질의 탐지는 물론 정화까지도 할 수 있을 것이다.

천적 박테리아

앞으로 바이오센서의 필요성은 갈수록 높아질 수밖에 없다. 그 동안 바이오센서의 기본이 되는 물질의 획득과 신호 감지 기술, 수요

등의 부족 때문에 비약적인 발전을 이루지 못했다. 하지만 이제 생화
학적 물질을 제어하는 기술과 장치의 설계·제작에 필요한 기술이
축적되었다. 바이오센서는 의료·환경문제를 해결하는 가운데 일상
생활 깊숙이 파고들 것이다. 엄청난 부가가치가 있음에도 아직 여러
연구 성과가 상용화 단계에는 이르지 못했다. 우리도 선진국들이 손
대지 않은 분야에 집중 투자하면 경쟁력이 있을 것으로 보인다. 화학
물질의 공포는 인간의 삶을 곳곳에서 위협하고 있다. 땅 속은 물론
물 속, 공중에서까지 호시탐탐 인간의 빈틈을 노리고 있다. 미생물과
반도체의 오묘한 결합을 주목할 수밖에 없는 상황이다. 바이오센서
를 '환경 해결사'로 키우는 일만 남아 있다.

농장에서 플라스틱을 딴다?

일상생활의 필수품으로 쓰이는 플라스틱을 옥수수에서 채집한다. 미국 중부 아이오와의 옥수수 농장. 유전자 조작 옥수수가 광활한 대지를 채우고 있다. 하지만 그곳에서 재배하는 옥수수는 유전자 조작 농산물로 취급되지 않는다. 농장은 플라스틱 원료를 공급하는 대단위 기지이다. 차라리 플라스틱 공장이라는 말이 더 어울린다. 만일 농부들을 산업역군으로 만든 천연 플라스틱이 대중화된다면 플라스틱을 생산하는 석유화학 공장은 옥수수 처리 공장으로 이름을 바꿔야 할지도 모른다. 옥수수를 이용한 플라스틱은 뒤처리로 골머리를 앓는 폐플라스틱 문제를 일거에 해결할 것으로 기대를 모은다. 아직까지는 환경적인 이점에 관심이 쏠리는 수준이지만 옥수수에서 플라스틱 원료물질을 그대로 채집하는 게 상상 속의 일이 아닌 건 틀림없는 사실이다.

식물이 첨단 공학의 세례를 받아 화학제조 공장으로 거듭나고 있다. 플라스틱은 공장만이 아니라 농작물 재배 단지에서도 생산할 수 있다.

현재 거의 모든 플라스틱은 석유를 이용해 만들고 있다. 화석연료의 9%가 화학산업에 사용되고 있는데 이중 절반 이상이 플라스틱을 생산하는 데 쓰인다. 플라스틱의 한 종류인 PVC는 전세계적으로 해마다 1천8백만 톤이 생산된다. 이때 8백만 톤의 화석연료가 필요하다. 이렇게 화석연료로 만든 플라스틱은 20세기의 최고 히트상품이었다. 지금 일상생활에서 플라스틱이 없다면 지구촌이 오지로 돌아갈 수밖에 없을 것이다. 플라스틱의 원료인 화석연료는 마르지 않는 샘물이 아니다. 연구자들은 앞으로 석유가 40년에서 50년 정도 지나면 고갈될 것으로 예측하고 있다. 이런 화석연료의 고갈은 경제적 충격으로 이어질 수밖에 없다. 화석연료에 기반한 플라스틱 생산이 계속된다면 화석원료의 고갈을 더욱 앞당길 게 틀림없다. 게다가 현재의 플라스틱은 제조 과정에서 위험한 화학물질을 내뿜는다. 토양에서 분해도 되지 않기에 폐기할 때 환경에 상당한 부담을 주기도 한다.

석유 시대의 종말

이런 상황에서 재생 가능한 자원인 식물을 이용한 천연 플라스틱 생산에 관심을 기울이는 건 당연한 일인지도 모른다. 기존 플라스틱과 같은 물성을 가지면서 환경에 영향을 끼치지 않는 재생 가능한 원료를 자연계에서 찾으려는 것이다. 사실 생화학 연구자들은 이미 1930년대부터 식물 플라스틱 개발에 관심을 기울였다. 당시 석유제품은 가격이 비쌌지만 콩은 양이 풍부하고 상대적으로 값싼 자원이었다. 하지만 2차 세계대전을 거치면서 석유 가격이 차츰 낮아지고 석유 기반 플라스틱 제품의 성능이 월등한 것으로 나타나면서 시장에서 자취를 감추고 말았다. 그러다가 플라스틱에서 나오는 내분비교란물질이 인류의 미래를 위협하고, 폐플라스틱이 각종 환경문제를 야기한다는 사실이 알려지면서 천연 플라스틱에 대한 관심이 높아졌다. 다시 식물체로 눈을 돌리기 시작한 것이다. 언젠가 식물에서 플라스틱을 열매로 따게 되길 꿈꾸면서.

환경공학적으로 플라스틱을 제조하려는 연구자들이 강구하는 방법은 몇 가지가 있다. 합성수지의 특성을 모두 갖추고 있으면서 자연적으로 분해되도록 미생물을 이용해 만든 생분해성 플라스틱, 폴리에틸렌 같은 기존의 합성수지에 녹물 등의 천연 고분자물질을 섞어 만든 생붕괴성 플라스틱, 자외선에 의해 분해되는 광분해성 플라스틱 등이다. 생물공학 분야에서 게, 크릴, 새우 등 갑각류의 껍데기를 구성하고 있는 '키틴(chitin)'을 이용한 천연 고분자화합물도 주목받는 물질이다. 키틴 분자 중합체는 섬유소 분자와 유사한 결합 모양을 지니고 있다. 하지만 원재료비가 만만치 않아 대량생산에는 어려움을 겪고 있다. 그래서 요즘에는 아예 식물체로 연구를 집중하는 추세다.

대개의 식물은 화학물질을 생산하는 '소형 공장'을 가지고 있다. 해충이나 질병, 자외선 등을 막기 위해 자체적으로 화합물질을 만드는 능력을 지니고 있기 때문이다. 실제로 식물은 플라스틱의 단량체로 사용할 수 있는 다양한 화합물을 생산한다. 그래서 식물체에서 합성되는 거대 분자를 이용하여 기존 플라스틱을 대체하는 '바이오폴리머(biopolymer)'를 얻으려고 하는 것이다. 식물체의 유전자를 다스리는 건 이론적으로 간단하다. 화합물질에 필요한 유전자는 게놈학을 이용해 식별하고, 바이오기술로 유전자를 식물체에 삽입하면 그만이다. 물론 관련 유전자를 찾아내는 게 까다롭고 전체 공정을 처리하기엔 아직 식물체의 미스터리 영역이 많은 게 사실이다. 그래서 지금껏 식물 플라스틱 연구는 박테리아의 생분해성 플라스틱 생산 유전자를 분리 조작해 식물체에 삽입하는 방식이었다.

현재 미생물을 이용하지 않는 생분해성 플라스틱을 만들기 위해서는 유전자 재조합 식물을 활용해야 한다. 원래 플라스틱의 원료인 PHB(polyhydroxy butyrate)를 생산하는 과정은 본래의 식물체에서 발견되지 않는다. PHB 생산 및 대사 과정은 진화를 거치면서 일부 박테리아에서 생겨났을 뿐이다. 박테리아를 이용해 PHB를 생산하는 데도 어려움이 따른다. 박테리아가 PHB를 생성하도록 탄소원인 포도당을 인위적으로 대량 공급해야 하는 탓이다. 이런 까닭에 광합성을 통해 포도당을 스스로 만드는 식물에 박테리아 유전자를 주입해 식물이 PHB를 생산하는 방식을 취하고 있다. 이렇게 식물에 주입된 박테리아의 유전자가 활동을 개시하면 이 유전자들은 식물세포 내에서 PHB 생산에 필요한 효소를 만들게 된다. 식물은 일종의 대리모 구실을 하는 셈이다. 그것도 박테리아 유전자의 활성을 돕는 원료물질(기질, substrate)이 풍부하게 존재하기에 가능한 일이다.

박테리아를 이용한 생분해성 플라스틱은 이미 10여 년 전에 첫선을 보였다. 영국의 제네카(Zeneca)사가 1992년에 박테리아를 이용한 시험 제조에 성공한 것이다. 당시 킬로그램 당 가격이 15달러에 이르러 양산은 엄두도 내지 못하고 후속 연구를 포기할 수밖에 없었다. 화석연료로 생산하는 일반 플라스틱에 비해 15배나 비쌌던 탓이다. 그 뒤 유전공학을 이용한 생분해성 플라스틱에 관한 여러 연구 성과가 국내외에서 잇따라 나왔다. 1999년 미국의 몬산토(Monsanto)사는 유자와 애기장대에 박테리아 유전자를 삽입해 중합체를 만들었고, 국내 임업원구원에서도 1995년부터 4백여 그루의 유전자 조작 포플러를 개발하는 데 성공하기도 했다. 비용도 처음보다 크게 낮은 킬로그램 당 3~5달러로 끌어내렸다. 당연히 식물체를 이용한 바이오폴리머 생산의 시금석이 될 것으로 기대를 모았다. 하지만 아직도 일반 플라스틱 공장을 대신하는 유전자 조작 식물은 실험실에서 자라고 있다

이렇듯 식물체를 이용한 생분해성 플라스틱 생산은 10여 년의 연구에도 경제성이라는 난관을 뛰어넘지 못했다. 여전히 생산성이 기대에 미치지 못한 게 주원인이다. 식물의 세포 내 대사 작용이 워낙 복잡해 한두 단계의 유전자를 조절하는 것으로는 PHB를 충분히 얻을 수 없는 탓이다. 외부에서 유입된 유전자는 식물체의 자기 방어 기작에 꼼짝 못하기 일쑤이다. PHB가 과다 생산된다면 식물체의 생명력에 치명적인 영향을 끼칠 수 있기에 사태를 방치하지 않는 것이다. 어떤 대리모라 해도 자신이 죽어가면서 태아를 낳지 않으려는 것과 마찬가지다. 미생물의 경우 자기 방어 기작이 간단해 방해요소를

인위적으로 제거하는 게 쉽지만 식물체는 사정이 다르다. 효소 생산 유전자를 첨가하는 것으로 엽록체, 미토콘드리아, 세포질 등을 넘나드는 세포의 조절 프로그램을 통제하기 힘든 까닭이다. 결국 식물체의 세포조절 프로그램을 완벽하게 밝혀내 맘대로 식물체를 다스릴 수 있어야만 생산성을 획기적으로 높일 수 있으리란 전망이다.

그렇다면 식물체의 통제 프로그램을 완벽하게 모른다면 방법은 없는 것일까. 가장 손쉬운 방법은 플라스틱 물질을 분비물 형태로 잎이나 뿌리에서 추출하는 것이다. 날마다 식물 잎에 맺히는 이슬방울을 털어내 고농축 원료를 얻는다는 발상이다. 유전자 조작 단계를 거친 담배가 이질 단백질을 만들도록 해서 담뱃잎의 분비물에서 원하는 단백질을 추출하는 것처럼 하는 것이다. '일액 현상(guttation)' 이 활발한 식물로는 토마토나 잔디 등이 손꼽히고 있다. 하지만 식물 조직 내부의 압력을 높여 분비물을 얻는 일액 현상을 통해 플라스틱 원료 물질을 대량으로 얻기는 쉽지 않다. 무엇보다 플라스틱 유도 단백질

일액 현상은 헛물관 끝의 배수조직에 물방울이 맺히는 현상이다. 만일 플라스틱 유도 단백질을 식물체에 넣으면 간편하게 원료물질을 얻을 수 있다.

을 찾아내는 게 만만치 않은 일이다. 게다가 일액 현상으로 분비되는 액체의 양을 맘대로 늘릴 수 없다는 기술적인 장벽이 있다. 만일 지나친 일액 현상을 유도한다면 식물체가 제대로 자랄 수 없다.

그래서 연구자들은 식물체 대사의 한 단계만을 조작해 플라스틱 물질을 생산하려고 한다. 식물의 대사회로와 관계없이 생산할 수 있는 유전자 조작 식물체를 만드는 방식을 도입하는 것이다. 이는 플라스틱 물질을 생성하는 결정적인 유전자를 발견해야 가능한 일이다. 예컨대 식물의 대사회로를 건드리지 않으면서도 곤충에 치명적인 살충 성분을 만들어내는 bt 유전자를 이용한 목화나 제초제 저항성 유전자가 삽입된 콩처럼 식물체가 플라스틱을 만들도록 하는 것이다. 이와 관련해 최근 미국 퍼듀 대학 생체화학자인 클린트 채플(Clint Chapple) 교수팀이 식물체의 단량체 생산을 이끄는 특정 유전자를 발견해 새로운 유형의 플라스틱을 생산할 수 있는 길을 열었다. 채플 교수팀이 발견한 유전자는 식물이 세포에서 플라스틱 생성에 관련된 단량체를 포장하고 한 곳에 빼곡하게 저장하게 한다. 이 단량체는 '리그닌(lignin)'의 합성 단계를 조절하는 유전자로 알려졌다.

리그닌은 식물 줄기를 단단하게 하고 병충해로부터 자신을 방어하는 구실을 한다. 이런 리그닌 합성 단계를 조절해 딱딱한 플라스틱 성질이 있는 물질을 생산해 액포(vacuoles)에서 저장되도록 유전자 발현을 일으키는 것이다. 액포는 대사 흐름이 원활해 식물체가 생산한 화학물질의 분자결합을 촉진하고 안정적으로 저장하는 일종의 저장창고이다. 만일 고농도의 플라스틱 물질을 저장할 수 있다면 바이

미국 퍼듀 대학의 생체화학자 클린트 채플은 식물체의 유전자 발현을 조작해 플라스틱을 생산하려고 한다. 상처나 미생물 공격이 있을 때 유도방어반응의 하나로 이루어지는 리그닌 생합성을 인위적으로 조절하는 것이다.

오폴리머 생산의 획기적인 전기가 될 수 있을 것이다. 하지만 액포에 축적할 수 있는 양이 실용적일지는 아직까지 미지수이다. 게다가 유전자 조작 과정에서 리그닌의 기능이 손상된다면 식물은 자칫 서 있을 수도 없고 병충해의 위협에 속수무책으로 당할 수도 있다. 이에 대해 채플 교수는 식물체 대사의 한 단계만을 조절해 식물체에 치명적인 손상을 주지 않고 플라스틱 단량체를 만들 수 있다고 말한다.

고농도 원료물질들

어쨌든 식물체는 머지않아 재생 가능한 화학공장으로 거듭날 태세이다. 하지만 식물체를 이용한 플라스틱 제조는 유전자 조작이라는 딜레마를 비켜가기 힘들다. 유전자 조작 농산물의 논란이 지속되는 상황에서, 플라스틱 물질을 생산하는 유전공학적 식물체가 대단위로 재배되는 걸 수수방관할 리 없는 것이다. 식물체를 플라스틱으로 전환하는 공정이 환경친화적이지 않다는 지적도 있다. 식물을 키우고 수확해 적당한 시설로 옮겨 세포를 분말 형태로 건조하여 플라스틱 성분을 추출·정제하는 공정에 많은 에너지가 소모되는 탓이다. 식물체 재배에 들어가는 비료, 살충제, 제초제 등의 생산 과정까지 고려한다면 일반 플라스틱보다 훨씬 많은 에너지가 필요하다. 아무리 원재료를 유전자 조작작물에서 저렴하게 얻는다 해도 후처리 과정에 소요되는 비용이 만만치 않은 탓이다.

작물을 수확하고, 줄기를 말리고, 줄기에서 PHA 등을 빼내고, 용매를 축출 순환시키는 등의 과정에서 석유화학 제품보다 더 많은 화석자원을 필요로 한다. 몬산토의 최신 기법을 이용해도 PHA 1킬로그램을 얻는 데 2.65킬로그램의 화석연료가 들어간다. 이에 비해 폴리에틸렌은 2.2킬로그램의 기름과 천연가스를 사용하면 된다. 하지만 이런 고에너지 처리 공정이 획기적으로 개선될 가능성은 얼마든지 있다. 이미 공정을 최소화하면서 폴리에틸렌 수준의 연료를 소모하는 수준에 이르렀다. 연구자들은 에너지 소비가 더욱 개선될 것으로 내다보고 있다. 어쨌거나 화석연료의 고갈에 따른 대체에너지원을 생각한다면 식물 플라스틱은 경제성만으로 따지기 힘든 장점이 있는 게 사실이다. 무엇보다 식물체는 분해 및 재생 가능한 플라스틱을 생산하기 때문이다.

플라스틱의 발전 과정

1. 천연 고분자 물질의 이용

   천연 고무, 녹말, 송진, 목재 등을 그대로 사용하거나 가공하여 사용

2. 셀룰로이드의 발명

   1869년 하이어트(J. W. Hyatt)가 셀룰로오스 섬유에 질산과 황산 등을 반응시
   켜 만든 최초의 합성수지

3. 페놀수지의 발명

   20세기 초 베이클런트(L. H. Baekland)가 발명한 최초의 인공합성수지로 베
   이클라이트라는 상품으로 널리 알려져 있다.

4. 합성 고분자화합물의 개발

   폴리염화비닐 수지, 요소수지, 폴리스틸렌 수지, 나일론, 폴리에스테르 순으로
   개발

5. 천연 플라스틱 연구

   생물공학을 이용한 무공해 플라스틱을 개발하고 있다. 하지만 에너지 소모량이
   많아 대중화에 이르지 못하고 있다.

생물의 신비 '공학적 탄생'

　화상 환자는 이식수술을 받는다 해도 다른 부위의 살을 떼어내기에 어딘가에 흉터가 남는다. 때로는 감염증에 시달리기 일쑤다. 하지만 머지않아 화상이나 당뇨병 등으로 인한 피부궤양 환자들이 손쉽게 '인공피부(artificial skin)'를 이식받을 것으로 보인다. 환자 자신의 살점을 떼어내 표피를 배양하거나 가축의 조직으로 살가죽의 안쪽인 진피를 만들지 않아도 되는 것이다. 바다에 널리 깔려 있는 홍합이 최근 주목받는 인공피부의 재료로 등장했기 때문이다. 홍합이 만들어내는 '교원질 섬유조직'을 이용해 인공피부를 만든다. 이 조직은 사람의 힘줄보다 5배나 질기고 16배나 잘 늘어난다. 홍합이 바위나 부두, 유정시설 등에 흔들림 없이 달라붙을 수 있는 놀라운 능력은 교원질 섬유조직에서 비롯한다. 이런 구실을 하는 홍합의 조직은 수술 뒤 상처 부위를 붙이는 접착제 구실을 하며 신축성 있는 피

바다 생물들은 극한 상황을 견디면서 놀라운 생존력을 보여준다. 이런 생존력
을 의학적으로 활용해 의약품을 개발하고 있다.

부조직을 만드는 데도 효과적이다.

　바다 생물의 신비한 능력은 의학 분야에서 획기적인 미래를 약속
하고 있다. 수억 년의 진화 과정을 거치면서 열악한 조건을 견뎌온
생물들이 수두룩하기 때문이다. 아무리 하찮아 보이는 미생물이라
할지라도 놀라운 가능성을 간직하고 있다. 생물이 물 속이라는 극한
상황을 견디는 것은 쉬운 일이 아니다. 그래서 바다 생물은 독특한
방어기제를 작동하면서 침입자들을 막아내며 생존기술을 진화시켰
다. 작은 세포 안에 생명활동에 필요한 모든 물질을 간직하고 있는

미세 해조류는 인간의 건강 필수요소를 공급할 전망이다. 이미 교각의 말뚝 등지에서 얻은 이끼류는 피부암 중에서 가장 치명적인 암으로 통하는 흑색종 치료제로 거듭날 태세이며 원뿔달팽이의 독은 간질병에 특효가 있는 것으로 알려졌다. 해조류에서 발견한 '하리마이드'라는 곰팡이 화학물질은 약물 내성이 있는 암세포를 없애기도 한다.

의학적으로 거듭나는 바다 생물

바다 생물은 새로운 의약품의 산실로서 '의학적 재탄생'을 앞두고 있다. 강한 생존력을 유지하는 생체 특성을 밝혀내 인간에 적용하려는 것이다. 하지만 아직까지 바다 생물의 의학적 효과는 여전히 가능성에 머물고 있다. 바다 생물에 대한 연구는 육상에서보다 훨씬 어려운 탓이다. 아무리 고성능 장치로 바닷속을 들여다본다 해도 심해의 미생물까지 속속들이 들여다보는 데는 한계가 있다. 게다가 천연물화학의 역사가 짧아 아직 생물공학이 제대로 접목되지도 못했다. 신물질을 찾아내도 배양 방법을 터득해야만 의학적으로 효용성을 인정받는다. 그런 까닭에 지금은 해양 생물을 단순 가공해 이용하는 수준이다. 바다 생물의 생리적 특성을 이용한 제품이 치료약으로 약국의 진열대에 놓이기보다는 건강식품으로 쇼핑채널 화면에 머무는 까닭도 거기에 있다.

요즘 자연계의 생물들은 단순 이용 대상에서 생물공학적으로 거듭나고 있다. 생물체의 자연적 능력에 인간의 기술을 적용하는 '바이오 하이브리드(biohybrids)' 단계로 옮겨가고 있는 것이다. 이를 통해 생물체는 더욱 놀라운 능력을 발휘하게 된다. 인간은 다양한 영역에서 생물체를 활용할 수도 있다. 대표적인 바다 생물은 전복이다. 전복이 있다면, 먹음직스러운 속은 죽을 끓이거나 무침 재료로 사용하고, 특이한 껍질은 유심히 살펴볼 일이다. 이 껍질의 성분은 보잘것없다. 고강도를 자랑하지만 재료는 석회(칼슘카보네이드)와 천연 고분자일 뿐이다. 만일 두 물질을 단순 혼합하면 보잘것없는 물질일 뿐이다. 하지만 전복의 신비한 공정을 거치면 단순 혼합보다 1천 배나 강한 재질을 만들어낸다. 부드러운 층과 단단한 층이 교차되면서 어떤 압력에서도 견디는 '무쇠껍질'이 되는 것이다. 만일 이 물질의 분자구조를 외장에 적용한다면 탱크 철갑이나 고강도 세라믹이 될 것이고, 도색용으로 사용하면 긁히지 않는 안경렌즈나 페인트 등을 만들 수도 있다.

육지 생물체는 이미 오래 전부터 첨단 소재로 관심을 모았다. 거미줄은 지구상에서 가장 강한 물질 가운데 하나다. 지름이 0.0003밀리미터밖에 안 되는 거미줄은 주철처럼 파괴되지 않으면서도 수백 배의 에너지를 흡수한다. 이런 거미줄이 언젠가는 날아가는 탄환을 멈추게 하거나 우주 공간에서 5톤이나 되는 인공위성을 묶어 올리는 데 사용될 예정이다. 물론 자연 상태의 거미줄을 그대로 이용한다면 그런 미래는 요원하다. 1분에 5, 6피트의 실크를 분비하는 거미 5천 마리가 평생 줄을 짜야 겨우 옷 한 벌을 짜는 탓이다. 그래서 최근에

홍합과 전복. 예부터 칼이나 접시, 국자 등의 대용물이나 장신구로 쓰였던 조개류가 공학적으로 재탄생하고 있다. 홍합의 교원질 섬유조직은 인공피부를 만들고, 전복껍데기는 천연 고분자로 고강도 세라믹을 만들 수 있다.

는 거미의 방사 메커니즘을 규명해 유전공학적으로 거미줄을 대량생산하려고 한다. 캐나다의 넥시아 바이오테크놀로지는 거미 유전자를 염소의 유방세포에 주입해 우유의 거미줄 단백질을 추출하고 있다. 아직은 탄력성이 기대에 미치지 못하지만 머지않아 염소가 우유로 배출한 거미 단백질은 '바이오 강철'을 만들어 낙하산을 만드는 실이나 인공 인대와 힘줄을 만드는 등 외과용 재료로 쓰일 전망이다.

　생물체는 군사적으로도 효용성이 높다. 주로 소형 생물들이 군사적으로 거듭나고 있다. 초보적인 것으로는 꿀벌처럼 생물을 훈련시켜 지뢰 찾기에 이용하는 것처럼 생물체를 그대로 활용하는 게 있다. 딱정벌레의 껍질은 가벼우면서도 단단해 철판 전투복을 만들 수 있으며 휘발성 물질에 강한 레실린이라는 단백질을 함유한 바퀴벌레 껍질은 위험지대 수색에 사용할 수 있다. 개구리도 연구 대상이다.

엄청난 힘으로 뛰어오르는 개구리 뒷다리 근육의 메커니즘을 밝혀낸다면 순발력 있는 로봇을 만들 수 있을 것이다. 최근에는 생물체에 첨단 장치를 부착하는 것은 물론이고 진짜 생물체처럼 임무를 수행할 수 있는 기계적인 복제생물체도 만들어내고 있다. 공학적으로 생물체를 모방해 인공생물체를 만드는 것이다.

첨단 산업의 기지

최근에는 생물의 구조와 기능을 공학적으로 이용하는 '생체모방'이 각광받고 있다. 군사적으로 생체모방이 활발하게 이루어지는 생물체는 곤충이다. 파리가 바닥에서 뒤쪽으로 날거나 옆으로 날아다니는 능력, 위에서 바로 앉는 등의 공기역학적 능력은 상상을 초월할 정도로 놀랍다. 파리의 이동과 항법 능력에 대한 원리를 밝혀내 하드웨어로 재구현하면 만능 곤충로봇을 만들 수 있을 것이다. 물론 파리 정도의 크기인 로봇에 항법 원리를 모두 적용하기는 힘들다. 초대형 파리로봇으로 출발하겠지만 언젠가는 실제 파리의 크기로 줄어들지도 모른다. 딱정벌레는 뛰어난 감지 능력이 있어 50~70킬로미터 떨어진 곳에서 발생한 산불을 알아차린다. 연기와 산불에서 나오는 적외선을 감지하는 능력을 지녔기 때문이다. 감지 능력이 뛰어난 딱정벌레의 독특한 기관을 이해하고 이를 모방하면 화학성분이나 적외선을 정확하고 예민하게 감지할 수 있는 장치를 만들 수 있을 것이다.

생물체를 모방한 첨단 무기들이 전쟁을 치를 날이 머지않았다. 딱정벌레의 감지 능력은 타의 추종을 불허해 이를 응용한 탐지장치 개발이 활발하게 이루어지고 있다.

　　생물체의 능력을 따라 배우는 기술의 가능성은 무한하다. 아직도 인간의 손길이 미치지 않은 신의 발명품이 수없이 많은 것이다. 인간이 아무리 생명체를 만든다 해도 이미 만들어진 생명체의 다양성을 따라잡을 수는 없는 일이다. 지금으로선 그저 생물에게서 한 수 배우는 정도이다. 그렇게 자연에서 아이디어를 얻고, 자연을 닮아가면서 바이오칩이나 초고감도 바이오센서 등 꿈의 신기술을 만들어낼 수 있을 것이다. 지금도 어디에선가 자신들의 놀라운 능력을 숨긴 채 하찮은 미물로 취급받는 생명체가 수두룩하다. 생명체를 둘러싼 비밀의 문이 열린다면 질병의 고통에서 벗어나고, 곤충을 닮은 기계는 물론 사람을 닮은 기계를 만드는 것도 어려운 일이 아니다.

중력에 맞서는 '바이오 섬유'

유럽 4개국(영국, 독일, 이탈리아, 스페인)이 공동으로 개발한 '유로파이터'. 이 최신예 전투기는 미국 보잉사의 'F-15K', 프랑스 다소사의 '라팔', 러시아 로스보르제니아사의 '수호이 35' 등과 함께 한국의 차세대 전투기(FX) 사업에 참여했다. 유로파이터는 제공권 장악을 위한 공대공(空對空) 전용 요격기로 개발됐다. 그런 까닭에 공대지(空對地) 공격력이 떨어져 예선에서 일찌감치 밀려났다. 그럼에도 머지않아 미그-29나 팬텀, 토네이도 등을 대체할 만한 전투기로 평가받고 있다. 요즘 유러파이터사는 전용 비행복 선정을 놓고 고민에 빠졌다. 스위스 라이프서포트시스템사가 전투기 조종사용 G-비행복으로 '리벨르'(Libelle, 독일어로 잠자리를 뜻한다)를 개발해 유로파이터에 공급하려고 하기 때문이다. 도대체 리벨르가 어떤 비행복이기에 유로파이터사가 선택을 놓고 골머리를 앓고 있는 것일까.

리벨르는 노멕스와 케블라를 섞은 특수섬유에 불연성 액체를 넣어 중력을 완전히 흡수한다. 전투기 조종사들은 높은 고도에서 신체가 압박되는 상태를 겪지 않아도 된다.

노멕스 · 케블라

현재 전투기 조종사들이 입는 G-비행복은 50여 년 동안 거의 변하지 않았다. 전투기의 성능 개선을 따라가지 못하고 있는 것이다. 2차 세계대전에서 연합군의 주력 전투기였던 'P-51 무스탕'의 조종사들이 입던 비행복을 지금도 입는 셈이다. 유인전투기에는 최소한 두 명이 탑승해 한 명은 조종과 무장 발사를 맡고, 다른 한 명은 목표물을 찾는다. 이들은 때로 중력의 9배 정도의 압력을 견뎌야 한다. G-비행복에는 산소마스크의 압력과 동일한 압력으로 가슴이나 다리 부위를 감싸주는 공기주머니가 달려 있다. 이런 비행복을 착용하지 않는다면 조종간을 갑자기 당기는 순간 혈관이 파열되거나 허파와 심장 등이 손상될 수 있다. 아무리 G-비행복을 착용해도 중력을 완전히 흡수하지는 못한다. 그래서 전투기 비행사들은 밀폐된 시뮬레이터에서 '저압실 비행'을 되풀이하면서 중력에 적응하게 된다.

2002년에 선보인 리벨르는 전혀 새로운 기술로 개발됐다. 라이프서포트시스템사 연구진은 독성이 없는 불연성 액체로 중력을 완전히 흡수하는 데 초점을 맞추었다. 불연성 액체는 유방 성형수술에 이용되는 실리콘에 특수 기밀재료를 섞어 만들었다. 이 액체는 5센티미터 두께의 채널을 통해 팔과 다리, 몸통을 지나가도록 했다. 문제는 액체를 주입할 섬유를 찾아야 하는 것이었다. G-비행복의 성능을 결정짓는 섬유는 어떤 압력에서도 늘어나지 않는 재질이어야 한다. 연구진은 듀퐁의 방향족 아마이드 중합체 섬유인 방화 '노멕스(Nomex)'와 고강도 '케블라(Kevlar)'를 적절히 배합하는 방법으로 특수 섬유를 개발했다. 중력의 급격한 변화에 견디도록 수평으로는 질기면서도 수직으로는 유연한 혼방직물을 만들어낸 것이다. 리벨르 테스트에 참가한 전투기 조종사들은 탁월한 성능에 갈채를 보내고 있다.

전투기 조종사들의 새로운 비행복인 리벨르는 안티 G-비행복을 슬로건으로 내걸었다. 리벨르를 시험하기 위해 캘리포니아 에드워드 공군 기지에서 T-38A Talon의 조종사가 조종석에 오르고 있다.

　　G-비행복의 역사를 바꿀 것으로 보이는 리벨르. 만일 노멕스와 케블라 등의 첨단 섬유가 없었다면 '중력거부' 비행복은 상상에 그치고 말았을 것이다. 이처럼 가벼우면서도 질긴 뛰어난 첨단 섬유는 산업재해 방지를 위한 산업용 보호복 소재로 각광받고 있다. 노멕스는 순간적인 고열 화염에 강해 작업복이 타거나 녹아 떨어지지 않아 소방복으로 널리 쓰이고 있다. 케블라로 만든 보호용 바지의 경우 분당 990미터의 속도로 회전하는 동력톱을 멈추게 할 정도의 강력한 저항성을 지니고 있다. 3인치짜리 강철 밧줄 1인치의 무게는 9킬로그램에 이르지만 같은 세기의 케블라 밧줄은 2킬로그램이 채 나가지

않는다. 선박용 밧줄이나 자동차 타이어의 강화섬유로 케블라를 쓰는 이유가 여기에 있다. 게다가 케블라는 섬유로 뽑으면 고무줄처럼 늘어나는 탄력성을 지녀 총알이 날아와도 충격을 그대로 흡수한다. 케블라에도 문제는 있다. 끓는점까지 가열된 고농도의 황산에서 방적되기 때문에 공정이 복잡하고 막대한 비용이 들어가는 것이다.

그래서 자연계에 존재하는 신비한 생명체들의 원리를 모방하는 첨단 섬유를 개발하려고 한다. 인공섬유의 기술적 장벽을 자연의 힘으로 돌파하려는 것이다. 가장 주목받는 '바이오 섬유'는 거미의 실샘에서 나오는 섬유물질이다. 거미줄의 지름은 0.0003밀리미터에 지나지 않지만 같은 두께의 강철보다 강하고 나일론만큼 질기다. 거미의 방적법은 합성섬유를 만드는 방법과 유사해 이를 유전공학적으로 재현하려는 시도가 잇따르고 있다. 캐나다의 넥시아 바이오테크놀로지사는 염소의 유방세포에 거미 주전자를 주입해 우유에서 거미줄 성분의 단백질을 모으고 있다. 형질전환 염소민 충분히 확보된다면 인공 거미줄로 G-비행복 소재뿐만 아니라 우주선 밧줄이나 의료용 섬유 등으로 이용될 전망이다.

또하나의 바이오 섬유 재료는 전복 껍질이다. 대부분이 탄산칼슘으로 이루어진 전복 껍질은 독특한 구조로 인해 원래의 탄산칼슘 결정보다 무려 3천 배 정도 균열저항성이 높다. 마치 합판처럼 겹겹이 쌓인 전복 껍질의 '탄성'(외력에 의하여 변형을 일으킨 물체가 힘이 제거되었을 때 원래대로 되돌아가려는 성질)은 강력한 접착물에서 비롯되는 것으로 알려졌다. 전복 껍질을 구성하는 미세한 탄산칼슘의 결

거미의 실샘에서 나오는 섬유물질은 고강도 재질을 지녀 첨단 '바이오 섬유'로 쓰이고 있다.

정 판구조들이 외부 충격을 흡수하는 수많은 단백질 분자들에 묶여 있는 것이다. 이 단백질 분자들은 충격을 방지하는 용수철 구실을 해 외부의 자극에 따라 풀림과 조임 상태를 되풀이한다. 전복 껍질의 분자구조와 원리를 유전공학적으로 응용하면 케블라처럼 견고하고 실리콘 탄성체처럼 단단한 신소재를 합성해낼 것으로 보인다.

바이오 섬유에 지능을 부여하는 연구도 활발히 이루어지고 있다. 오스트레일리아 울론공 대학의 지능폴리머연구소는 외부 온도변화에 적응하고 신체 손상을 막는 지능형 의류를 개발하고 있다. 전자센서가 외부 날씨의 상태에 따라 직물 섬유가 모양을 변화시켜 착용자의 체온을 유지하도록 명령하는 것이다. 지능형 섬유가 G-비행복으로 개발되면 전투기가 고공에서 사고가 발생할 경우 조종사를 보호하는 것도 가능하다. 조종사가 탈출하는 과정에서 순간적으로 얼어버리는 사태를 방지하기 때문이다. 리벨르의 경우 특수 기밀재료에

증류수를 섞어 탈출 사태에 대비하고 있다. 언젠가는 착용 가능한 컴퓨터가 비행복에 결합돼 다목적 임무 수행 장비로 활용될 수도 있을 것이다.

무인전투기의 등장

이처럼 G-비행복의 성능을 높이려는 차세대 섬유 개발이 한창이지만 미래가 확실하게 보장된 것은 아니다. 아군이 위험에 노출되지 않고도 삼엄한 방공망으로 보호되는 전략 요충지에 들어갈 차세대 무인전투기가 개발되고 있기 때문이다. 이미 미국의 보잉사는 지능형 무인전투기 'X-45A'를 내놓았고 스웨덴의 샤브(Saab)사는 무인 스텔스 전투기 '샤크(Sharc)' 프로젝트를 공개했다. 미국 첨단방위고등연구계획청(DARPA)은 원격조종이 가능하고 유인전투기로는 불가능한 곡예비행까지 수행하는 무인전투기 개발에 나섰다. 이런 무인전투기는 유인전투기보다 비용이 저렴하며 조종사를 훈련시킬 필요도 없다. 아무리 G-비행복 성능이 뛰어나도 무인전투기에서는 무용지물이다. 물론 첨단 무인전투기가 지능적으로 임무를 수행한다 해도 완전한 작전 수행에는 이르기 힘들다. 유인전투기가 뒷받침되어야만 복잡한 상황 전개에 신속히 대응하면서 작전을 마칠 수 있다. 바로 거기가 첨단 G-비행복의 시장이 될 수밖에 없을 것이다.

미생물의 두 얼굴

생물권에서 가장 작은 생명체인 미생물. 바닷물 1cc에 백만 마리의 박테리아가 있을 정도이다. 대략 0.5마이크로미터($\frac{1}{2000}$밀리미터)의 크기이다. 성인의 몸에는 이런 세균이 약 1킬로그램이나 살고 있다. 이들은 병원균의 공격을 방어하고 좋은 포도주를 만들기도 한다. 하수를 정화하고 농작물 해충을 방제하는 미생물도 있다. 때론 공포의 대상이 되기도 한다. 콜레라, 결핵, 흑사병 등의 질병을 일으키는 것이다. 최근에는 생물테러라는 치명적인 공포를 불러일으키기도 한다. 2001년 9·11 참사에 이은 생물테러설은 방독면과 탄저병 치료제인 '시프로'를 가정 상비품 목록에 넣기도 했다. 지난 1923년 프랑스의 화학자들이 파리 북방의 들판에 병원균 폭탄을 투하한 뒤 수많은 실험이 이어졌다. 미국은 세균전 프로젝트를 수립해 탄저병과 야토병, 브루셀라병, 고열성 질환 등을 유발하는 미생물을 무기화했다.

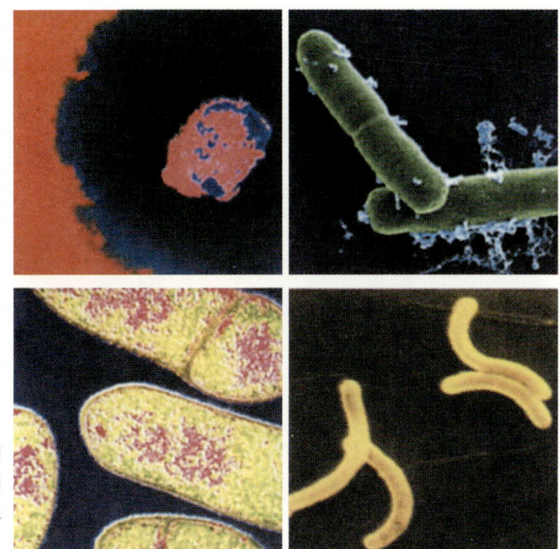

생물무기로 인류의 삶을 위협하는 미생물들. 이들은 천연두, 탄저병, 콜레라 등을 일으키는 병원균으로 활동한다.

2002년 현재 미국은 250만 개 이상의 미생물을 이용한 폭탄을 보관하고 있는 것으로 알려졌다.

미생물이 살인무기로 거듭나는 과정은 매우 복잡하다. 우선 원하는 유기체의 유독성 균주를 확보해야 한다. 많은 전염성 천연 균주들은 생물학적 무기로 쓰일 만큼 유독성이 없다. 선택된 병원균은 대량으로 배양되어 살포지로 운송된다. 이때 세균의 활성과 효능이 유지되는 게 관건이다. 또한 생물학 폭탄의 폭발 충격과 분무될 때의 기계적 마찰력을 견뎌내야 한다. 대량 감염을 위해서는 적당한 입자의 크기로 충분한 농도를 확보하는 것도 필요하다. 미생물의 독소는 호흡이나 상처, 오염된 식품 등을 통해 체내로 들어간다. 세포 내부 물질을 담고 있는 세포질에 이르러 비로소 독성을 나타낸다. 유독 미생물은 체내 면역계의 방어 능력을 훼손한다. 탄저균 항생제는 균의 증식을 억제하는 구실을 할 뿐이다. 독소의 파괴 작용까지 막을 수는 없는 것이다.

지구 시스템 경영

미생물을 이용한 생화학무기를 검출하는 것은 쉬운 일이 아니다. 예컨대 탄저병 감염 검사를 하기 위해서는 대상자에게 비상표본을 사용하거나 혈액표본을 채취해서 미생물을 배양해야 한다. 이 과장은 이틀 정도 걸린다. 생물테러의 공포 분위기 속에서 이틀은 짧은 시간이 아니다. 이틀을 기다려도 제대로 검출하지 못하는 경우도 있다. 자외선 노출 시간이 길 경우 미생물이 죽는 경우가 발생하기 때문이다. 이런 가운데 켄트 주립대의 생물학자 크리스토퍼 울버튼(Christopher Woolverton) 박사팀은 탄저균과 같은 미생물을 5분 이내에 검출하는 병원체 검출 시스템을 개발했다. 이들은 노트북 화면에 사용하는 액정을 이용해 다양한 항체가 반응하는 카드를 삽입해 공기와 물에 있는 병원체의 존재 여부를 가려낸다.

미생물이 발견되기 전에 아예 침투 자체를 막는 시스템도 나왔다. 몰레큐케어(MolecuCare)사가 개발한 시스템은 건물이나 비행기 등에 설치된 통풍구나 수도관 내부에 자외선 반사실을 설치해 안으로

미생물을 원천봉쇄하는 몰레큐케어사의 침투 방어 시스템. 이 시스템은 자외선을 흡수하지 않으면서도 모든 병원균을 제거한다.

공급되는 공기와 물을 살균한다. 기존의 장치는 도관의 한 끝에 자외선 장치를 설치하는 것인데 많은 미생물들이 그대로 통과해 효용성이 떨어졌다. 하지만 이 시스템은 거의 모든 자외선이 흡수되지 않고 스펀 알루미늄 재질의 도관 안으로 반사해 거의 모은 병원체를 제거할 수 있다고 한다. 심지어 이동 속도가 엄청나게 빨라 공기중에서 죽이기 힘든 세균 포자까지도 제거하는 것으로 알려졌다. 살인적 미생물이 죽음의 용광로를 만난 셈이다.

이렇듯 미생물이 생물테러 수단으로 쓰이는 이유는 특유의 생존 능력에 있다. 미생물은 원시 지구를 독차지했다. 만일 다세포생물들이 대량멸종의 희생물이 된다면 미생물이 지구를 물려받을 것이다. 미생물은 지구 시스템을 '소유'하고 가장 확실히 '경영'하고 있다. 예컨대 김치, 술, 된장, 햄, 치즈 등의 먹을거리를 만들고 당뇨병, 에이즈, 고혈압, 전염병 등을 치료하기도 한다. 질소와 탄소 등 필수 원소들을 고정해 순화시키며 산소와 연천가스, 석유 등을 생산해내는 것도 미생물이다. 실제로 공기중의 이산화탄소와 산소를 체단백질에 통합시키고 노폐물을 메탄가스로 바꾸는 박테리아도 있다. 미생물 세계가 없다면 생명체가 존재하는 것은 불가능한 일이다. 모든 생물체가 무수히 많은 미생물의 대사활동에 의존해 살아가는 셈이다.

지구상의 생명체는 미생물을 따라 배워 생존의 위기를 돌파하려고 한다. 흰개미 같은 곤충과 뿌리에서 질소를 고정시키는 콩과식물은 메탄을 생산하는 대사 능력을 지니고 있다. 미생물의 일상적 활동을 자신들의 전문기술로 흡수한 결과이다. 인간이 유전자를 재조합하는 기술도 미생물에게 로열티를 지불하는 게 마땅하다. 이미 태곳적부터 미생물은 유전자를 교환하고, 이용 조작하면서 생명을 유지하고 있다. 꿈의 신세계를 예고하는 '나노기술' 도 미생물 세계에서는 식은 죽 먹기나 마찬가지다. 박테리아는 이미 나노 세계를 자유롭게 넘나든다. 박테리아는 세포막의 생체모터에 달린 기다란 단백질 편모가 나사 모양으로 회전하면서 그 추진력으로 목적지에 다가선다. 링이나 작은 베어링, 축차 등을 갖춘 '양자모터' 로 분당 1만 5천 번 가량 회전하면서 움직이는 것이다. 이런 미생물만 따라 한다면 인간도 얼마든지 분자 세계를 넘나들 수 있다.

이미 미생물은 '환경 해결사' 로 폭넓게 활동하고 있다. 산업시설로 인해 토양과 수질이 오염된 '브라운필드(Brownfield)' 에서 독성물질을 분해해 무해화하는 정화 일꾼 노릇을 하는 것이다. 석유 탄화수소를 정화하는 호기성(好氣性, 산소를 좋아하여 공기 속에서 잘 자라는 성질) 미생물에 의한 분해는 이미 20여 년 전부터 이루어졌다.

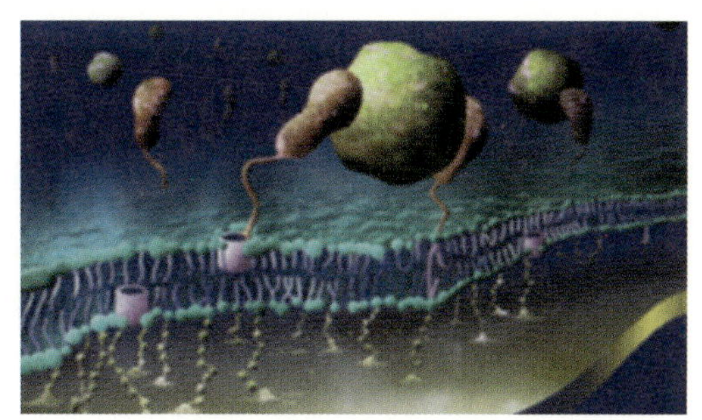

미생물은 빛과 그림자를 동시에 간직하고 있다. 미생물이 바닷속에서 독성물질을 삼켜 환경 해결사로 활동하는 모습.

DDT, PCBs, 염소 함유 용매 등을 생물학적으로 정화하는 미생물도 널리 쓰이고 있다. 일부 박테리아는 암을 유발하는 포리아로메틱 하이드로카본류를 대사 과정을 통해 변화시키기도 한다. 영국은 2001년부터 미화 2천1백만 달러를 투입하는 국가 차원의 생물정화 프로젝트를 시행중에 있다. 미국은 핵폐기물을 섭취해 무해화하는 유전자 변형 미생물을 만들어내기도 했다. 이 미생물은 현장 테스트를 거쳐 방사능을 가진 수은 화합물을 무해한 물질로 변화시키는 데 쓰일 예정이다. 만일 핵폐기물 정화에 미생물이 폭넓게 적용된다면 원자력 발전 문제도 어느 정도 해소할 것으로 기대된다. 2002년 현재 핵폐기물 시장 규모는 미국에서만 3천억 달러로 추산된다.

생물 정화 대중화

지구온난화도 미생물을 통해 극복할 가능성이 있다. 수중이나 토양에 존재하는 수많은 미생물의 생물학적 활동이 지표의 기본 화학적 성질을 결정하기 때문이다. 예컨대 메틸로시누스 트리코스포륨은 아주 특별한 재주가 있다. 유해한 메탄을 메탄올로 산화시키며 살아간다. 화학공장에서 나오는 독성물질을 분해하는 것도 이들의 몫이다. 인간과 자연에 해로운 물질이 있는 곳에 미생물이 서식하도록 한다면 풀지 못할 문제가 없어 보인다. 만일 이 미생물이 없으면 지구를 보호하는 오존층은 고갈되고 만다. 바다와 강, 육지 등지에서 서식하는 시네코코투스라는 미생물도 관심의 대상이다. 남조류 흔들말에 속하는 스피툴리나에 서식하는 이 미생물은 발전소나 각종 산업체 설비에서 만들어지는 이산화탄소를 제거해 온실가스를 방지한다. 만일 생물 반응기에서 유전적으로 재조합된 시네코코투스를 대량 배양한다면 위기의 지구를 구하게 될지도 모른다. 지구의 운명이 미생물에 달려 있는 셈이다.

생명 현상, 그 근원을 찾아

생물체를 이루고 있는 세포는 인간 사회의 면모를 그대로 보여준다. 사회를 구성하고 있는 사람들이 서로 의사소통을 하면서 공동체를 이루듯, 각각의 세포들은 서로 상호 작용을 하고 정보 교환을 하며 생명력을 유지하게 된다. 지역 사회가 국가를 이루어 서로 관계를 맺는 방식도 그대로 나타난다. 세포가 스스로를 구성하고 있는 환경이나 다른 세포에서 전달받은 정보를 처리하는 것이다. 사람들이 각종 통신수단을 사용해 정보를 주고받듯이 세포들도 외부의 신호를 받아들이고 내부에 전달하는 수용체를 가지고 있다. 그것은 고등생물은 물론 박테리아 같은 단세포생물에서도 비슷한 방식으로 구현된다. 다만 고등생물에는 복잡한 의사소통을 할 수 있는 고성능의 네트워크 장비가 필요하다.

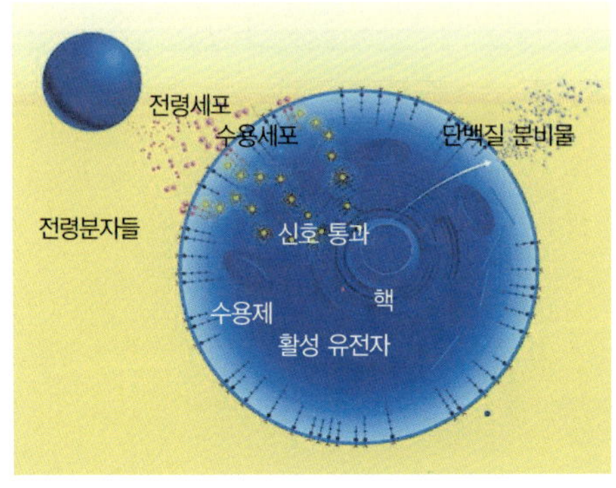

**세포통신의
일반적인 메커니즘**

세포들의 네트워크

작은 세포들에 숨겨진 놀라운 성능의 통신 네트워크. 그것이 제대로 작동하지 않는다면 생명체는 살아남을 수 없다. 세포들이 끊임없이 의사소통을 하기에 생물체가 생명을 유지할 수 있는 것이다. 하지만 세포의 통신을 담당하고 있는 회로들이 어떻게 작동하는지는 아직도 거의 밝혀지지 않았다. 다만 지난 20여 년 동안 원형질막을 통해 세포질과 핵으로 운반하는 몇몇 세포의 통신 메커니즘을 파악했을 뿐이다. 완전 해독을 앞두고 있는 것으로 알려진 인간게놈 지도는 세포의 회로를 탐험하는 데 필요한 안내도에 지나지 않는다. 그 안내도를 들고 마이크로 세계를 탐험해 세포 안에서 일어나는 명확한 신호 체계를 이해하면서 거대한 네트워크를 구성해야만 비로소 생물체의 신비를 규명할 수 있다.

세포들의 삶과 죽음, 분비와 흥분 등의 반응이 통신을 통해 이루어진다. 그런 까닭에 세포통신은 질병에도 큰 영향을 끼친다. 예컨대 췌장세포들은 에너지를 얻기 위해 혈액에 있는 당분을 집어 올리라고 근육세포에 말하기 위해 인슐린을 분비한다. 만일 이 과정에서 인슐린을 분리하는 통신 체계에 이상이 생기면 당뇨병에 걸린다. 면역 시스템의 세포들이 외부에서 침입자가 들어왔을 때 주위의 세포들에 퇴치 명령을 내리는 것도 세포통신의 산물이다. 세균성 질환이나 노인성 질환은 세포통신이 이루어지지 않아 면역 시스템이 작동하지 않은 탓이다. 각종 암도 종양의 분열을 막아내는 네트워크에 문제가 생겼을 때 발생한다. 세포들이 명령을 받을 수용체를 파악해 정확한 분자를 보내는 가운데 메시지에 걸맞은 응답을 내오기에 신체가 생명력을 유지할 수 있는 셈이다.

지금까지 밝혀진 세포통신은 네트워크 자체가 아니라 네트워크를 구성하는 볼트와 너트, 안테나, 콘덴서 등 말단의 통신장치들이다. 가장 관심을 모으는 뇌세포 사이의 정보는 시냅스를 통해 전달된다. 수상돌기와 축색돌기가 이웃 세포와의 교신을 위한 통신 안테나라면 시냅스는 축색돌기 가까이에 있는 세포의 수상돌기와 접속하는 콘덴서라 할 수 있다. 신경신호는 '활동전위(Action Potential)'라는 전기적인 신호로 증폭, 생성되어 세포의 장거리 전화선에 해당하는 액손(Axon)을 따라 전달되다가 다른 세포와의 접촉 부위에 이르면 활동전위가 신경전달물질을 시냅스로 방출하도록 자극한다. 세포 밖으로 방출된 신경전달물질은 정보를 접수하는 세포 표면에 있는 수용체에

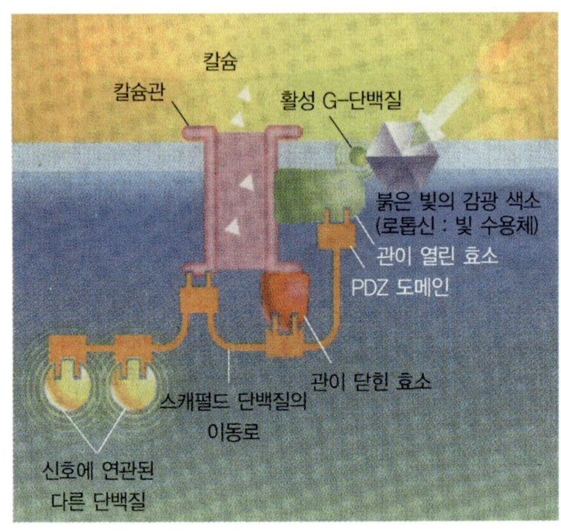

**스캐펄드 단백질의
신호 체계**

결합해 다시 활동전위를 생성하거나 다른 형태의 변화를 일으키게
된다.

이런 복잡한 정보전달 과정에는 많은 단백질이 개입한다. 어떤 단
백질은 신경전달물질을 저장하고 있다가 자극이 올 때 시냅스로 방
출하는 구실을 하는 소포체들을 조절하기도 한다. 신경세포들은 활
동전위가 오면 언제든지 신경전달물질을 방출할 수 있도록 항상 소
포체를 준비하고 있어야 한다. 마치 권총의 공이치기를 잡아당겨 방
아쇠를 당기기만 하면 총알이 나가도록 하는 것과 비슷하다. 이런 신
경전달에 결정적인 구실을 하는 소포체의 성숙 과정은 독일 막스 플
랑크 연구소의 아리스 어거스틴(Iris Augustin) 박사팀이 1999년 특정
단백질 유전자를 녹아웃시킨 생쥐를 이용해 규명했다. 당시 신경세
포의 특정 단백질이 사라져 통신이 두절된 생쥐는 태어나자마자 죽

고 말았다.

신경전달 조절단백질들은 매우 정교한 상호관계를 이루고 있다. 지난해 미국 오리건 건강과학대학의 존 스코트(John D. Scott) 박사 팀은 새로 발견한 단백질을 통해 신경세포들이 얼마나 절묘하게 신경신호를 조절하는지를 확인하기도 했다. 중국식 국수의 이름을 따라 명명된 '요티아오(Yotiao)'라는 단백질은 해마상융기(Hippocampus)에 있는 신경세포 막의 안쪽에 결합하고 있어 신호전달 단백질들을 동시에 적절한 위치에 자리잡도록 하는 것으로 밝혀졌다. 요티아오가 이온의 흐름을 적절히 조절하여 신호의 생성과 소멸이 정확하게 일어나도록 하는 구실을 하는 셈이다.

세포들은 외부의 환경신호가 접수되면 다양한 메커니즘을 통해 서로 이웃한 세포들과 접합을 시도하기도 한다. 그 메커니즘은 아직 확

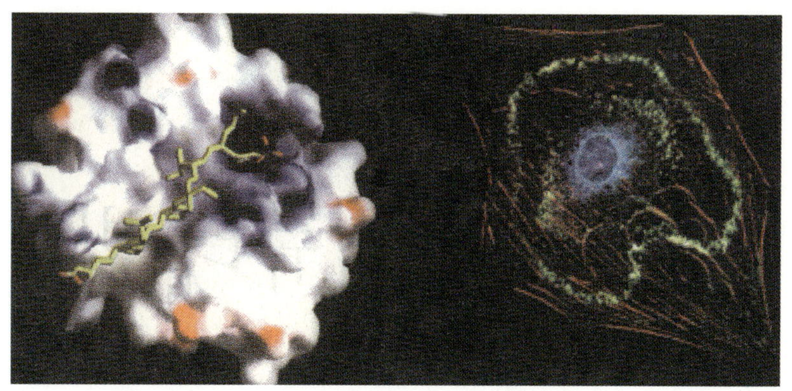

단백질에 있어서 세포막은 거대한 장벽과 같다. 단백질 효소의 통신을 담당하는 SH2 도메인의 현형 구조(왼쪽)와 이들의 세포통신 과정에서 신호가 발생하는 이미지(오른쪽).

실하게 규명되지 않았지만 이차원적인 단순 현상이 아니라 동역학적인 구조를 형성하는 복잡한 과정인 것만은 틀림없는 사실이다. 세포 사이의 접합이 다양한 환경신호에 따라 분리와 재접합 과정을 능동적으로 반복하는 게 규명되고 있기 때문이다. 세포 안에 있는 단백질들은 무질서하게 놓여 있는 것처럼 보이지만 사실은 시·공간적으로 매우 정교한 네트워크를 가지고 있다. 만일 세포의 생장과 운동성 등을 조절하는 일련의 신호들이 전달되는 세포간의 접합 현상에 이상이 발생하면 세포활동에 변이가 생기게 된다.

말단소자 규명 수준

이렇듯 유전자 발현 산물인 단백질은 세포 내의 여러 과정에 필수적인 요소이다. 성장, 분비, 대사 등 세포반응에 관련된 신호는 세포막을 통해 세포 안으로 전달된다. 이들 과정은 수용체, 매개체, 증폭단백질, 조절단백질 등의 단백질간의 결합을 통해 조절된다. 수용체와 여러 단백질을 통한 세포의 신호전달 과정은 생리학, 병리학, 약리학에 대한 이해와 항암제, 면역제제, 그리고 신경 조절제제의 개발에도 매우 중요한 구실을 한다. 세포 내의 특정 부위에 존재하는 다중 복합체를 규명한다면 다양한 세포 생리와 질병, 약리 작용 기전의 이해에 대한 새로운 패러다임을 얻을 수 있을 것이다.

생명체의 세포통신에 대한 이해는 머지않아 전자공학의 힘으로 거듭날 전망이다. 생명의 원리에 공학을 적용하는 방식을 통해 첨단화된 결합체가 탄생하는 것이다. 미세전자회로가 인체세포에서 작동되는 '생체칩(Bionic Microchip)'이 바로 그것이다. 생체칩은 세포막이 특정 전압에 노출됐을 때 막공이 열리는 세포통신의 원리를 바탕으로 한다. 인체의 특정 부분에 이식되어 해당 세포의 활동을 조절할 생체칩은 컴퓨터로 정교하게 통신을 유도해 세포 내에 새로운 의약물질이나 유전자물질을 주입할 수도 있다. 세포통신을 일시적으로 중단한 상태에서 해당 세포에 DNA를 주입하거나 단백질을 추출하는 것이다. 실제로 미국에서는 시각장애자의 망막에 '베리칩(VeriChip)'이라는 생체칩을 이식해 시력을 일부 되찾게 하기도 했다. 이 경우 시각적인 신호를 전기신호로 바꿔 신경에 전달하는 망막의 역할을 생체칩이 대신하는 것이다.

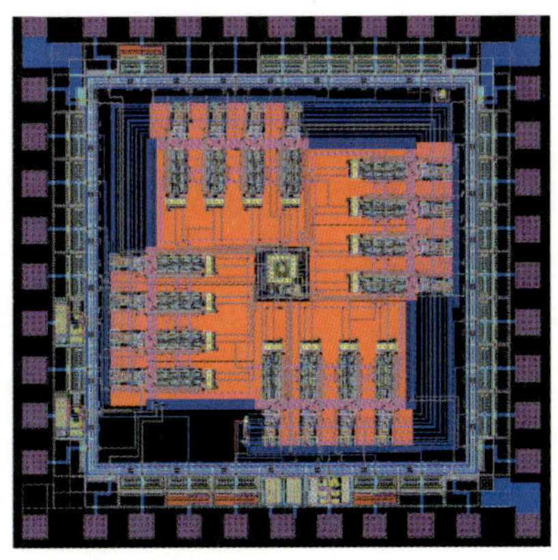

사람의 머리카락보다 가는 생체칩은 직접 사람의 몸 속에 삽입돼 신경에서 나오는 생체수단으로 인체와 '대화'하는 장치라고 할 수 있다. 생체칩 기술을 통해 세포막을 마음대로 여닫음으로써 암세포를 열고 치료약을 투여하는 등 약물의 인체 흡수 과정에 혁명적 변화를 가져올 것으로 기대를 모으고 있다.

당신의 몸을 열쇠로 쓴다

런던 중동부의 작은 도시 뉴엄은 '프라이버시 인권단체'가 촉각을 곤두세우고 있는 곳이다. 지방 당국이 무차별적인 얼굴패턴 인식 시스템을 도시 전역에 설치한 탓이다. 통행인들은 도심 곳곳에 설치된 2백여 대의 감시카메라를 비켜 다니기 힘들다. 그러나 시민들은 범죄자를 완벽하게 골라내겠다는 당국의 계획에 압도적인 지지를 보내고 있다. 빅 브라더(Big Brother)*의 출현에 이의를 제기하는 것은 마치 범죄자의 소굴을 만들려는 것으로 오해받기도 한다. 이 같은 원격 감시 시스템을 실현한 것은 바로 '생체인식(Biometrics)'을 이용한 얼굴인식이다.

---

* 조지 오웰의 소설 『1984년』에 등장하는 것으로, 사회 전체를 손바닥 들여다보듯 감시한다.

사람의 몸은 저마다 다르기 때문에 신원을
확인하는 데 유용하게 쓰인다. 눈의 홍채와
손의 지문, 얼굴의 형상 등은 대표적인 신
원 확인 수단이다.

1초 안에 신원 확인

범죄자를 식별하는 데 생체인식을 이용하는 것은 어쩌면 당연해
보인다. 예컨대 은행 현금자동입출금기(ATM)를 이용하는 범죄자의
신원을 원격지의 모니터로 손쉽게 확인하는 걸 마다할 이유가 없지
않겠는가. 이런 생체인식 기술은 미국의 수사기관이나 군사연구소를

중심으로 연구가 시작되었다. 처음엔 범죄자의 얼굴을 비디오 데이터베이스에 수록해 관련 사건이 벌어질 때 참고자료로 삼거나 출입을 통제하는 데 사용하는 정도였다. 필요한 사람은 들여보내고 불필요한 사람은 막는 구실에 그쳤던 것이다.

최근 보안업체들은 지문이나 음성, 얼굴 패턴, 홍채, 정맥 등 신체 일부의 특징을 데이터베이스에 저장해 입력된 패턴과 비교하는 생체 측정 방식의 인증 시스템을 집중적으로 개발하고 있다. 분실 위험이 있는 열쇠나 패스워드를 대신해 살아 있는 한 변하지 않는 주요 신체적 특징을 인식 수단으로 이용하고 있는 것이다. 카드를 이용해 출입을 통제할 경우, 복제품을 만들거나 다른 사람이 대신 긁어 신원을 위조할 수 있다. 생체인식 인증은 기본적으로 습득한 데이터가 있어야만 절차를 진행한다. 사용자 몸의 정보를 데이터베이스에 저장해야 하다는 것이다. 그런 다음 아날로그 형태의 센서 입력 요소를 기록한 뒤 그것을 디지털로 변환해 데이터를 처리하고 관련 데이터와 비교하는 과정을 거친다.

생체인식에 관한 기술은 정보산업의 총아로 떠올랐다. 분산 컴퓨팅, 전자 상거래, 원격 네트워크 접속 등의 급속한 확산에 따라 보안 유지의 필수조건인 인식기술의 수요가 급증하고 있는 것이다. 시스템과 네트워크 보안에 대한 필요성이 갈수록 커지는 가운데 시장도 크게 확대되고 있다. 현재 생체인식 장비 시장은 6천7백만 달러 정도이지만 앞으로 4년 뒤에는 열 배 이상 확대될 것이라는 전망이다. 이런 가운데 국내에서도 세계적인 생체인식 시스템이 잇따라 개발되고 있다. 현재 선진국을 중심으로 이루어지는 전자서명의 표준 제정에 참여할 것으로 기대를 모으는 기업도 있다.

생체인증 시스템의 성능은 인식 내용의 정확성과 안전성에 달려 있다. 최근 주목받는 기술은 유전율 천연생체 알고리즘으로 보안기술 수준을 한 차원 끌어올린 것으로 평가받고 있다. 기존 지문이식 기술의 단점으로 지적되던 에러율과 오인식에 대한 문제를 해결한 까닭이다. 기존 아날로그 방식의 지문인식은 지문 이미지의 융선과 골격을 단순 비교하는 방식이었다. 하지만 이제 손가락에 있는 땀샘을 인지하는 방법을 통해 누르는 강도나 방향에 관계없이 사용자를 정확하게 인식한다. 반도체소자를 이용해 지문을 '디지털 암호'로 바꿔 특정 ID를 1초 이내에 확인하기에 해킹이 원천적으로 불가능하다.

유전율 천연생체 알고리즘은 기존 휴대폰 단말기에 지문인식 장치를 첨가한 '패스폰'으로 구체화되기도 했다. 휴대폰을 통해 컴퓨터 기술, 금융산업을 연결하는 방식으로 IC 카드가 필요 없는 첨단의 암호화 기술을 실현하는 것이다. 이 기술의 활용 분야는 무궁무진하다. 지문을 이용해 모든 금융 거래는 물론 각종 보안정보를 완벽하게 처리하기 때문이다. 자신의 지문을 입력하고 보안이 필요한 ATM이나 신용카드 조회 시스템 등에 수신기만 설치하면 현실 공간은 물론 사이버상에서도 사용자를 간단히 확인할 수 있다.

얼굴인식을 통해 패스워드를 입력하지 않고도 웹에 안전하게 접속할 수 있는 생체인식 시스템으로는 미국 마이로스(Miros)사의 '트루페이스(True Face)'가 주목받고 있다. 이 제품은 기본적으로 PC에

지문인식 기술은 보안기술의 수준을 한 차원 끌어올리고 있다. 1초 이내에 신원을 확인하기 때문에 해킹이 원천적으로 불가능하다.

부착된 비디오카메라를 이용한다. 이용자의 얼굴을 촬영해 암호로 등록하면 트루 페이스에 등록된 얼굴의 이미지와 입력된 이미지를 비교해 인터넷이나 인트라넷에 대한 접근을 허용하는 것이다. 만일 다른 사람이 무단으로 접근을 시도할 경우 추적장치가 작동해 사용을 막는다. 사용 오류 방지 기능이 내장되어 있어 이용자의 사진으로 위장하기 힘들다. 그래서 ID 도용이나 온라인 범죄를 예방할 것으로 기대를 모은다.

도용 가능성 없나

몸 전체가 신분증이 되는 시대를 맞아 홍채나 정맥을 이용한 생체인식 시스템도 대중화 추세에 있다. 사람의 홍채는 생후 18개월 때부터 사망 5분 뒤까지 동일한 형태를 유지한다. 아날로그 지문인식보다 훨씬 많은 266여 가지의 판단 근거를 이용해 신분을 파악하기에 정확도도 뛰어나다. 또 사용자가 카메라 8~25센티미터 앞에 서면 자동으로 인지하기에 시스템에 거부감도 별로 없다. 하지만 비싼 장비 가격이 대중화의 걸림돌이다. 국내 비케이 시스템에서 개발한 정맥인식기도 차츰 사용영역을 넓혀가고 있다. 사람마다 다른 정맥 모양을 적외선으로 읽어 3초 이내에 신원을 파악하는 정맥인식기 역시 하드웨어 구성과 시스템 비용이 고가여서 아직까지는 널리 활용하기에 어려움이 따른다.

이제 생체인식 시스템은 거리의 카메라뿐만 아니라 컴퓨터나 마우스 등을 통해 일상생활 깊숙이 들어오고 있다. 제임스 본드가 007 영화에서 임무를 완수하기 위해 통과했던 검색기 수준을 넘어선 지 오래다. 인터넷의 대중화에 따른 온라인 사기를 막을 유력한 방법으로 떠오른 것도 사실이다. 머지않아 실시될 것으로 보이는 온라인 선거에서 유권자를 식별하는 것도 생체인식 시스템이 맡을 가능성이 높다. 그런 생체인식 시스템은 디지털 생활을 한 차원 높은 단계로 끌어올릴 것이다. 하지만 개인 사생활에 위협을 가하리라는 것도 틀림없는 사실이다. 다른 가능성을 무시하고 고용주에게 맡긴 자신의 생체인식 ID. 그것이 본래의 의도와 무관한 어딘가에서 도용되어 자신의 권리를 침해하게 될지도 모른다는 말이다. 아무리 해커를 막기 위한 방호벽을 설치하더라도 빈틈이 있는 것처럼.

멸종 동물이 환생한다

성공적인 출산에 이를 것으로 관심을 모았던 민족의 영물 백두산
호랑이는 끝내 우리 앞에 모습을 드러내지 않았다. 만주나 연해주 지
역에 2백여 마리 안팎이 있을 것으로 추정되고 있는 백두산호랑이는
우리나라에서 야생 상태로는 자취를 감추었다. 그런 백두산호랑이를
멸종위기에서 구할 가능성을 제공한 건 체세포 복제기술. 인간복제
라는 치명적 위험을 안고 있는 '창조적 기술'이 드넓은 생태계에 이
바지하는 셈이다. 복제 젖소 '영롱이'와 복제 한우 '진이'를 복제한
데 이어 인간 배아 복제를 배반포 단계까지 성공한 서울대 수의학과
황우석 교수는 백두산호랑이 복제를 끊임없이 시도하고 있지만 세상
밖으로 모습을 드러내지 못하고 있다. 백두산호랑이 복제가 임신에
는 성공했지만 대리모의 뱃속에서 잇따라 죽으면서 출산에는 이르지
못한 것이다. 그래도 이런 시도는 이종간 핵이식에 의한 수태로 멸종

멸종동물들이 체세포 핵이식을 통해 환생할 수 있을 것인가. 서울대 황우석 교수의 백두산호랑이 복원은 '낭림 프로젝트'라는 이름으로 수년째 진행되고 있다. 북한으로부터 제공받은 야생호랑이인 낭림이의 체세포를 이용해 복제가 이뤄진다.

동물 복제의 새로운 가능성을 제시한 것으로 평가받는다.

백두산호랑이처럼 모든 사라지는 것들은 멸종을 앞두고 파멸의 징후를 보여준다. 유전적 보고인 서식지가 고립되면서 생존을 위협받고 있는 것이다. 먹이사슬의 균형이 깨지는 탓이다. 이미 지구는 인간의 부적절한 생산활동과 건조물, 갖가지 형태의 오염으로 인해 원형을 되살리기 어려울 정도로 파괴됐다. "인간이 지구상에서 '신놀음'을 하고 있다"는 영국의 생태학자 노먼 마이어스(Norman Myers)의 지적은 생물종들이 더이상 버티기 어려운 '무너진 방주'를 확인하게 할 뿐이다. 지금도 오스트레일리아의 마운틴 피그미 포섬, 이디오피아의 게란다 비비, 멕시코의 모나크 버터플라이 등은 멸절위기에서 허덕이는 실정이다. 멸종위기에 처한 생물종을 되살리는 복제기술은 현대판 '노아의 방주'로 불린다.

체세포 복제로 도전

복제기술은 서식지와 야생의 본성을 잃고 인간의 손길에 의지해 연명하는 멸종위기의 생물종들한테 복음을 전한다. 야생의 공간이 사라진 상황에서 멸종 혹은 멸종위기 동물의 생식세포를 구하는 것은 쉬운 일이 아니다. 이럴 때 체세포 복제기술이 생명의 연금술사 구실을 한다. 귀와 코 등 몸을 구성하는 모든 체세포의 핵을 난자에 결합하면 생명체를 얻을 수 있기 때문이다. 출산을 하는 어미는 같은 종이 아니어도 문제가 되지 않는다. 하지만 복제기술은 멸종동물을 되살리는 만병통치약은 아니다. 서식지의 복원 없이 인위적인 대량 생산이 멸종동물의 생존을 보장하지 않는 것이다. 그럼에도 복제기술이 생물의 다양성을 확보하는 유력한 도구인 것만은 틀림없는 사실이다. 지금으로선 그것이 아니라면 오랜 진화를 거쳤음에도 여러 이유로 지구상에서 사라진 동물들을 복원할 방법이 없다. 물론 소수

이제 체세포 복제기술은 생명의 연금술사 구실을 하고 있다. 체세포 복제를 통해 멸종위기에서 새롭게 태어나고 있는 인도산 들소 가우어(왼쪽)와 중앙 아시아 산 야생양 아르갈리(오른쪽).

의 개체라도 남아 있다면 대량 번식을 유도할 방법은 여러 가지다.

백두산호랑이의 수태를 가능하게 한 체세포 복제는 생식세포(정자와 난자)가 없어도 체세포가 단 하나라도 남아 있으면 가능하다. 이미 1999년 6월 미국 유타 주립대학의 케네스 화이트(Kenneth White) 박사팀은 중앙 아시아 산의 크고 구부러진 뿔을 가진 멸종위기의 야생 양 아르갈리(argali)에서 유전물질을 추출한 다음 소의 난세포에 옮기는 방법으로 멸종동물 복제의 실마리를 풀었다. 2000년 11월에는 미국의 아이오와 암소가 세계 최초로 멸종위기의 종을 출산하기도 했다. 서식지 붕괴로 멸종위기로 치닫고 있는 인도산 들소 가우어(gaur)가 아종간 복제로 태어난 것이다. 가우어와 아이오와 암소는 유전적 차이가 없다. 게다가 멸종위기에 처한 생물종인 아프리카의 봉고 영양과 살쾡이, 수마트라 섬의 호랑이, 자이언트 판다 등도 체세포 복제기술을 통해 종의 새로운 번성을 꾀하고 있다.

심지어 러시아 시베리아 동토 지역의 얼음장 속에 세포 형태로 남아 있는 매머드도 꿈틀대고 있다. 몇 세기 전에 멸종한 매머드의 완전한 체세포를 확보해 복제하려는 연구가 활발하게 이루어지고 있는 것이다. 매머드의 체세포는 영하 20도 아래에서 동결 보존되고 있다. 현재 털과 근육조직 등에서 원상태로 보존된 체세포를 확보해 DNA의 복원을 꾀하고 있다. 이제 체외수정 같은 기초적인 생식 전략을 단숨에 뛰어넘는 체세포 복제를 통해 머지않아 야생 상태의 판다가 멸종위기에서 벗어나고, 매머드도 우리 눈앞에 나타나게 할 수 있을 것이다.

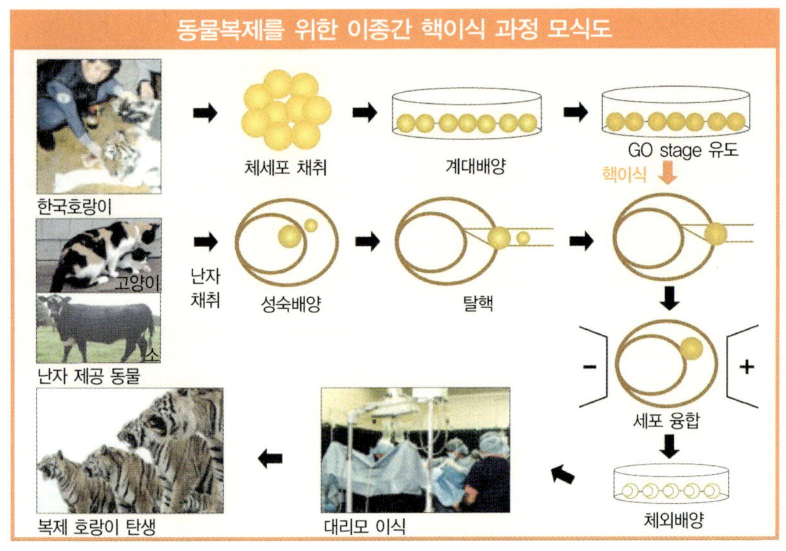

이미 현대판 노아의 방주는 멸종동물마저 환생할 수 있는 길을 열어놓았다. 2000년 5월 오스트레일리아 박물관 연구진은 1930년대에 완전히 사라졌던 태즈메이니아호랑이의 DNA를 극적으로 추출했다. 오세아니아 대륙에서 가장 거대한 육식동물이었던 태즈메이니아호랑이에게 환생의 돌파구를 마련한 것은 1866년부터 알코올로 채운 병에 보존되어 온 새끼의 사체였다. 연구진은 호랑이 사체에서 심장과 간, 근육, 척수조직 등의 샘플을 성공적으로 추출해 DNA가 세포분열이 가능한 상태로 보존되어 있음을 확인했다. 태즈메이니아호랑이 복제가 성공적으로 이루어진다면 이 호랑이의 뿌리인 타이라신(Thylacine)계 호랑이를 대량 복제해 집단군을 형성하는 것도 기대할 수 있다.

그렇다면 국내에서 멸종위기의 생물종을 보존할 가능성을 확인한 백두산호랑이의 체세포 복제는 어떻게 이루어졌을까. 황우석 교수는 먼저 암컷과 수컷 호랑이의 귀에서 각각 공여핵 세포를 마련했다. 이 체세포를 배양접시에서 키운 뒤 적당한 시기에 영양분 공급을 줄여 귀세포의 기능을 잠재웠다. 그 과정에서 배지 안의 세포는 완전한 백두산호랑이가 될 수 있는 유전정보를 획득한다. 수핵난자는 호랑이에게서 얻는 게 현실적으로 불가능해 식육 소와 고양이의 난자를 이용했다. 소의 난세포는 도살장 등지에서 많은 양을 손쉽게 확보할 수 있다. 소의 생식기에서 난자를 뽑은 다음 핵을 제거해 백두산호랑이의 체세포를 합해 수정란을 만든다. 이 복제배아를 개복수술로 이식받은 처녀 사자는 임신 후반기까지의 징후를 뚜렷하게 보였지만 끝내 새끼 호랑이를 출산하지는 못했다.

현실에 적응할까

생리 특성이 잘 알려진 가축복제의 유산율이 30%대에 이르는 점을 생각할 때 대리모 수를 늘린다면 백두산호랑이의 복제 가능성은 충분하다. 복제양 돌리는 277번의 실패 끝에 태어나기도 했다. 원천기술을 확보한 만큼 재도전을 기다려볼 만한 셈이다. 다만 종간의 불일치를 해소하는 세포융합기술의 고도화나 대리모의 유산을 막는 방법 등을 도입해 임신 성공률을 높이는 게 필요하다. 황우석 교수는 인간을 비롯한 다른 포유동물보다 까다로운 고양이과의 난 분할(卵分割) 과정에 관한 원천기술을 확보했다. 다종간 핵이식 복제에 의한 멸종동물의 출산도 기대할 수 있다.

생물종의 멸종은 지구가 생긴 이래 지속적으로 일어난 자연 현상이다. 그럼에도 최근 멸종위기에 처한 생물종에서 유전물질을 수집해 '동결 동물원(frozen zoo)'을 구축하는 것은 멸종 속도가 과거보다 급속하게 진행되고 있기 때문이다. 하지만 동결 동물원을 벗어난 이종간 복제로 태어난 동물들이 야생 상태에서 생명력을 발휘할 수 있을지는 확언하기 힘들다.

한 종의 난세포를 사용해서 다른 종을 복제하는 과정에서 난자핵이 제거되더라도 난자 세포질 내 미토콘드리아 유전자에 영향을 끼칠 가능성이 높은 탓이다. 복제의학자들은 젖을 생산하는 능력에만 미세하게 영향을 끼치는 정도라고 말한다. 하지만 미토콘드리아 유전자가 다른 상황에서 어떤 문제가 발생할지 미루어 짐작하기 힘들다. 게다가 다른 종 사이의 바이러스 감염이 제기될 가능성도 있다.

복제 생물종의 위험성은 거기에 그치지 않는다. 유전자 복제로 태어난 멸종동물이 대를 이어나갈 수 있는지는 확신하기 힘들다. 무엇보다 복제동물이 태어난 뒤에 면역 체계가 정상적인 발달을 이루지 못할 수도 있는 탓이다. 일단 복제 과정을 거치게 되면 DNA 유전정보의 재편성이 일어난다. 이 과정에서 문제가 발생해 정상적인 면역 체계 발달을 방해할 가능성이 있는 것이다. 장기적인 결함에 대비해야 하는 이유가 여기에 있다. 물론 인공 복제된 생물종이 자연종보다 노화가 더디게 이루어진다는 연구 보고도 있다. 하지만 그런 사례가 전체 복제동물의 안정성을 보장하지는 않는다. 아직 미완의 가능성만을 보여주고 있는 복제기술에 의한 노아의 방주. 그 속에선 지금 잃어버렸던 생명이 다시 태어나고 있지만, 환생한 동물들이 살아갈 서식지는 아직도 되살아날 조짐을 보이지 않고 있다.

3부

에코토피아
Ecotopia

'제6의 멸종'이 다가오는가

첨단 제품들에 자리를 내주고 서서히 사라지는 것들이 있다. 편리함의 물결에 휩쓸려 온갖 사연을 간직한 채 사라지는 것들. 그렇게 사라지는 것들을 아름답다고 말하는 사람도 있다. 하지만 생태학자들에게는 감상적 수사가 어울리지 않는다. 사라지는 것들에 대한 깊은 절망의 그림자가 있을 뿐이다. 한 저명한 보존생물학자는 은퇴를 앞두고 "모든 것이 사라지는 모습을 보지 않게 되어 기쁘다"고 말하기도 했다. 대량멸종이라는 지구적 재앙이 눈앞에 다가온 현실을 웅변적으로 드러낸 말이다.

이미 상당한 면적의 육지와 해양이 인간의 부적절한 생산활동, 건조물과 갖가지 오염으로 말미암아 심각하게 훼손됐다. 핵전쟁 같은 대격변이 아니더라도 인간이 지나간 모든 곳은 자연의 원형을 잃은 채 소멸의 기로에 놓여 있다. 지구 생태계의 대량멸종을 예고하는 생

아마존 강 유역에 펼쳐진 광대한 열대우림은 지구 전체의 대기에 영향을 준다. 채광산업, 대규모 방목, 간선도로의 건설 등으로 인해 열대우림이 사라지고 동식물의 종수가 심각하게 줄어들고 있다.

태학자들도 많다. 6천5백만 년 전 공룡의 멸종 이후 한 번도 겪어보지 못한 거대한 대량멸종이 인간에 의해 벌어지고 있다는 것이다.

생명체의 위기

수많은 생명체들이 유기적인 생명공동체를 이루고 있는 지구. 현재 과학적으로 규명된 생물종은 대략 140여만 종에 지나지 않는다.

이들의 90% 가량은 곤충과 연체류 같은 작은 동물들로 열대림이나 해저 등 인간의 손길이 거의 닿지 않는 환경에 살고 있다. 기후대별로 서식 생물종을 살펴보면 한대가 1~2%, 온대가 13~24%, 열대가 74~84% 가량이다. 특히 열대우림은 육지 표면의 7%에 지나지 않지만 생물종의 절반 가량이 서식하고 있다. 열대우림 서식처라 해서 생물종의 안전지대는 아니다. 미국 하버드 대학의 생물학자 에드워드 윌슨(Edward O. Wilson)은 『생명의 다양성 *The Diversity of Life*』 1999년 판에서 "열대우림의 파괴로 말미암아 최소한 1년에 2만여 종의 동식물이 사라지며 10년마다 10% 안팎의 생물종이 멸종된다"는 충격적인 발표를 했다.

영국 옥스퍼드 대학의 동물학자 로버트 메이(Robert May)는 "지난 1백 년 동안에 일어난 멸종률이 인류가 출현하기 이전보다 1천 배 가량 가속화됐다"고 지적하기도 했다. 지구의 생태학적 위기를 보여주는 증언이다. 사실 지구 생물종의 대량멸종 가능성에 대한 경고는 새롭지 않다. 이미 20세기 중반 이후 생물종의 위기를 둘러싼 충격적인 주장이 스테레오타입으로 되풀이됐다. 지난 1979년 노먼 마이어스는 『침몰하는 방주 *The Sinking Ark*』에서 "해마다 4만여 종의 생물종이 흔적도 없이 사라지고 있으며, 2000년까지 1백만 종이 멸종할 것"이라고 예측했다. 1980년대에는 미국 스미스소니언협회의 토머스 러브조이(Thomas Lovejoy) 역시 2000년까지 생물종의 15~20%가 멸종할 것이라고 말했다.

이런 무시무시한 예언들이 줄을 이으면서 대부분의 생태학자들은 거대한 멸종 현상이 '현재진행형'이라는 데 의견을 같이했다. 인간을 포함한 전체 동식물이 존속 자체를 위협받는 상황에 놓여 있다는 게 상식으로 통하는 형국이다. 지구온난화에 대한 불안감은 대재앙의 전조로 받아들여지고 있다. 전세계 동식물 서식지의 3분의 1이 위협받는 상황에서 지구온난화의 영향으로 이번 세기말에는 대부분의 서식지가 사라질 것이라는 예측도 나왔다. 실제로 지구는 생태 위기로 치닫고 있다. 비단 생태학자들의 경고가 아니더라도 이를 확인하기는 어렵지 않다. 인간의 생존을 자연환경에 의존하고 있기 때문이다.

인간은 과잉 사냥과 어업, 모피와 가죽 등의 상품 생산, 야생식물의 과도한 채취 등으로 생물종의 손실에 직접 영향을 끼치고 있다. 서식지 파괴, 외래종·질병의 도입, 환경오염, 유전적 교란 등은 간접적인 영향에 속한다. 물질적 풍요를 위해서 엄청난 자원을 캐낸 뒤 폐기물로 바꾸어 대기와 물, 땅, 바다에 퍼붓기도 한다. 미국 자연사 박물관(http://www.amnh.org) 종다양성보존센터의 프란체스카 그리포(Francesca Griffo)는 세계적으로 자주 처방되는 150여 가지의 약물을 조사한 결과를 발표했다. 그에 따르면 57%의 약물이 자연물에서 비롯된 것이었다. 예컨대 아스피린은 버드나무 껍질에서, 천연항암제 택솔(Taxol)은 주목에서, 페니실린은 곰팡이에서 얻어지는 식이다. 이런 자연물이 인간의 건강을 돌보는 대가도 만만치 않다. 한타바이러스와 말라리아 등 전염병의 창궐은 대규모의 삼림 벌채에서 비롯된 것으로 알려졌다.

　그렇다면 지구는 지금 '제6의 멸종'이라는 참혹한 미래를 향하고 있는 것일까. 적어도 생태학자들의 예측에 따른다면 그것은 틀림없는 사실이다. 하지만 고생물학자들과 통계학자들은 대량멸종 예측에 의문을 제기한다. 이들은 무엇보다 종이 멸종하는 속도를 알아내는 방법이 불확실성을 근거로 한다는 점을 지적한다. 실제로 연구자에 따라 지구상에 살고 있는 생물종의 수치마저도 5백만 종에서 1억 종까지 무려 20배 이상 차이가 난다. 미래 예측 데이터들은 대부분 생물종의 평균수명도 식물, 포유류, 곤충류, 해양 무척추동물 등이 비슷한 것으로 계산하지만 종간 평균수명은 최소 10배 정도의 차이가 있다.

　생태학자들이 일부 식물과 척추동물 위주로 조사를 하는 것도 문제로 지적된다. 이런 실정에서 열대우림의 황폐화 속도나 멸종 위협을 받는 동물들의 명단을 토대로 멸종률의 증가를 예측하는 것은 오류투성이라는 것이다. 현재 전체 생물종의 90% 이상이 정확한 통계자료는커녕 이름조차 갖지 못했다. 사정이 이렇다면 멸종의 징후를 수치로 보여주는 것은 '어설픈 확신'이 될 수밖에 없을 것이다. 최근의 생물종 다양성 보고에 따르면 멸종 실태가 둔화 추세라고 한다. 환경단체들은 '희귀종'을 설정해 환경보존의 주요 대상으로 삼고 있다. '멸종위기에 처한 동식물종의 국제거래에 관한 조약(CITES)'만해도 포유류 320여 종과 조류 230여 종을 목록에 올려 생물종 다양성을 지켜내려고 한다. 이와 함께 현대판 '노아의 방주'로 불리는 복제기술을 통해 멸종동물들이 무덤에서 귀환하기도 한다.

하지만 그것은 지극히 소수에 지나지 않는다. 몇몇 희귀종이 황송한 대접을 받고 멸종동물이 복제기술의 세례를 받는다고 해서 '집중파괴 지역(Hot spot)'이 되살아날 수는 없는 일이다. 아무리 희귀한 종이라 할지라도 전체 생태계에 끼치는 영향이 미미하다면, 상대적으로 영향력이 높은 생물종에 관심을 기울여볼 만하다. 문제는 생물다양성을 유지하는 데 결정적인 구실을 하는 '핵심 종(Keystone species)'을 찾아내 보존하는 것이다. 핵심 생물종은 먹잇감 개체군의 규모뿐만 아니라 군집의 다양성에도 영향을 끼친다. 예컨대 열대지방에 널리 퍼진 무화과나무에 기생하는 장수말벌이 사라진다면 무화과나무의 수분(종자식물에서 수술의 화분이 암술머리에 붙는 일)이 이루어지지 않게 된다. 한 개체가 사라지면서 전체 생태계가 붕괴할 수 있는 치명상을 입는 셈이다. 자연의 원형을 유지하는 생태계를 그대로 보존해야 하는 이유가 여기에 있다.

환경경제학자들에 따르면 150만 달러만 있으면 약 9천 평방킬로미터에 이르는 면적의 미국 옐로스톤 국립공원 크기의 열대우림을 구입할 수 있다고 한다. 2001년 7월 페루 정부는 환경단체에 13만 헥타르의 면적에 대한 일종의 '임대증서'를 내주기도 했다. 국내의 내셔널트러스트운동은 멸종위기 식물인 매화마름이 군락을 이루고 있는 인천 강화군 길상면 초지리의 농지 912평을 매입하기로 했다. 대중적 운동을 통해 '개발하지 않을 권리'를 확보해 제6의 멸종으로부터 지구를 보호하려는 것이다.

강화도의 매화. 영국에서 시작한, 자연보호와 사적 보존을 위한 민간 단체인 내셔널트러스트는 영국에서만 토지의 1.5%, 해안 지역의 17%를 소유하고 있다. 국내 내셔널트러스트는 강화도 길상면 초지리의 매화마름 군락을 매입했다.

대재앙 예방

생물종의 다양성을 확보한다는 의미는 아무리 강조해도 지나치지 않다. 물론 대량멸종이라는 재앙의 시나리오를 피할 수 없는 운명으로 받아들일 필요는 없다. 미국 동부 지역과 푸에르토리코 일대의 원시림에서 4세기에 걸친 벌목으로 동식물 군락이 거의 사라졌지만 멸종 조류는 2백여 종 중에서 8종에 그쳤다. 열대우림 생태연구가 피터 레이븐(Peter Raven)은 1987년 『우리가 지구를 죽이고 있다 : 지구 생태 시스템의 위기 *We're Killing Our World : The Global Ecosystem in Crisis*』에서 "모든 종의 4분의 1은 다음 30년 동안 소멸할 것이며, 전체 종의 절반 정도가 21세기가 마감되기 전에 사라질지도 모른다"고 했지만 생물종이 해마다 급격히 사라지고 있다는 확실한 증거는 나오지 않고 있다. 오랜 진화의 역사를 간직한 지구 생태계가 순식간에 대량멸종에 빠지지는 않을 것이다.

　아직도 많은 지역에서는 자연도태만으로도 종의 흥망이 결정되고, 삼림 붕괴로 야생 동식물이 자취를 감추고 있는 게 사실이다. 반면에 여전히 파괴되지 않은 생물 다양성 집중지대도 수두룩하다. 그런 곳에 관심을 기울이지 않기에 대량멸종의 위협이 몰아치는지도 모른다. 지금이라도 그곳을 주목한다면 제6의 멸종으로부터 지구를 지켜낼 수 있을 것이다. 대량멸종이라는 지구적 재앙은 '예고된 미래'가 아니다. 인류가 생태적 가치를 유지하기 위한 노력을 어떻게 현실화하는가에 따라 얼마든지 상황을 바꿀 수 있다는 것이다. 어쩌면 생물 대재앙이라는 추리게임은 지금부터 시작인지 모른다. 인류라는 오직 한 종의 반생태적 활동으로 인해 일어날 지구 생물사의 비극을 막아야 하지 않겠는가.

지구를 바꾼 대량멸종

지구는 46억 년 전에 탄생한 것으로 추정된다. 그로부터 6억 년 뒤인 40억 년 전에 처음으로 지구상에 생명체가 출현했다. 27억 년 전에 산소를 발생하는 광합성 생물이 급증했고, 21억 년 전에 비로소 다세포생물이 나타났다. 육안으로 확인할 수 있는 크기의 생물과 단단한 골격을 갖춘 생물은 6억 년 전에 선보였으며 2억 5천만 년 전에야 비로소 현대형 생물이 등장했다. 육안으로 확인 가능한 생명체의 흔적은 지층 안에 화석으로 보존되어 있다. 이를 통해 6억 년 동안 일어난 대규모의 멸종과 출현 등 생물권의 대격변을 추정할 수 있다. 다섯 번의 대량멸종은 생물권의 중심축을 완전히 바꾸어놓았다.

1. 오르도비스기 말기

존속 기간 : 1천만 년

관찰된 해양생물속 절멸 : 60%

추정된 해양생물종 멸종 : 85%

대표적 생물 : 삼엽충, 필석, 오르소세라트(감기가 없는 암모나이트), 푸졸리나(석회질 껍데기의 단세포동물), 거미와 전갈 등

멸종 추정 원인 : 해수면의 극심한 동요

2. 데본기 후기

존속 기간 : 300만 년 미만

관찰된 해양생물속 절멸 : 57%

추정된 해양생물종 멸종 : 83%

대표적 생물 : 식물과 양서류 육상 진출, 고농도의 산소 대기에서 거대 곤충류 생존

멸종 추정 원인 : 운석과 혜성의 충격, 지구온난화, 해저 산소의 유실

3. 페름기 말기

존속 기간 : 미상(초대형 멸종)

관찰된 해양생물속 절멸 : 82%

추정된 해양생물종 멸종 : 96%

대표적 생물 : 해저 산호, 바다나리, 완족류, 균류, 플랑크톤 등

멸종 추정 원인 : 초대륙 판게아의 분열, 기후와 해수면의 동요, 극심한 화산 활동

4. 트라이아스기 말기

존속 기간 : 300만~400만 년

관찰된 해양생물속 절멸 : 53%

추정된 해양생물종 멸종 : 83%

대표적 생물 : 산호초, 플랑크톤 등으로 새로운 먹이사슬 형성

멸종 추정 원인 : 극심한 화산활동, 지구온난화

5. 백악기 말기

존속 기간 : 100만 년 미만

관찰된 해양생물속 절멸 : 47%

추정된 해양생물종 멸종 : 76%

대표적 생물 : 암모나이트, 공룡, 어류의 다양화, 조류의 등장

멸종 추정 원인 : 극심한 화산활동, 거대 운석 충돌

작은 생태계가 지구를 바꾼다

지금부터 약 40억 년 전 지구상에 처음으로 생명이 탄생했다. 그 뒤 생물은 진화와 멸종을 되풀이해왔다. 그 결과 현재는 열대에서 극지까지, 그리고 고산에서 깊은 해저에 이르기까지 생태와 형태가 여러모로 다양해진 생물이 살고 있다. 지구는 민감하게 작동하는 거대한 생태학적 실험실이다. 인간의 손길이 미치는 곳은 어디든 실험에서 예외일 수 없다. 어떤 지역에 다양한 종의 생물체가 살고 있다면 생태학적으로 건강한 곳이다. 한 종이 생존할 수 있는 기반이 조성되어 있다면 그것을 뒷받침하는 다양한 종이 버티고 있기 때문이다.

환경오염에 따른 생물체의 반응은 매우 민감하다. 일부 종은 환경에 적응해 고유한 환경조건에서만 서식할 수 있다. 환경에 민감한 생물종이 사는 지역에 오염원이 나타난다면 먹이사슬이 작동하지 않는 사태를 맞이하게 된다. 공해가 생태계 먹이사슬의 주도권을 장악하

지구 생태계는 작은 변화에도 민감하게 반응한다. 해양에서도 외래종들이 재래종을 위협하는 사태가 끊임없이 발생하고 있다.

면서 차츰 '악마의 사슬' 이 자리를 잡아가고 있는 추세이다. 그런데 문제는 이런 현상이 특정 지역의 생물다양성 감소에 머물지 않는다는 것이다. 아주 작은 생물학적 변화도 지구 전체에 커다란 영향을 끼칠 수 있기 때문이다.

외래종 대량 유입

지구를 위험에 빠뜨리는 것은 광범위한 자연파괴만이 아니다. 외래종 생물이 재래종을 침범하는 '바이오 인베이전' (bio invasion, 생물침범)이 세계 생물다양성에 중대 위협이 되고 있다. 국제환경단체인 월드 워치 인스티튜트(World Watch Institute, http://worldwatch

.org)에서 ‘경계를 벗어난 생물체, 국경선 없는 세계의 생물침범’이
라는 보고서를 작성한 크리스 브라이트(Chris Bright)는 “화학적 유출
은 비활성적이며 번식이 불가능하고 시간이 지나면 사라지는 반면
생물체는 일단 발을 붙이면 급격히 확산될 뿐만 아니라 환경에 적응
해 자원을 갉아먹고 재래종을 억압하게 된다”고 지적했다. 외래종이
기존 생물종의 관계를 망가뜨리면서 서로 화해할 수 없는 상황을 만
들어내기 때문이다. 그의 보고서는 산, 사막, 대양 조류 등과 같은 자
연적인 국경선은 별도의 환경 시스템을 낳게 하나 교역과 여행, 기타
인간활동의 확대는 유기체들을 국경선 너머로 이동시켜 날로 많은
외래종의 침범을 야기시키고 있는 현실을 증언한다.

실제로 외래종의 침범은 지구상에서 광범위하게 진행되고 있다.
지상 대부분의 호수와 강, 해안선, 그리고 거의 모든 도서에서 외래
종이 발견되고 있다. 남극을 포함한 모든 대륙에 외래종이 흩어져 있
는 실정이다. 생물침범은 여러 가지 방법으로 생태계의 위협이 될 수
있다. 예컨대 1991년 페루의 항구에 방출된 오염된 선박 바닥에 있는
물을 통해 전염성 콜레라가 아메리카 대륙으로 번지고, 대서양 해파
리가 흑해의 어업을 망치며, 남아메리카에 서식하는 수생식물로 세
계 10대 문제 잡초의 하나인 ‘부레옥잠(*Eichhornia crassipes*)’이 널
리 퍼져 아프리카의 빅토리아 호(湖) 어종을 망치고 있다는 것이다.
세계 각국 주민들이 재래종을 외래종으로부터 보호하는 조치를 취하
지 않는다면 치명적인 위협이 될 수 있다. 심지어 그 피해 양상이 인
간의 몸에 파고들어 생체 작용을 방해할 수도 있다.

소규모 생태계인 작은 호수에 서식하는 물고기의 개체 수를 조정하는 것만으로도 예기치 못한 사태를 맞이할 수 있다. 정상적인 생태계의 먹이사슬에서 일어나는 호수와 대기 간의 탄소 순환 흐름이 뒤바뀌는 사태까지 발생하기도 한다. 호수의 필수 영양성분인 탄소는 주로 땅에서 유입되게 마련이다. 낙엽이나 유기물질 등이 호수로 흘러들어 이산화탄소를 생성하는 것이다. 이때 탄소가 남아도는 호수는 이산화탄소 형태로 공기중에 방출한다. 반대로 이산화탄소가 부족한 호수에서는 탄소가 대기에서 바로 유입된다. 그런데 호수에서 어떤 식으로든 생물학적인 변화가 일어난다면 탄소의 정상적인 순환 과정이 흐트러진다.

예컨대 어떤 호수에서 배스(bass)라는 물고기가 먹이사슬의 상위 집단을 이룬다면 이전의 생태계와는 다른 변화를 일으킨다. 호수에서 동물 플랑크톤은 말조류를 먹고 산다. 그 동물 플랑크톤을 주식으로 삼는 게 연준모치이다. 그런데 배스가 출현하면 사정이 달라진다. 배스가 먹이사슬의 상위에 있던 연준모치를 먹어치우는 것이다. 당연히 연준모치의 수가 줄어들고 동물 플랑크톤의 수가 늘어나면서 대기로 방출되는 탄소량이 획기적으로 많아진다. 동물 플랑크톤의 수가 늘어날수록 탄소를 소비하는 말조류 식물이 사라져 호수의 탄소 소비량이 급격히 줄어든 탓이다. 만일 연준모치가 지배하는 호수라면 그 양상은 반대로 나타난다. 연준모치가 동물 플랑크톤을 잡아먹으면서 호수의 말조류 식물은 천적을 피하게 되는 것이다. 이로 인해 호수에서 말조류 식물이 크게 증가해 많은 양의 탄소를 소모하게

1970년대부터 소득 증대의 일환으로 수입된 외래종(황소개구리, 블루길, 큰입배스 등)의 급격한 확산으로 고유 생태계가 훼손되어 하천 생태계가 위기에 처해 있다. 배스는 호수 먹이사슬 상위에 있던 연준모치를 삼키면서 절대강자로 군림하고 있다.

된다. 이때는 대기에서 탄소를 유입해야 한다.

이런 식으로 물고기가 탄소 순환에 영향을 주는 이유는 바로 호수 먹이사슬의 변화에 있다. 호수의 최강자가 누구인지에 따라 대기의 상태가 변하는 것이다. 물론 아무리 커다란 호수라 해도 그곳에 있는 특정 물고기 집단이 지구적 문제를 일으키기는 어렵다. 하지만 호수에서 일어나는 생태계의 변화는 지구적 차원에서도 얼마든지 일어날 수 있다. 대양 차원에서 대기 순환 과정이 변할 수 있는 것이다. 이미 육지에서 유입되는 각종 물질들로 인해 해안 주변의 바다는 상당한 유기화가 진행되었다. 게다가 대규모의 어류 남획이 이루어지면서 해상 먹이사슬에도 변화가 일어나고 있는 실정이다. 땅과 바다, 하늘 어디에서나 치명적인 변화가 이루어지고 있는 셈이다. 아직까지 바다 생태계의 변화에 관한 구체적인 정보가 부족한 게 사실이다. 하지만 생태학적 변화가 가속화되는 것만은 틀림없는 사실이다.

이 순간에도 지구의 생태학적 실험은 끊임없이 진행되고 있다. 문제는 그 실험이 더 나은 방향으로 나아가지 않고 파괴적 양상으로 진행된다는 것이다. 그런 의미에서 '변하지 않는 게 아름답다'는 말이 생태계에서는 절대적 가치인지도 모른다. 하지만 지구 생태계는 끊임없이 변하면서 위험한 미래를 예고하고 있다. 어쩌면 변한다는 것은 파괴라는 말과 동의어인지도 모른다. 특정 지역의 생태적 변화를 추적 관찰하지 않는다면 빙하 시대와 같은 생물체 멸종 사태를 피하기 어려울 전망이다. 이미 포유동물, 파충류, 양서류, 어류의 25%가 멸종위기에 놓여 있는 것으로 추정된다. 서식지의 파괴로 말미암아 멸종위기로 치달은 생물종들이 최근에는 환경적인 영향으로 치명적인 위기를 맞고 있다. 다만 천천히 조용하게 생태학적 실험을 벌이고 있어 인간의 눈에 띄지 않을 뿐이다.

생태계의 작은 변화를 추적하는 것은 지구적 문제를 해결하는 실마리가 되기도 한다. 환경 상태에 따른 군집과 생태게에 대한 귀중한 자료를 얻을 수 있는 것이다. 환경 특성의 정도를 나타내는 지표로 사용되는 생물종을 '지표생물'이라고 한다. 지역에 따라 특정종이 다양성을 보여주는 척도로 작용하는 것이다. 특정한 지역에 서식하는 생물종에 따라 생태계의 환경적 특성을 파악할 수 있다. 지표생물은 환경 변화의 초기 경보를 제공할 수 있을 정도로 충분히 민감해야 하고, 지리적으로 넓게 분포해야 하며, 광범위한 스트레스에 대해 지속적으로 평가를 제공해야 한다. 대표적인 게 곤충이다. 수서 생태계에서 곤충은 오래 전부터 오염 수준을 알려주는 수질의 지표로 널리 이용돼왔다. 최근에는 전세계적으로 치명적인 곰팡이의 영향으로 개

도롱뇽. 주로 미생물이나 식물, 물고기, 곤충에 머물던 지표생물군이 인간의 환경 파괴로 도롱뇽 등의 양서류와 파중류까지 확대되었다. 모든 생물종이 지표생물 구실을 할 날도 머지않았을지 모른다.

구리, 두꺼비, 도롱뇽과 같은 양서류까지 급격히 줄어들고 있어 새로운 생물지표로 떠오르고 있다.

생태실험 증거들

특정 지역에서 생물종의 존재 혹은 부재만 살펴봐도 생태계 실험의 진행 상황을 파악할 수 있다. 지표생물을 통해 인간이 생태계에 끼친 영향을 예감하는 것이다. 산성 토양에서 잘 자라는 이끼류는 아황산가스나 산성비에 아주 민감하기 때문에 대기오염의 지표로 사용된다. 미국자리공은 대기오염에 비교적 강하기 때문에 이 식물이 많다는 것은 대기환경이 나쁘다는 걸 나타낸다. 환경오염도를 가늠하게 하는 지표생물도 있다. 지중해 연안에 서식하는 보라색 이끼류인

리트머스는 공업화에 따른 대기오염으로 산성비가 내릴 때 붉은색으로 변하며, 보라색 양달개비꽃은 방사선에 노출되었을 때 분홍색으로 변하는 것으로 알려졌다. 들깻잎은 아황산가스에 민감하게 반응해 오염도가 클수록 황 성분이 갈색 반점을 만들어내고 엽록소는 줄어든다. 오염된 환경에서 번성하는 적조류는 그 존재만으로 수질오염 상태를 그대로 보여준다.

이제 지구 생태계의 실험은 특정 생물종에 머물지 않는다. 주로 미생물이나 식물, 산천어와 열목어 등의 물고기에 머물던 지표생물군이 이미 양서류와 파충류 등으로까지 확대되었다. 이들은 삼림 벌채와 습지의 고갈, 각종 오염 등의 위협에서 벗어날 힘이 없었던 까닭에 위험에 빠졌다. 결국 모든 생물종이 지표생물 구실을 하는 것은 머지않은 미래의 일이다. 어느 것 가릴 것 없이 위험에 빠져 있기 때문이다.

많은 생태 시스템에서 먹이사슬의 꼭대기에서 환경의 건강 척도 구실을 하는 생물종이 잇따라 위험에 빠지는 것은 지구라는 오래된 행성의 위기를 보여준다. 그럼에도 우리는 지구 생태계 실험이 어느 지점에 이르렀는지 모르고 있다. 지구 환경의 변화를 직접적으로 느낄 수 있는 것은 자신의 삶과 관련된 몇 가지 사안에 지나지 않기 때문이다. 지금 지구촌 곳곳에서 벌어지는 작은 실험의 결과를 짐작도 하지 못한 채 지구의 모험을 즐기고 있는 셈이다. 그 모험의 대가는 우리가 치르지 않는다. 아무런 이유도 없이 혹독한 대가를 짊어져야 할 인류의 후손들을 기억해야 할 것이다.

수질등급별 지표생물

지표생물을 이용하면 그 지역의 환경 조건이나 오염 정도를 알 수 있다. 수질 오염도를 나타내는 지표로 BOD(Biochemical Oxygen Demand, 생화학적 산소 요구량)를 사용한다. BOD는 20°C에서 5일간 수중에 존재하는 혼합미생물군에 의해 유기물이 분해될 때 소모되는 산소의 양으로 유기물의 양을 간접적으로 측정하는 것이다. mg/ℓ 또는 ppm으로 나타낸다. 이 값이 높을수록 유기물의 양이 많다는 것을 의미하고, 유기물의 양이 많을수록 산소 소비량이 증가하여 물고기가 살 수 없게 된다.

수질	기준(BOD)	특징	지표생물
1급수	1ppm 이하	오염되지 않은 깨끗한 물로서 간단한 정수로 식수 사용이 가능	옆새우, 플라나리아, 버들치
2급수	3ppm 이하	식수 사용이 가능하고 수영도 할 수 있다	꺽지, 피라미, 은어, 장구벌레, 개구리밥
3급수	6ppm 이하	식수로 적합하지 않으며 공업용수로 사용	거머리, 붕어, 잉어
4급수	6ppm 이상	식수로 사용할 수 없고 오랫동안 접촉하면 피부병을 일으킨다	실지렁이, 깔따구, 종벌레, 꽃등에

더운 지구가 바다를 죽인다

인간활동은 온실가스(greenhouse gas)를 증가시키고 있다. 백여 년 전 측정되기 시작한 이래로 현재의 기온이 가장 높다는 것에는 과학적으로 의심의 여지가 없다. 약 3,250평방킬로미터에 이르는 남극 대륙의 라르센-B 빙붕(氷棚)에서 갈라져 나온 얼음 덩어리가 2002년 초반에 대륙 서쪽에 유입되기도 했다. 이것은 1950년대부터 남극의 온도가 섭씨 2.5°C 올라간 데서 비롯된 것으로 여겨지고 있다. 과거의 기후를 연구하는 과학의 한 분야인 고기후학(Paleoclimatology)의 연구에 따르면 지구는 현재 과거 12만 5천 년 동안의 가장 높은 평균 기온의 1°C 이내에 있다. 그러나 미국 항공우주국의 과학자들에 따르면, 지난 과거 30년의 온난화율은 이전의 측정이 기록된 전 기간에서 어떤 기간보다도 앞서고 있다. 그리고 이것은 온실가스의 누적 때문이라고 생각되고 있다.

미 항공우주국이 지구 기후변화를 추적하고 기상예보의 정확도를 높이기 위해 2002년 5월 4일 쏘아올린 아쿠아(Aqua) 위성의 영상자료. 6개의 센서를 정착하고 있는 아쿠아 위성은 물 순환, 지구의 자외선 균형에 관한 조사를 하며, 대기권의 미세입자, 오존, 일산화탄소, 메탄 등을 관측한다.

2001년 볼보 환경대상(Volvo Environment Prize)을 받은 기후학자 조지 우드웰(George Woodwell)은 현재의 기후 상태에 대해 이렇게 말했다. "전세계는 온난화되고 있다. 기후 지역이 변하고, 빙하가 녹고, 해수면은 상승하고 있다. 이는 공상과학영화의 가설적인 사건이 아니다. 이러한 변화들은 벌써 시작되었다. 게다가 인간활동의 증가로 인해 이산화탄소와 메탄 그리고 다른 배출 가스들의 대기중 축적량이 점점 증가함으로써 다음 기간에는 가속화될 것으로 예상된다." 일부 연구자는 2100년까지 $1.4°C$에시 $5.8°C$까지 높아질 것이라는 주장을 내놓기도 한다. 물론 지구온난화의 불확실한 사실에 쓸데없는 걱정을 하지 말라고 말하는 사람도 있는 게 사실이다.

컨베이어의 붕괴

어쨌든 지구를 덮고 있는 온실가스는 대재앙을 품고 있다. 하지만 그 위험을 실감하는 건 쉬운 일이 아니다. 온도 상승이 점진적으로 일어나고 있는 탓이다. 온실가스는 복잡한 해류 체계에도 영향을 끼쳐 지구 기후를 조절하는 기능을 마비시킬 가공할 만한 위험을 지니고 있다. 일부 지역에서 이산화탄소의 집중이 2020년 즈음에 550ppm에 도달하면, 적도 지역에서는 3°C 증가가, 고위도 지역에서는 약 10°C 증가가 예상된다. 지구 생태계에 치명적인 위협이 될 수도 있는 일이다. 이런 위협이 공포로 느껴지면서 어떤 급진적 환경론자는 바닷가의 부동산을 팔라고 권유하기도 한다.

지구온난화로 인해 섬세하게 균형을 유지하고 있는 해류 순환 시스템인 컨베이어(conveyor)는 열과 습기를 수송하면서 지구의 기후를 지배하고 있다. 만일 이 시스템이 붕괴된다면 지구 온도가 크게 떨어져 육지가 황폐화되는 사태를 맞이하게 되는 것이다. 일부 지역의 경우 연평균 기온이 영하 20도 이상 떨어져 동토가 될 수도 있다. 게다가 대류 시스템의 마비로 해상 생태계가 서서히 말살될 가능성마저 제기되고 있다. 실제로 남극 대륙 북단의 빙하가 바다 위로 나간 '빙해'가 크게 줄어 빙해 속에서 자라는 조류를 먹고 사는 크릴의 개체수가 급격하게 감소될 위기에 처해 있는 실정이다.

현재 지구 차원에서 해류 순환의 수평 체계를 유지시키는 동력은 북대서양의 차고 짠 바닷물이다. 이 물은 따뜻한 담수보다 밀도가 더 커 해양 밑으로 가라앉아 거대한 플랜저처럼 바닷물을 밀어 올리는 구실을 한다. 이런 기작으로 운반되는 바다 밑 해류의 양은 세계의 모든 강들을 합친 물의 양보다 16배나 더 많다. 북대서양에서 출발한 바닷물은 아프리카 남단에서 남극에서 도달한 물과 합쳐져 수온이 내려가게 된다. 다시 이 물이 북쪽으로 되돌아오면서 태평양과 인도양 수면에서 온도가 상승해 떠오른다. 이런 과정을 되풀이하는 동안 해류가 순환하면서 지구 기온을 조절하는 것이다.

해양은 지구 면적의 71%를 차지하고 있다. 바닷물이라고 해서 모두 같은 것은 아니다. 인도양 적도 부근의 물은 너무 따뜻해서 가라앉지 않고, 북태평양의 물은 차갑지만 충분한 염분을 함유하지 못해 바닷속 깊숙이 가라앉지 못한다. 이런 까닭에 지구 규모의 바람이 불게 되고, 비나 눈이 내리게 되는 것이다. 그런데 지구온난화로 온도가 상승해 바다에 떠 있는 빙하가 녹고 더 많은 비가 내리게 되면 해류 순환에 치명적인 영향을 끼친다. 가령 풍향의 변화와 대기 먼지량의 변동이 동시에 작용한다면 일시에 해류 순환을 멈추게 할 수도 있다. 북대서양의 바닷물의 염도가 떨어지고 밀도가 낮아져 바닷속으로 가라앉는 현상이 일어나지 못하는 탓이다. 그렇게 된다면 지구 기후 시스템이 갑작스럽게 교란돼 엄청난 기후변화가 일어나게 된다.

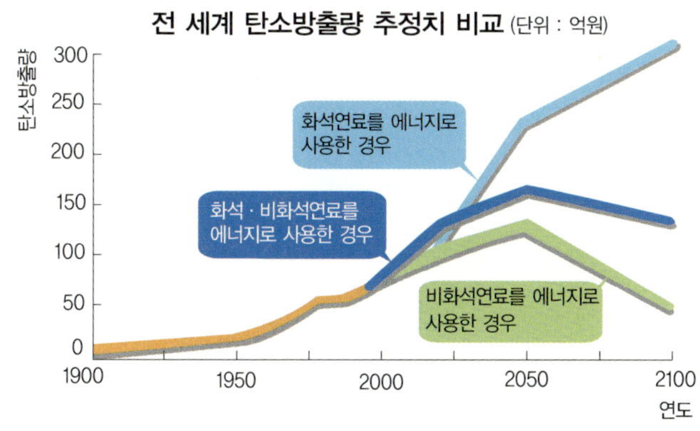

컨베이어 시스템이 해류의 수평 이동으로 지구적 차원의 기후변화를 일으킨다면, 대류 시스템은 수직적인 방향의 지역적인 해류 순환에 영향을 끼친다.

대류 현상은 액체나 기체가 가열돼 팽창하면, 주위의 차갑고 무거운 물질보다 밀도가 낮아지고 가벼워져 상승하게 되는 걸 일컫는다. 해양에서 차가운 물은 상승하는 물의 빈자리를 메우기 위해 하강했다가 어느 정도 가열되면 다시 상승해 순환하는 과정을 되풀이한다. 예컨대 주전자의 물을 가열할 때 물이 빨리 데워지는 것은 바로 대류의 영향이다. 열의 전달이 전적으로 전도에 의해서만 이루어진다면, 액체의 열전도성은 매우 낮기 때문에 주전자의 물을 가열하는 데 많은 시간이 걸릴 것이다. 그럼에도 주전자의 물이 빨리 끓는 것은 바로 대류에 의해 열의 분산이 잘 이루어지는 까닭이다. 해양에서 대류 시스템은 1930년대 처음으로 측정됐다. 당시 해수면에서 2천5백 미터까지 대류의 영향을 받는 것으로 파악됐다. 하지만 그 깊이가 더운 지구의 영향으로 차츰 줄어들고 있다. 해양 대류는 수직으로 바닷물의 순환 시스템을 만들어 해저 먹이사슬을 형성하는 데 한몫 한다. 겨울철에 산소가 풍부한 해수면 부근에서 차가워진 물이 아래쪽으로 내려가면서, 산소가 공기와 반응해 심해로 녹아 들어가는 것이다.

해저에서 유기물을 분해하는 박테리아는 산소를 안정적으로 공급받아 성장을 촉진한다. 심해의 따뜻한 물이 뒤섞인 바닷물은 다시 수직으로 상승하면서 식물성 플랑크톤의 성장에 필요한 무기물을 위쪽으로 가져오는 것이다. 이런 과정을 통해 바다 생태계가 안정적으로 유지된다. 그런데 최근 한반도와 일본 열도, 러시아 극동 지역을 둘러싸고 있는 동해의 대류 시스템이 붕괴되고 있다고 한다. 일본 규슈 대학 응용역학연구소의 윤종환 박사(해양물리학)가 "지구온난화로 동해의 대류가 약해지면서 심해까지 산소를 공급하는 시스템이 차츰 무너지고 있다"는 충격적인 내용의 보고서를 내놓았다. 그에 따르면 동해가 언젠가는 '죽음의 해역'이 될 수도 있다고 한다. 바다 생명체가 살아가는 데 필수적인 대류 시스템이 작동하지 않는다면 이는 충분히 가능한 일이다. 심해의 산소량이 0에 가깝게 된다면 해저는 물론이고 해수면에까지 영향을 끼쳐 해양 생명체가 서식하기 어려운 탓이다. 윤 박사는 그 시기를 앞으로 350년 뒤로 예상하고 있으며, 지난 50여 년 동안 지구온난화로 인해 동해 북부의 평균 해수온도가 섭씨 1.5~3도 상승했다고 밝혔다.

플랑크톤 감소

지구온난화로 겨울철에 해수면이 따뜻해지면 대류 시스템이 작동할 수 있는 깊이는 줄어들 수밖에 없다. 바닷물이 따뜻해져 깊이 내려가지 못해 산소 공급이 제대로 이루어지지 않는 것이다. 당연히 해양 먹이사슬의 근간이 흔들리게 된다. 이미 북태평양 동부 지역에 서식하는 생물체들은 장기적인 먹이 부족으로 심각한 위기를 겪고 있는 것으로 알려졌다. 무엇보다 해수 온도 상승으로 대류가 원활히 이루어지지 않아 심해에서 올라오는 무기물이 줄어 동물성 플랑크톤의 개체 수가 감소한 탓이다. 동물성 플랑크톤은 대부분 바다 표면을 주 서식지로 삼으면서 해양 생태계 먹이사슬의 하부구조를 형성하고 있다. 이런 동물성 플랑크톤이 크게 줄면 이를 먹이로 삼는 어류와 무척추동물 벌레, 갑각류 등이 영향을 받게 된다. 이미 태평양 북부산의 큰 연어인 치누크연어와 해양 조류 등의 어족이 크게 줄기도 했다. 이런 현상이 가속화된다면 전체 해양 생태계가 심각한 지경에 이르게 될 것은 불을 보듯 뻔한 일이다.

대류 시스템의 붕괴로 인한 해양 동물의 먹이 부족 사태는 기후변화가 주요 원인으로 꼽힌다. 엘니뇨 같은 자연 현상으로도 해수 표면 온도가 상승하지만 결정적으로 작용하는 것은 지구온난화이다. 아직까지 해수 표면 온도 상승이 해저 몇 미터까지 영향을 끼치고 있는지는 명확히 밝혀지지 않았다. 그 영향이 크게 나타난다면 지대가 낮은 곳이 바닷속으로 잠기게 될 것은 자명한 일이다. 대류를 통한 해류 순환이 이루어지지 않는다면 해저 생물들이 산소와 먹이를 공급받을 길이 막힐 수밖에 없다. 미래자원의 공급지로 중요성이 갈수록 커지고 있는 해양 생태계가 위기를 맞이하는 셈이다. 게다가 바다에서 올라오는 무기물이 줄어 플랑크톤이 사라진다면 지구온난화가 가속되어 대류 시스템이 약화되는 악순환을 피하기 어렵다. 지구온난화로 인해 해류가 붕괴되고 대류 시스템이 마비된다면 동해는 물론 전세계 해양 생태계는 바닷속 불모지대가 될 수밖에 없을 것이다.

수소가 미래를 달린다

　　말도 많고 탈도 많은 지구온난화. 이것을 획기적으로 낮출 방법이 없는 것은 아니다. 가장 확실한 방법은 경제의 몰락이다. 굴뚝 경제가 무너지면 개발로 인한 온실가스 배출이 줄어들기 때문이다. 실제로 1990년 소비에트연방 붕괴에 따른 동유럽의 불경기는 이산화탄소 방출량을 극적으로 낮췄다. 온실가스가 경제 성장에 비례한다는 사실을 보여주는 대목이다. 사람들의 수입이 늘어나면 자동차, 에어컨 등 에너지를 많이 사용하는 상품의 수요가 늘어나 지구온난화를 조장하게 된다. 화석연료인 휘발유로 인한 대기중의 탄산가스 배출량은 전세계 탄산가스 배출량의 13% 정도를 차지하고 있다. 인구 증가를 억제하는 것도 탄산가스 배출을 줄이는 하나의 방법이 될 수 있을 것으로 보았다. 하지만 효과는 신통치 않다. 인구 증가가 둔화 추세에 있음에도 온실가스는 크게 낮아지지 않는다. 지구온난화를 막기

수소 경제가 21세기의 화두로 떠오르고 있다. 엄청
난 폭발력을 지닌 수소가 경제를 이끌기 위해서는
가스를 안전하고 경제성 있게 보관할 수 있는 방법
이 해결되어야 하고 수소 제조 과정의 효율성을 높
여야 한다.

위해 일부러 경제를 망가뜨릴 순 없는 노릇이다. 그렇다고 인구를 줄
이기 위해 세계대전을 감행하라는 엽기적인 해결책을 내놓을 수도
없다.

차세대 에너지원

온실가스 감축을 위한 획기적인 해결책은 여전히 난망하다. 국제
사회의 합의에 기대를 걸기도 했지만 아직 성과를 보진 못했다. 1997
년 12월 일본 교토에서 열린 기후변화협약 제3차 당사국총회에서 각

국의 방출량 감소에 대한 법적 구속력을 갖는 의정서를 채택했다. 하지만 미국을 비롯한 일부 국가에서 교토 의정서의 비준을 거부해 해결의 실마리를 찾지 못하고 있다. 온실가스의 재앙에 속수무책인 현실이다. 사륜구동 차량에 높은 연비 기준을 설정하고 에너지 사용에 높은 세금을 부과하는 정책 등도 어림없다. 재생 가능한 에너지원에 관심을 기울이는 이유가 여기에 있다. 현재까지 풍력이나 태양열, 지구열, 바이오매스(biomass) 등은 지구 에너지 수요의 2% 정도를 감당할 뿐이다. 5%를 차지하는 원자력은 지구온난화에 이롭다 해도 사용 과정이나 사용 뒤 방사능 오염을 일으켜 믿음직한 대안은 아니다.

그렇다면 화석연료의 재앙을 막을 대체 에너지원은 무엇일까. 그동안 화석연료를 대체할 에너지원으로 천연가스나 메탄올 등 적잖은 후보군이 나왔다. 하지만 어느 것도 '차세대 에너지원'의 자리를 꿰차지는 못했다. 현재 가장 가능성을 인정받는 대체 에너지원은 바로 '수소'이다. 바닷물만큼 흔한 원료 공급원이 있고, 사용 과정에서나 사용 후에 다시 물로 순환되는 재생 가능한 에너지원이기 때문이다. 게다가 환경문제를 해결하는 청정에너지라는 장점도 있다. 화석연료는 사용 후에 산화질소와 분진 등 대기오염 물질을 내뿜어 지구온난화에 치명적인 영향을 끼친다. 이에 비해 수소는 무해 가스여서 공기 중에 유출되더라도 위험이 없다. 이런 수소는 연료전지는 물론 놀라운 폭발력을 자랑하는 미사일과 제트기의 추진연료, 화학공장의 공정 가스 등으로 쓰인다. 이들은 수소 특유의 폭발력을 이용한 것들이다.

이런 가운데 수소를 경제개발의 핵심 화두로 삼은 국가도 있다. 아이슬란드는 1조 배럴이 넘는 석유가 모두 바닥날 것으로 예상되는 2040년을 두려워하지 않는다. 오히려 화석자원에서 탈출해 '수소 경제'를 실현하겠다는 야망을 키우고 있다. 아랍 산유국들을 대표하는 석유수출국기구(OPEC)를 대신하는 '수소생산국기구'(HYPEC, Organization of Hydrogen Producing Countries)를 설립해 수장국이 되겠다는 야심찬 포부를 키워가고 있다. 아이슬란드의 신에너지 연구자들은 수도 레이캬비크 도심에 떠도는 화석연료의 부산물을 말끔히 씻는 게 2020년이면 가능하다고 믿는다. 아이슬란드는 화석연료에 의지하지 않는 수소에너지를 사용해 자동차는 물론 건물의 난방까지 해결해 스모그와 온실가스 등을 완전히 추방하려고 한다. 개발과 환경이라는 두 마리의 토끼를 잡겠다는 아이슬란드는 지금 21세기형 에너지인 수소 시대를 맞이하고 있는 셈이다.

그렇다면 왜 아이슬란드는 새로운 에너지원으로 수소를 선택한 것일까. 수소에너지는 화석연료나 원자력이 넘볼 수 없는 장점을 갖고 있다. 무엇보다 석유 매장지가 중동 등에 밀집된 것과는 달리 수소는 지구촌 어디에서나 물을 통해 손쉽게 얻을 수 있다. 수원지 확보 전쟁이 벌어질 염려도 없다. 물의 전기분해로 만들기 때문에 얼마든지 재생 가능하다. 어느 나라든 기술력과 경제력만 있으면 얼마든지 수소를 에너지로 전환할 수 있는 것이다. 당연히 OPEC처럼 막강한 힘으로 가격을 통제하는 기구도 나타나기 힘들다. 게다가 수소는 연소할 때 공해물질이 거의 없는 청정에너지원이다. 현재 대부분의 수소는 석유나 천연가스, 석탄 등 화석연료에서 나온다. 화석연료를 처리하는 과정에서 수증기와 함께 배출되는 것이다. 수소가 연료로 전환되는 과정은 단순하다. 가장 오래된 방법인 전기분해법은 H_2O 분자에 전자이온으로 충격을 가해 수소를 분리한다. 분리된 수소는 연료전지 속에서 산소와 재결합해 전기를 띤 이온이 모터를 돌리게 된다. 부산물이라고 해봐야 수증기 형태의 물 분자밖에 없다.

이렇듯 수소는 온실가스를 배출할 염려도 없고 지구온난화의 재앙을 떠올리지 않아도 된다. 이런 가능성을 바탕으로 1992년 캐나다 밸러드 파워 시스템즈(Ballard Power Systems)사는 수소동력 버스를 선보이기도 했다. 이 버스는 150kW(킬로와트)의 힘을 냈다. 하지만 수소연료는 오랫동안 단지 가능성에 지나지 않았다. 휘발유만큼이나 인화성이 강한 수소를 담을 탱크와 컨테이너 기술을 확보하기 힘들었던 까닭이다. 수소가 미래의 궁극적인 에너지 시스템으로 자리잡을 가능성을 부정하는 연구자는 현재 거의 없다. 그렇다고 수소가 다루기 쉬운 에너지원인 것은 아니다.

일부 과학자들은 수소 저장장치를 차량에 장착하는 데 따른 강력

수소자동차 모델과 내부 모습. 수소자동차는 내구성이 탁월한 금속 저장탱크를 차량에 정착해야 한다.

한 위험성을 경고한다. 현재 차량의 주요 에너지원으로 쓰이는 가솔린이나 천연가스 등보다 훨씬 민감하게 반응하기 때문이다. 폭발 과정에서 엄청난 사고를 일으킬 위험이 도사리고 있는 것이다. 실제로 1937년에 발생한 수소 추진 비행선 '힌덴버그'의 공중 폭발 사고는 대표적인 사례로 꼽혔다. 35명의 생명을 앗아간 이 사고는 당시 수소가 폭발해 일어난 것으로 여겨졌다. 하지만 60년이 지난 1997년에 사고 원인이 비행선의 인화성 외장재에 있었던 것으로 밝혀졌다. 수소가 비행선 폭발의 주범이라는 오랜 불명예를 씻은 것이다. 그럼에도 수소의 파괴력은 여전히 두려움을 안겨준다.

이러한 위험성에도 불구하고 수소의 장점을 무시할 수는 없는 일이다. 수소자동차는 가솔린을 사용하는 자동차보다 열효율이 우수하다. 또한 내연기관의 일부만 개량해도 수소를 연료로 사용할 수 있다. 하지만 아직까지는 기존의 연료탱크를 수소 저장탱크로 바꾸는 데 안정성을 확보하지 못했다. 일본의 무사시 기술연구소와 독일의 BMW 등이 액체수소 저장탱크를 장착한 수소자동차를 개발하고 있다. 국내에서도 현대자동차가 수소 저장 합금을 이용한 수소자동차 시제품을 제작하기도 했다. 요즘에는 연료전지로 구동하는 수소자동차 연구가 놀라운 성과를 거두고 있다. 일본의 도요타가 생산하는 '프리우스'는 가솔린 엔진과 니켈-수소 배터리를 사용하는 하이브리드 시스템을 채택하고 있다. 5인승 승용차로 차량 중량 1,240kg에 연비 28.0km/ℓ로 높은 효율을 자랑한다.

최근 수소는 궁합이 맞는 촉매제를 만나 최후의 청정연료로 거듭날 태세다. 꿈의 촉매제는 세탁비누에 들어가는 성분인 '보랙스(Borax)'다. 분말 형태의 보랙스를 물에 녹이면 연료전지 자동차에 동력을 공급한다. 보랙스가 나트륨 붕소수소화물을 만나 반응하면서 수소 기체가 형성되고 공기에서 유입되는 산소와 함께 연료전지를 작동시키는 것이다. 이를 이용하면 특별한 수소 저장탱크가 없어도 수소를 연료로 사용할 수 있다. 연료가 연소하면서 대기오염 물질을 배출하지 않고 온실효과를 일으키는 부산물도 만들지 않는다. 이른바 무공해 수소 시스템을 실현하는 것이다. 보랙스를 이용해 수소자동차를 운행하면 연료전지에 수소를 공급하는 나트륨형 자동차보다 성능을 높일 수 있다. 나트륨형 자동차는 자동차 속도를 0에서 27킬로미터까지 높이는 데 16초나 걸린다. 이에 비해 나트륨 붕소수소화물은 로켓 추진연료로 쓰일 정도로 폭발력이 좋아 훨씬 성능을 개선시킬 것으로 예상된다.

연료전지형 컨셉트 카로 개발된 제너럴모터스사의 '오토노미(AUTOnomy)'. 이륙하는 비행기의 모습에서 고안된 이 차는 연료전지, 전기구동모터, 수소 저장탱크 등을 갖추고 있다.

나노형 수소탱크

수소를 이용한 청정연료라 해도 시장에서 인정받기는 쉽지 않다. 무엇보다 경제성이 문제다. 수소연료 공장과 충전소를 세우는 데 막대한 비용이 들어간다. 미국만 해도 190억 달러나 되고, 영국이 15억 달러, 일본이 60억 달러로 추산된다. 원재료와 생산, 유통 방식에 따라 수소 1킬로그램(화석연료 1갤런의 에너지 효율성을 지닌다)의 가격은 가솔린이나 디젤유 1갤런보다 4배에서 6배까지 비싸다. 수소연료의 단가를 최대한 낮추어 기름값의 두 배만 된다면 나름대로 상업성을 지닐 것으로 예측된다. 그런데 상업성 측면에서 나트륨 붕소수소화물의 경우는 더욱 심각하다. 보랙스를 이용하기 위해서는 비슷한 양의 휘발유보다 50배나 비싼 값을 치러야 한다. 충전소를 세워 나트륨 붕소수소화물을 차에 충전하는 데 그치지 않는다. 차에서 배출된 폐기물인 나트륨 붕산염을 다시 재활용 시설로 보내야 한다.

수소연료가 기술의 뒷받침으로 가격 경쟁력을 확보하면 모든 동력에 전력을 공급할 수도 있을 것이다. 언젠가는 탄소 나노튜브를 사용한 고체 상태의 수소 저장용 매체가 시장을 장악할 것으로 예측된다. 하지만 청정연료의 대중화는 당장의 일이 아니다. 적어도 수십 년은 지나야 가능할 것이다. 청정연료 자동차는 에너지 경제의 변화와 개인적인 이동을 제약하지 않으면서 환경을 지속할 수 있는 가능성을 보여주지만 이것이 근본적인 해결책은 아니다. 도시교통의 에너지 절약을 위한 아주 특별한 대책이 필요하다. 농촌의 혁명적인 변화가 없다면 도시의 인구가 늘어나는 것은 당연한 일이다. 당연히 교통량도 늘어나게 마련이다. 거기에서 예기치 않은 문제가 발생할 게 틀림없다.

　세계 인구 가운데 10억 명은 도보권 내에서 생활하고 있으며 30억 명은 버스와 자전거로 다니고 있는 가운데 인류의 12%인 7억 명이 자동차를 소유하고 있다고 한다. 지금의 증가 추세라면 2020년 무렵에는 전세계 인구의 15%가 마이카 족이 될 것으로 예측된다. 현재 전세계 자동차의 75%가 미국과 유럽, 일본에 집중되어 있다. 우리나라 시장도 자동차 판매 증가 추세가 높은 8개국에 포함돼 있다. 교통정책이 철저히 대량수송수단 위주로 바뀌어야 하는 이유가 여기에 있다. 인구 증가에 대비하는 대량수송수단을 확충해야 한다. 각국의 교통계획은 자동차 중심에서 벗어나야 한다. 대도시의 주차공간이 부족하다는 이유로 주차장을 계속 늘이는 방법도 실효성을 잃었다. 1989년에 당시 파리 시장인 사크 시락은 파리 시내의 모든 노변주차장을 일시적으로 폐쇄하는 주차제한을 실시했다. 그 결과 교통량이 크게 줄어들었다. 우리나라도 이제 대형 건물에 주차 대수를 늘리도록 할 게 아니라 일정 수준 이하로 제한하는 정책을 추진해야 할 것이다. 이제 자동차는 삶의 질을 떨어뜨리는 주범이 되었다.

가정에 세우는 '청정 발전소'

울산 현대호텔의 전력은 한전의 송전선에서 들어오지 않는다. 대형 보일러를 가동하지 않아도 객실의 온수를 충분히 공급할 수 있고 난방도 무리 없이 해결한다. 때로는 호텔의 전력이 남아돌아 근처에 있는 현대병원에 전력을 공급하기도 한다. 가스를 이용해 자체 전력을 생산하기에 기존 전력시설을 이용하는 건 부하가 심한 여름철 잠깐뿐이다. 현대호텔이 누리는 이런 혜택은 '연료전지(Fuel cell)' PC 25가 있기에 가능한 일이다. 미국의 ONSI사가 1992년 세계 최초로 상용화에 성공한 PC 25는 전세계적으로 2백여 기가 가동중에 있다.

이런 200kW급의 연료전지는 대부분 산업용 시설이나 특별한 시설의 예비전력용으로 쓰이고 있다. 비싼 설치비용이 대중화의 결정적인 걸림돌이지만 국가적인 지원책이 마련되면서 환경친화적 전력 시스템으로 널리 쓰일 전망이다. 이미 미국은 연료전지 구입자에게 설

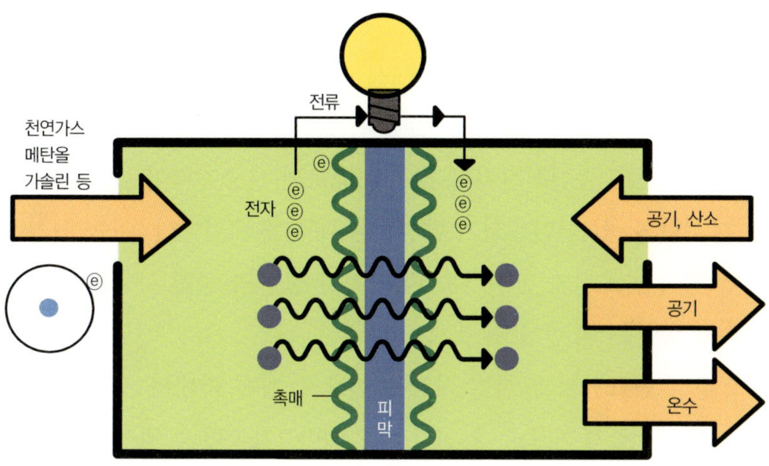

연료전지는 연료가 가진 화학에너지를 화학반응에 의해 직접 전기에너지로 바꾸는 에너지 전환 장치이다. 일반 배터리와는 달리 재충전이 필요 없고 연료가 공급되는 한 계속해서 전기를 만들어낼 수 있다.

치비용의 3분의 1을 보조금으로 지급하고, 세금 혜택이나 저리대출 등 특혜를 베풀고 있다. 최근에는 일반주택에서 사용할 수 있는 5〜10kW급 소형 연료전지도 잇따라 나오고 있다. 머지않아 가정의 시하실이나 마당 한구석에 발전소를 설치하는 날도 기대할 수 있다.

수소전력 생산

연료전지 발전기는 산업체나 가정에서 간편하게 사용할 수 있다. 자동차에서 연료전지를 사용하려면 많은 실행 요건을 만족시켜야 한다. 이에 비해 산업체나 가정에서는 훨씬 단순한 장치만 있으면 된다. 제너럴모터스사는 화석연료에서 추출한 수소로 작동하는 고정식 연료전지 발전기 시제품을 개발했다. 2005년 무렵에는 디지털 데이터 센터, 병원, 통신회사처럼 높은 신뢰도의 보증전력이 필요한 시설에 설치할 수 있는 연료전지 발전기를 내놓을 예정이다. 이들 시설에서 고정식 연료전지 발전기는 피크 시간 동안의 전력 사용을 차단해 비용을 줄이는 데 한몫 할 것으로 보인다.

고정식 연료전지 발전기 시장은 앞으로 계속 확대될 것으로 예측되고 있다. 초기 제품은 천연가스나 메탄, 가솔린 등에서 연료전지 구동에 필요한 수소를 추출하는 75kW급이 될 것으로 알려졌다. 이미 연료전지 발전기의 기간시설은 마련되어 있다. 현재 천연가스를 가정과 사업체로 제공하는 천연가스 파이프라인을 이용하면 된다. 여기에서 나오는 천연가스로 연료전지 발전기를 작동해 운동에 필요한 수소를 생성할 수도 있다. 산업체나 가정에 설치하는 고정식 연료전지 발전기는 더욱 소형화되면서 대용량의 전력을 생산하는 데 기여할 전망이다.

사실 연료전지는 전혀 새로운 게 아니다. 이미 1839년 영국의 물리학자 윌리엄 그로브(William R. Grove)가 물에 전기를 가하면 수소와 산소로 분해되는 데 착안해 거꾸로 수소와 산소의 전기화학적 반응으로 전기가 발생한다는 사실을 발견했다. 하지만 당시에는 그런 기본 개념에 따른 연료전지에 대한 관심이 높지 않아 실험실의 호기심 정도에 그쳤다. 그러다가 우주탐사 계획이 본격화된 1950년대 후반부터 미국 항공우주국을 중심으로 실용화를 위한 연구에 들어갔다. 그 결과 1960년대의 제미니 우주선에 연료전지를 설치할 수 있었다. 최근의 우주왕복선 화물칸에도 소형 냉장고 크기의 연료전지가 장착되어 있다. 우주선의 생명을 유지하는 장치로 쓰이는 것이다.

연료전지는 일반 배터리처럼 화학에너지를 전기에너지로 바꾼다. 전기화학 반응으로 산소와 연료의 결합에 의해 전기를 생성하는 것이다. 그런 의미에서 연료전지는 축전지의 한 형태라고 생각할 수도 있다. 하지만 축전지와 달리 전지가 일정 기간 이내에 수명이 다하는 일이 없으며 재충전하지 않아도 된다. 연료가 계속 주입되기만 하면 지속적으로 전기를 생산한다. 연료전지는 전해질 안에 두 개의 전극이 내부에 촉매층을 갖는 샌드위치 형태로 붙어 있으며 전기와 물 그리고 열을 발생시킨다. 현대호텔에 설치된 컨테이너 크기의 연료전지 PC 25의 경우 시간당 46N의 LNG(액화천연가스)로 200kW의 전력과 17만 6천kcal의 열을 동시에 생산한다.

이런 과정을 통해 전력을 생산하는 연료전지의 이점은 무궁무진하다. 연료가 전기화학적으로 반응해 전기를 생산하는 과정에서 열이 발생하기에 총효율이 무려 85%에 이른다. 발전효율도 화력발전(40% 정도)보다 훨씬 높은 60% 안팎이다. 화석연료의 경우 연소 단계에서 나타나는 에너지 손실뿐만 아니라 송전 과정에서도 추가적인 에너지 손실을 감수해야 한다. 전기 수요자에게 이르는 과정에서 손실되는 에너지는 생산 초기의 30% 정도나 된다.

연료전지는 기존의 화력발전에 비해 효율이 높기 때문에 발전용 연료를 획기적으로 줄이고 열병합발전도 가능하다. 발전효율로만 따지면 원자력이 낫다고 여길 수도 있지만, 1999년 9월 일본의 핵연료 가공회사인 JCO사에서 발생한 '핵임계 사고'에서 보듯 원자력발전은 치명적인 사고의 위험을 안고 있다. 만일 연료전지로 생산한 전력이 남는다면 한국전력에 팔거나 다른 주택과 공동으로 사용할 수도 있을 것이다.

환경친화적인 무공해 에너지 기술이라는 것도 빼놓을 수 없는 장점이다. 지금의 화력발전은 전력 생산 과정에서 막대한 황과 질산화합물을 발생시켜 산성비와 스모그를 유발하고 다량의 일산화탄소를 배출해 지구온난화에 영향을 끼친다. 이에 비해 연료전지는 산화질소 배출이 거의 없으며 일산화탄소 배출도 절반 정도에 그친다. 소음도 없이 조용하게 작동하고 폭풍이나 자연재난으로 인한 피해도 거의 없다. 일기의 영향이나 송전선 사고로 인한 예기치 않은 단·정전이 발생하지 않는 것이다. 게다가 도심 지역이나 건물 내 설치가 용이해 경제적으로 에너지를 공급할 수 있을 뿐만 아니라 천연가스, 도시가스, 나프타, 메탄올, 폐기물가스 등 주변에 흔한 물질을 연료로 사용할 수 있다.

최근 연료전지는 효율성과 청정성이 주목받으면서 사용 영역이 갈수록 넓어지고 있다. 미국 플러그 파워(Plug Power)사는 1998년 가정에 전기를 성공적으로 공급하는 최초의 주택용 연료전지를 선보였다. 플러그 파워사가 시제품으로 내놓은 '플러그 파워 7000'은 냉장고와 에어컨, 식기세척기, 텔레비전, 전자레인지 등의 가전기기에 전

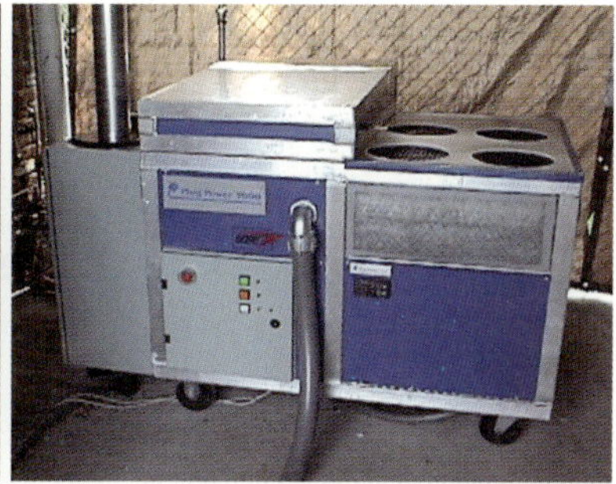

연료전지가 공장과 호텔, 주택 등으로 들어오고 있다. 밸라드 제너레이션 시스템즈사의 250kW급 고분자 전해질형 연료전지 플랜트(왼쪽)와 최초의 주택용 연료전지인 플러그 파워사의 7kW급 '플러그 파워 7000'(오른쪽)

력을 완벽하게 공급하고 있다. 송전선 없이 안정적으로 전기를 만드는 것이다. 미국 전력연구원(EPRI)과 아메리칸 일렉트릭 파워(AEP)사도 주거지와 상가 지역을 위한 연료전지 개발을 추진하고 있다. 연구자들은 주거용이나 소형 빌딩 등을 위한 연료전지 시장이 한 해에 1백억 달러에 이를 것으로 내다보고 있다.

대중화로 단가 낮춰

그렇다고 연료전지 시장이 탄탄대로인 건 아니다. 무엇보다 과다한 연료전지 설치비용이 장벽이다. 지금 시판되는 연료전지의 kW당 단가는 4백만원에 이른다. 10여 가구를 위한 50kW짜리 연료전지를 설치하는 비용이 무려 2억원 정도라는 얘기다. 이에 비해 현재의 화력발전에 따른 비용은 kW당 120만원 미만이다. 장기적으로 저렴하고 환경문제를 해결하는 방식이라 해도 2천만원을 웃도는 설치비용은 만만한 액수가 아니다. 발전 시스템을 이루는 기기의 재료가 강철이나 저렴한 소재임에도 연료전지의 kW당 단가가 비싼 이유는 해마다 수억 달러를 투자하는 연구개발비에 있다. 게다가 연료전지의 수명이 한정적이라는 것도 대중화를 가로막는 요인이다. 아무리 우수한 연료전지라도 수명은 기껏해야 10년 정도이다. 물론 신기술이 뒷받침되고 대량생산이 이루어지면 연료전지의 kW당 단가를 획기적으로 낮출 수 있을 것이다.

연료전지의 상업적 가능성을 의심하는 사람은 거의 없다. 아직 기존 발전 시스템을 대체하기에 고비용이라는 문제가 있지만 기술혁신으로 돌파할 가능성이 높다. 그런 기술은 현재 미국이나 캐나다, 일본, 독일 등이 연구개발을 선도하고 있다. 우리나라도 한국에너지기술연구원과 한국전력공사, 한국과학기술원 등을 중심으로 인산형, 용융탄산염형 등 1, 2세대 연료전지 국산화에 박차를 가하고 있다. 나아가 고체전해질(세라믹)을 이용한 3세대 연료전지도 관심을 기울이고 있다. 우리 기술로 만든 연료전지가 가정마다 보급되어 전기와 난방, 온수를 함께 뽑아 쓰는 게 가능할 날은 언제일까. 원자력발전 신화에 사로잡힌 정부의 공급 일변도 전력수급계획이 바뀌지 않는다면 그날은 요원할 수밖에 없다.

나노 입자가 태양을 다스린다

미국 캘리포니아 주 샌디에고 시에 있는 해군 기지에는 아주 특별한 에너지원이 있다. 하루 수천 대의 자동차가 드나드는 주차장의 지붕을 태양전지 집열판으로 설치한 것이다. 집열판은 폭 12m에 길이 800m로 지금까지 만들어진 태양열 시설 가운데 가장 큰 규모다. 파워라이트사가 제작한 3천 개 이상의 광전지판은 하루에 약 750kW의 전력을 생산한다. 그뿐 아니라 일정한 양의 빛을 발산해 주차장 내부를 밝게 해주기도 한다. 일반 가정집에서도 이런 태양열 집열판을 사용하면 주택의 구석구석을 항상 밝은 채광을 유지하며 전력 소비를 줄일 수 있다.

현재 인류가 주요 에너지원으로 삼고 있는 화석연료는 고갈을 향해 치닫고 있다. 세계의 채굴 가능 석유 총량은 심해 극지방 타르 석유를 합해 2조억 배럴 안팎이다. 전세계의 연간 석유 소비량은 270억

태양열은 청정 대안에너지로 대중화 단계에 접어들었다. 대형 태양열 집열판을 이용해 전력을 생산하는 태양열 단지의 모습.

배럴로 앞으로 수년 뒤면 석유 부존량이 절반 이하로 떨어진다. 이런 상황에서 태양은 화석연료를 대체할 유력한 에너지원으로 꼽힌다. 태양은 1억 5천만km 떨어진 지구에 170조kW의 에너지를 보내고 있다. 에너지대안센터(대표 이필렬 방송대 교수)에 따르면 국내 모든 지붕에 태양광전지나 태양열 집열판을 설치할 경우 전국적으로 태양광전지를 통해 4만GW 정도의 전력을 생산하고, 태양열 집열기로 연간 270만 배럴의 원유를 대체하는 효과를 얻을 수 있다고 한다.

실리콘 태양전지의 비경제성 돌파

하지만 태양을 에너지원으로 이용하기는 쉽지 않다. 기존의 태양전지 발전은 반도체의 원료로 쓰이는 실리콘 등의 무기물을 이용하는 것이었다. 이 공정은 매우 까다로워 컴퓨터 칩을 만드는 정도의 까다로운 공정을 거쳐야 한다. 당연히 막대한 비용이 들어가 태양전지 에너지는 화석연료를 이용한 것보다 10배나 비싸다. 게다가 실리콘 웨이퍼 태양전지는 형태가 제한될 수밖에 없다. 기존 태양전지는 가로 세로 $30 \times 40\,cm$의 평면 디바이스에서 최대 효율을 보였다. 이런 까닭에 그 동안 태양전지는 널리 활용되지 못하고 인공위성을 비롯한 특수 분야에만 쓰였다. 현재 인류가 사용하는 약 120억kW를 감당하고도 남을 에너지원이 널려 있어도 제대로 활용하지 못하는 형편이다.

화석연료에 기반한 인류의 삶을 크게 비꿀 수 있는 태양에너지. 그것은 실리콘 웨이퍼를 대신하는 유기고분자 물질에 달려 있다 해도 지나친 말은 아니다. 유기고분자 물질은 많은 이점을 지니고 있다. 무기물에 비해 가격도 저렴하고 다양한 재료를 이용해 플라스틱처럼 곡면, 구면 등을 자유롭게 구현할 수 있다. 면적에 따른 효율의 제한이 없기에 대면적화도 가능하다. 최근 태양전지 개발에서 주목받는 게 '포르피린(porphyrin)'이다. 포르피린은 식물 속의 엽록체 내에서 태양에너지를 생체에너지로 바꾸는 광합성을 일으키는 물질로 광전자적 성질이 잇따라 밝혀지고 있다. 하지만 단분자 자체로는 안정성에 문제가 있어 구조를 고분자 주쇄에 넣어 새로운 고분자 물질로 만드는 것이다.

이런 가운데 세계 각국은 태양전지의 효율적 사용을 위한 국가적 대책을 마련하고 있다. 미국 에너지성은 10MW의 솔라II 파일롯 플랜트 건설에 나섰고 앞으로 25년간 2000MW 이상의 태양전지 시스템을 보급할 계획이다. 일본도 정부 차원에서 '뉴 선샤인 프로젝트'를 추진하고 있다. 국토의 70% 이상이 사막인 오스트레일리아와 일조량이 많은 뉴질랜드에서도 '밀레니엄 솔라 프로젝트'를 시행하고 있다. 석유회사들도 발빠른 변신을 모색하고 있다. 쉘(Shell)사는 이미 1999년 독일에 세계 최대의 태양전지 생산공장을 설립했고, 영국석유(BP)는 태양전지 사업 영역을 확장하고 있다. 국내에서는 SK가 연료전지 개발에 나섰고 부산대학교 신기능 발현 고분자 첨단 소재 연구사업팀이 광전자용 고분자를 연구하고 있다.

최근 태양전지의 놀라운 가능성을 보여주는 아이디어가 나왔다. 나노 복합체를 개발하는 '나노시스(Nanosys)'사의 공동 창업자인 UC버클리 대학의 화학자 폴 앨리비사토스(Paul Alivisatos) 교수가 '나노막대 고분자 태양전지' 시제품을 선보인 것이다. 앨리비사토스 교수는 나노기술을 이용해 플라스틱이나 페인트처럼 넓게 펼칠 수 있는 광기전 물질을 만들려고 한다. 이를 위해 연구팀은 전도성 고분자에 7nm×60nm 크기의 막대 모양 무기질 반도체 결정인 나노막대(Nanorod)를 첨가제로 넣었다. 이 전도성 고분자는 유연하게 휘어질 수도 있는 소재로서 실리콘 태양전지에 버금가는 에너지 변환 효율을 나타냈다. 나노시스사는 실리콘에 기초한 시스템과 같은 효율로 에너지를 생산하는 나노막대 태양전지(Nanorod Solar Cell) 제품을 앞으로 3년 이내에 양산할 것으로 기대하고 있다.

앨리비사토스가 제작한 태양전지 시제품은 불과 200nm 두께의 '나노막대-고분자' 복합체이다. 얇은 층들로 되어 있는 한 전극이 복합체 판재 사이에 끼는 구조로 만들어진다. 태양 빛이 이 판재들을 쪼이면 판재들이 광자를 흡수하고 고분자와 나노막대 속의 전자들을 '흥분' 시킨다. 이에 따라 전극으로 유용한 전류가 흐르게 된다. 연구팀은 나노막대 소재의 효율성을 높이기 위해 애초의 카드뮴셀레나이드(CdSe) 대신 더 많은 태양 빛을 흡수하는 카드뮴텔루라이드

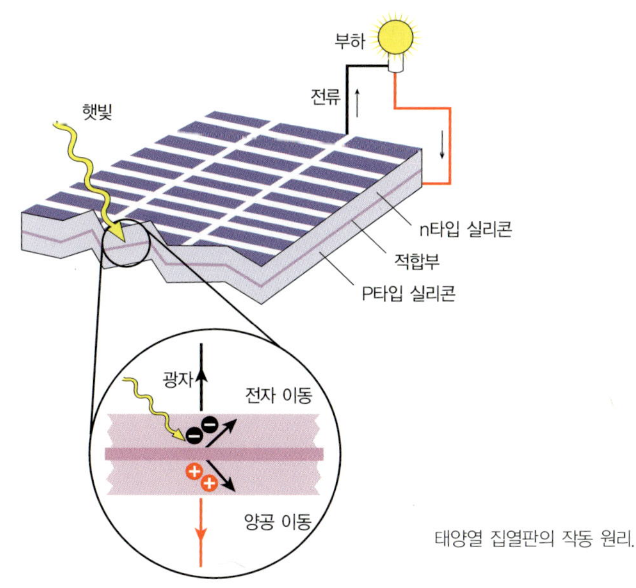

태양열 집열판의 작동 원리.

(CdTe)를 이용했다. 또한 나뭇가지 형상의 나노막대 조립의 정렬 구조로 효율을 높였다. 정렬 구조는 무작위로 혼합된 나노막대들에 비해 전기를 더 잘 통하게 했다. 나노막대 태양전지들은 쭉 펼쳐진 모양으로 잉크젯 프린팅하거나 표면에 칠해서 만들 수도 있기에 지하철 광고판 크기의 집광판을 만드는 것도 가능하다.

광기전 물질로 태양열 모아

이들의 나노막대 태양전지가 실리콘 태양전지를 완전히 대체할지는 불확실하다. 얼마든지 더 나은 소재의 차세대 태양전력 기술이 나올 수도 있기 때문이다. 캔사스 주립대학의 화학자 데이비드 켈리(David F. Kelley) 교수도 고효율의 칼륨셀레나이드(GaSe)와 인듐셀레나이드(InSe) 나노입자를 개발했다. 이 나노입자는 가시관을 흡수하지만 전압을 감소시킬 수 있는 스펙트럼의 붉은색 바깥 부분은 흡수하지 않는다. 하지만 아직까지 이들 나노입자를 이용한 태양전지 시제품은 나오지 않은 상태다. 다른 한편에서는 기존의 태양전지에 쓰이는 실리콘 양을 획기적으로 줄이고 있다. 오스트레일리아 국립대학의 지속 가능한 에너지 시스템 센터장인 앤드류 블래커스(Andrew Blakers) 교수는 특수 미세가공 기술로 실리콘을 10분의 1로 줄인 '슬리버 전지(Sliver cell)'를 개발했다.

태양전지는 지붕에 설치하는 건물의 '이동 발전소'에서 우주 발전소에 이르기까지 폭넓게 쓰일 것으로 보인다. 우주선에 태양광 돛대를 설치할 수도 있다. 미국 코스모스 스튜디오사는 울트라 급의 얇은 삼각 태양광 패널이 들어 있는 우주선을 개발하고 있다. 언젠가는 거대한 태양전지 발전소가 우주 공간에 세워져 달과 지구를 비롯한 행성 표면에 전기를 보낼 수도 있다. 미국 로체스터 기술연구소의 나노 전력실험실은 축구장 크기의 태양전지 판넬을 우주에 올리려고 한다. 연구자들은 우주 공간의 환경을 견딜 수 있는 나노 소재를 찾고 있다. 어쨌든 태양에너지는 깨끗하고 고갈될 염려가 거의 없는 에너지로 자리잡을 전망이다. 태양전지는 기름 한 방울 안 나는 우리나라가 비산유국의 설움을 씻을 기회의 에너지원이기도 하다.

식물이 오염물질을 삼킨다

요즘 계절을 가리지 않고 중국에서 날아드는 황사는 단순한 모래 바람이 아니다. 시야를 흐리게 하는 황사는 구리와 아연, 망간 등 중금속 성분을 다량 함유하고 있다. 때론 인체에 치명적인 영향을 미칠 수도 있다. 기온의 대류 현상이 멈추면 중금속 물질들은 대기중에서 토양을 거쳐 수질까지 오염시킨다. 그렇게 광범위하게 깔린 중금속 물질을 한꺼번에 제거하는 것은 거의 불가능하다. 일부 시설에서 나오는 중금속 물질이나 독성 폐기물일지라도 화학약품을 이용한 응집제로 제거하려면 상당한 비용을 지불해야 한다. '물먹는 하마' 처럼 대기나 토양에 있는 오염물질을 선별적으로 빨아들이는 장치로 오염물질을 제거하면 최선일 것이다. 하지만 그건 어디까지나 희망사항일 뿐이다. 이런 상황에서 최근 생물학적 방법으로 오염원을 제거하는 기술이 환경을 정화하는 데 한몫 하고 있다.

나무와 꽃을 이용해 오염된 땅을 청소하는 '식물치료법(phyto-remediation)'이 국내외에서 관심을 모으고 있다. 해바라기 10그루는 1톤 가량의 납과 수은 등의 오염물질을 정화하는 능력이 있다.

이제껏 오염지대를 제거하는 가장 흔하고 손쉬운 방법은 유독물질을 매립하는 것이었다. 공장 부지나 농장, 군사시설 등지에 있는 중금속이나 독성 폐기물 등을 모아서 특수 매립지로 운반해 파묻는 것이다. 하지만 이 방법은 경제성이 떨어지고 오염원을 근본적으로 제거하지 못해 미봉책에 그칠 수밖에 없다. 오염물질을 운반하는 과정에서 새로운 대기오염을 일으키고 오염물질이 끝내 사라지는 것은 아니기 때문이다. 이젠 매립지를 확보해 운반하는 것도 손쉽지 않다. 오염물질을 보이지 않는 곳에 그대로 방치하는 것을 해당 지역 주민들이 극구 반대하는 탓이다. 설령 매립지를 확보한다고 해도 기업은 매립지 확보에 따른 막대한 재정적 손실을 감수할 수밖에 없다. 그래서 환경오염 물질을 배출하는 기업은 정화비용을 줄이기 위한 특단의 조처를 기대하고 있다. 어쩌면 기업의 생존이 환경문제에 달려 있는지도 모른다.

토양 미생물을 이용해 오염물질 제거

그래서 최근에는 환경적인 오염물질 처리 방법으로 생물학적 정화 방법에 관심을 기울이고 있다. 생물학적 환경정화 방법이 오염된 물이나 토양의 정화에 도입된 것은 1960년대부터이다. 이 시기에 독성물질을 분해할 수 있는 여러 토양 미생물이 발견되었다. 세균이나 곰팡이 등 미생물은 자연계에 존재하지 않는 제초제, 살충제, 냉각제 그리고 유기용매와 유기화합물 등을 분해할 수 있다. 이 방법은 화학적 방법보다 저렴하게 폐기물을 처리하기에 당시로서는 혁명적인 방법이었다. 오염물질을 제거하는 미생물은 대부분 슈도모나스(Pseudomonas)속에 포함된 것으로 1백 개 이상의 독성물질을 분해할 수 있다. 이들 미생물로부터 합성된 분해 효소들은 독성물질을 대부분 카테콜(catechol) 등으로 전환한 다음 연속 산화작용을 통해 분해한다.

하지만 미생물들은 오염물질 제거에 제한적으로 사용할 수밖에 없는 한계가 있다. 미생물은 화학적 성분이 복잡한 독성물질을 완전히 제거하지 못하고 하나의 요소만 분해하는 데 그치는 탓이다. 게다가 오염 제거를 위해 사용하는 세균들은 흔히 토양에 있는 세균들과의 생존경쟁에서 살아남지 못하는 경우도 흔하다. 오염 제거 미생물들을 활성화하기 위해 알코올이나 메탄 등을 사용하기도 한다. 하지만 그렇게 하면 또다른 독성물질을 간직한 세균이라는 문제가 있다. 미생물이 부분적으로 오염물질을 제거하는 데 탁월한 능력을 발휘해도 자체만으로 오염물질을 완전히 흡입하는 데는 한계가 있는 셈이다. 이런 문제를 해결하는 방법이 금속과 결합하는 세균을 이용해 중금속 오염을 처리하는 것이다. 많은 미생물들의 세포 표면에 중금속들이 달라붙지만 토양에서 중금속을 제거하기에는 결합력이 떨어진다. 그런데 유전자 조작을 통해 결합력을 획기적으로 높일 수 있는 것이다. 예컨대 생쥐의 카드뮴 결합 단백질이 발현하도록 세균을 조작해 중금속이 확실하게 달라붙도록 하는 식이다. 이처럼 각기 다른 단백질 성분을 가지고 있는 세균들을 사용한다면 여러 종류의 중금속을 제거할 것으로 기대된다.

최근 독성 폐기물을 제거하는 방법으로 주목받는 게 식물을 이용한 생물학적 방법이다. 식물들은 독성 폐기물들을 제거하는 데 미생물만큼 효과적이지는 못하지만 열악한 환경에서도 상대적으로 잘 자라기에 효용성이 높은 편이다. 현재 납이나 카드뮴 같은 중금속이나 기름, 살충제 등 유기 오염물질을 제거하는 데 여러 식물들을 이용하고 있다. 오염물질을 제거하는 대표적인 식물로는 우라늄과 납을 흡수하는 해바라기, 방사능 오염물질을 제거하는 유채씨, 비소(As)를 영양으로 빨아들이는 양치식물 등이 있다. 또한 고산초류는 아연을, 겨자는 납을, 클로버는 기름을, 포플러는 드라이클리닝 용재를 파괴 · 제거하는 데 쓰인다. 이런 식물은 개체의 생물학적 특성만으로 오염물질을 분해 · 제거하지만 유전자 조작이라는 단계를 거치게 되면 더욱 놀라운 기능을 발휘하게 된다. 유전자들 중에서 유용한 기능을 가진 것들을 모아 하나의 개체에 삽입해 '다기능 식물체'를 만드는 것이다. 식물들이 유전자 조작을 통해 오염해독제로 거듭나기 위해서는 수많은 난관을 거쳐야 한다. 환경오염을 정화하는 데 여러 가지 요소가 작용하는 탓이다.

유전자 조작 식물

그래서 유전자 조작 식물은 중금속을 흡착하고 대기오염을 정화하는 유전자와 함께 염분, 한파, 건조 등 외부의 악조건에 내성을 가진 유전자를 동시에 주입받는다. 토양의 중금속이나 독성물질을 제거하는 유전자 조작 식물로 널리 알려진 게 담배이다. 유전자 조작 담배는 군사훈련 지역이나 방위산업체 등에서 부산물로 나오는 PETN, GTN 등 질수계 폭빌물을 토양에서 효과적으로 제거한다. 담배의 유전체에는 질소계 폭발물의 분해효소가 포함된 미생물 유전자가 들어

국내 임업연구원은 납, 카드뮴 저항성 유전자를 삽입한 포플러를 재배하고 있다. 포플러는 드라이클리닝 용재를 효과적으로 제거한다.

있다. 이런 까닭에 일반 담배들은 질소계 폭발물이 조금이라도 있는 지역에서 자라지 못하지만, 유전자 조작 담배들은 악조건에서도 정상적으로 자라면서 폭발물질을 흡수한다. 유전자 조작 담배는 PETN, GTN 등보다 훨씬 널리 퍼져 있고 더 위험한 오염물질인 TNT 제거에도 활용될 것으로 기대를 모으고 있다.

국내에서도 유전자 조작 식물에 대한 연구가 임업연구원을 중심으로 활발하게 이루어지고 있다. 다양한 오염물질을 제거하는 유전자를 분리해 '운반 DNA'에 탑재해 우리나라에서 광범위하게 자라는 포플러나무에 삽입하려는 것이다. 현재 임업연구원 생물공학과 형질전환 실험실에서 알루미늄 내성 유전자, 대기오염을 정화하는 저항성 유전자를 개발했고 포항공대 중금속 실험실에서 구리 흡수 유전자, 납 저항성 유전자, 카드뮴 저항성 유전자를 개발해 이를 포플러에 삽입해 온실에서 재배하고 있다. 만일 온실에 있는 포플러들이 안정적으로 자라 야외 적응에 성공한다면 놀라운 성과를 기대할 수 있다. 쓰레기 매립지, 폐광지 등 오염지대의 토양을 정화하는 데 포플러나무가 쓰이기도 할 것이다. 또한 황사의 중금속을 원천적으로 봉쇄하기 위해 시원지인 중국 서북부 사막지대의 녹화사업에도 포플러를 활용할 것으로 알려졌다. 황사로 인한 중금속 오염물질 배출을 원천적으로 봉쇄하는 것이다.

그 동안 유전자 조작 식물이 오염물질을 정화하는 데 걸림돌로 지적된 것은 해독 유전자를 삽입받은 식물이 자라는 데 시간이 많이 걸린다는 점이었다. 심지어 오염물질을 제거하기까지 수년씩 준비하는 경우도 있었다. 일년생 식물의 경우 해독 유전자를 삽입받더라도 교배를 통해 얻어진 종자를 다시 파종해야 하기 때문이다. 또한 교배 과정에서 유전자들이 분리되기에 다음 세대의 식물은 부모의 유전형질을 그대로 유지하기 힘들다. 그런데 포플러는 무성번식이 용이하고 안정적인 품종 유지가 가능하다. 맹아(萌芽) 벌채를 이용해 10여 년 동안 유전적 해독제를 수확할 수 있다. 성숙한 포플러의 경우 토양에 내리쬐는 태양광선을 차단하면서 뿌리가 넓고 깊게 뻗어서 각종 유기물을 끌어 모아 오염물질을 삼키는 토양 미생물이 잘 자랄 수 있는 환경을 조성하기에 일거양득의 효과를 기대할 수 있다.

오염물질을 정화하는 유전자 조작 식물은 환경정화 비용을 획기적으로 낮출 것으로 기대된다. 하지만 오염해독제로 쓰이는 '슈퍼 트리(Super Tree)'가 생태계에 어떤 영향을 미칠지는 모른다. 무엇보다 곤충이나 야생동물이 유독성 물질이 농축된 식물을 섭취해 죽음에 이를 가능성이 높다. 곤충이 탁월한 후각기관을 이용해 독성물질을 품고 있는 식물을 피할 것으로 내다보고 있지만 모든 곤충이 그렇지는 못하다. 게다가 오염된 식물체가 또다른 오염원이 될 수도 있다. 그래서 일부에서는 중금속 등을 저장할 수 있는 유전자 조작 식물을 개발하기보다는 자연의 힘으로 정화하는 방법을 찾아야 한다고 지적하기도 한다. 하천의 부영양화를 막기 위해 보리짚을 이용하고, 육지의 폐수가 흘러드는 바닷가 습지의 오염을 막기 위해 갈대를 대량으로 심는 식이다. 첨단의 기법과 함께 자연의 힘을 빌려 환경을 해독할 다양한 방법을 찾아야 하는 셈이다.

독가스 제거하는 '플라즈마'

현재 국내의 쓰레기 소각장 수는 1만 5천여 개가 넘는다. 이 가운데 95%가 시간당 1백 킬로그램 미만을 처리하고 있으며 연간 소각량은 4백여 만 톤에 이른다. 이런 시설들이 독가스를 내뿜고 있다면…… 아무리 소각장이 필연적이라 해도, 그로 인한 독가스 배출을 방치할 수 없는 일이다. 대량의 폐기물이 배출되는 상황에서 황산화물, 질소산화물, 다이옥신, 중금속류 등 유해물질의 공포는 갈수록 증폭될 수밖에 없다. 오염물질을 배출하는 연소장치는 소각장만이 아니다. 화력발전소, 공장의 연소장치에 쓰이는 고온의 연소 챔버에서도 오염물질이 쏟아져 나온다. 쓰레기 소각장에서 배출하는 대표적인 게 다이옥신이다. 베트남전쟁 때 미군 고엽제에 불순물로 함유되기도 했다. 제초제 등의 농약을 통해서도 환경오염을 유발할 뿐만 아니라 방향족염소화합물을 소각할 때에도 생성되어 환경오염을 유

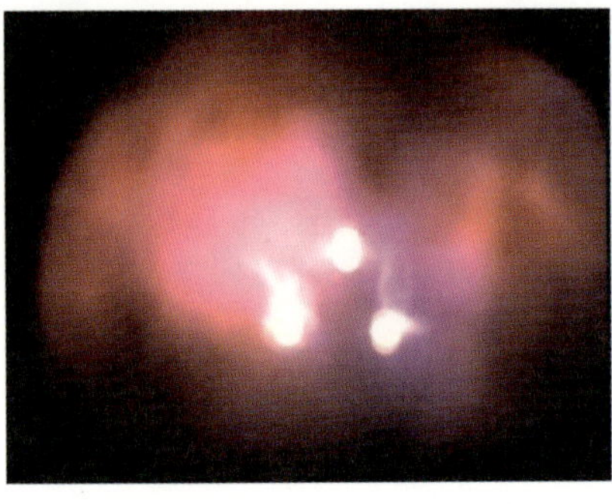

플라즈마는 고체·액체·기체(물질의 세 상태)에 이어 제4의 물질 상태라 불리기도 한다. 코로나 방전을 이용한 플라즈마 상태에서는 전자가 배기가스 분자에 충돌해 가스를 분해한다.

발한다. 1그램으로 몸무게 50킬로그램의 사람 2만 명을 죽일 수 있을 정도다. 청산가리보다 무려 1천 배나 강한 독성을 지니고 있다. 몸 속에 들어가면 간장, 신장을 파손하고 면역성 저하, 피부병, 암, 기형아, 유전자 이상, 성격 이상, 정서불안 등을 일으키기도 한다.

공포의 다이옥신

소각장의 연소 배기가스는 물론 각종 유해가스를 효과적으로 처리할 방법은 없는 것일까. 이론적으로 소각장에서 유해물질을 처리하는 방법은 간단하다. 폐기물이 유해물질을 배출하지 못하도록 완전연소시키면 된다. 하지만 쇠나 유리 같은 물질을 소각로에서 완전히 녹여 없애는 것은 쉬운 일이 아니다. 고열을 생성하는 게 어렵기 때문이다. 현재의 소각로는 섭씨 2천~3천도 정도에 그친다. 게다가 다이옥신을 열적으로 분해처리하기 위해 온도를 지나치게 높이면 '열적 녹스(thermal NOx)'라는 질소산화물이 생성된다. 열적 녹스가 발생하지 않도록 적당한 온도를 유지하는 것도 소각장 운용의 골칫거리다. 그런 모든 문제를 한꺼번에 해결하는 게 바로 '플라즈마(Plasma)'이다. 플라즈마 토치(torch)의 불꽃은 쉽게 섭씨 7천~1만 도 이상의 고열을 내뿜어 유해가스를 완전 분해한다.

플라즈마는 전자, 이온, 분자의 온도가 모두 높은 고온 열플라즈마와 전자의 온도만 높은 저온 플라즈마로 구분된다. 고온 열플라즈마는 고온을 얻을 수 있어 물질을 용융하는 데 활용된다. 저온 플라즈마는 전자의 온도만 높기 때문에 고온을 적용할 수 없는 재료나 조건에 적용할 수 있고 장치가 간단하다. 또한 다양한 화학반응을 유기하므로 유해가스 처리에 효과적이다. 일상에서의 고온 플라즈마는 아크(arc) 방전, 저온 플라즈마는 형광등의 예를 들 수 있다. 플라즈마 토치는 텅스텐으로 만든 음극과 구리로 만든 양극 사이에 아르곤과 수소를 섞은 혼합기체를 통과시키며 순간적으로 방전한다. 이 과정에서 최고 섭씨 1만 5천도의 플라즈마를 형성한다. 음전기와 양전기가 부딪칠 때 발생하는 고온의 열에너지가 혼합기체를 플라즈마 상태로 만들어 분출하는 것이다.

소각로형 플라즈마는 유기성 오염물을 열분해시키고 중금속 등은 고체 상태의 무해물로 만들어 기존 소각로에서 처리할 수 없는 폐기물을 정화시킨다. 플라즈마 토치는 소각이나 매립 등 기존의 폐기물 처리 방식과 달리 2차적인 환경오염을 걱정하지 않아도 되는 것이다. 플라즈마 토치의 출구 온도를 섭씨 1만도 이상으로 만들어야 모든 물질의 완전 연소를 기대할 수 있다. 소각로형 플라즈마 토치는 화학공장의 유해물질, 석면, 병원 쓰레기, 원자력발전소의 저준위 폐기물 등의 처리에 효과적이다. 토치 불꽃의 온도를 높이는 전기에너지 비용이 만만치 않아 일반 도시 폐기물을 처리하는 데는 경제성이 떨어지는 게 사실이다. 선진국에서도 플라즈마를 이용한 생활 쓰레기 처리는 미루고 있다. 하지만 환경을 위해서 저비용의 플라즈마 토치 개발을 서둘러 생활 쓰레기 처리에도 활용해야 할 것이다.

선진국에서의 저온 플라즈마를 이용한 유해물질 처리기술은 발전소 등의 고정 배출원과 자동차 등의 이동 배출원을 대상으로 활발히 연구되고 있다. 플라즈마 토치는 무기물을 처리하는 소각장치로 활용된다. 스웨덴의 스캔 더스트(Scan Dust)사는 플라즈마를 이용해 하루 5백 톤의 철강 쓰레기를 소각하고 있다. 국내에서도 플라즈마 토치를 수입해 원자력발전소와 철강업체의 폐기물 처리 시스템으로 활용하고 있다. 국내 시장 규모도 연간 1천8백억원에 이르기 때문에 기술개발도 활발하게 이루어지고 있다. 우리나라에서도 현대중공업이 발전소 배출가스 정화용의 NOx, SOx 및 먼지를 동시에 처리하는 실증 규모의 플라즈마 장치를 건설했고 삼성전기에서는 자동차 배출가스 정화용을 개발중에 있다. 또한 미즈노(Akira Mizuno) 등은 실험실 규모의 습식 플라즈마 반응기(wet type plasma reactor)를 이용해 소각로 배출가스 중의 다이옥신을 92%, HCl을 98%, NOx 및 SO_2를 각각 50% 저감하였다고 한다. 한국전기연구소는 오래 전에 150kW

급 플라즈마 발생장치를 이용해 방사성 폐기물, 병원 쓰레기 등을 처리할 수 있는 기술을 개발했다.

소각로형 대형 플라즈마 토치는 전기에너지 비용이 많이 드는 게 사실이다. 예컨대 1천kW급의 플라즈마 토치를 운용하는 데 한 달 전기료가 2천만원에 이른다. 그렇다고 현재의 소각장에서 나오는 중금속과 각종 유해물질이 섞인 폐수를 방치할 수도 없다. 환경을 개선하려는 노력은 인간 생명의 문제와 직결되는 까닭이다. 유해물질을 제거할 방법이 있음에도 재래식 소각장 건설에 매달리는 것은 안타까운 일이다. 환경개선에 이용될 플라즈마는 그렇게 까다로운 기술도 아니다. 고온의 챔버 속에서 전자파를 이용해 플라즈마를 만들면, 플라즈마 토치와 더불어 소각기의 효율을 높일 수도 있다. 소각로형 플라즈마 토치에 대한 정책적 뒷받침만 이루어진다면 당장이라도 생활 폐기물 처리에도 활용할 수 있다. 불필요한 소각장에 지자체 예산을 낭비하기보다는 효율적으로 대기오염 물질을 제어하는 게 중요한 일이다.

일본 국립핵융합 과학연구소(NIFS)에서 개발중인 초전도 핵융합 장치는 플라즈마의 고온을 이용한다.

코로나 방전도 활용

플라즈마는 대기오염을 줄이는 효과도 뛰어나다. 디젤엔진에서 방출되는 질소산화물, 황산화물 그리고 매연을 제거하는 데도 활용할 수 있는 것이다. 코로나 방전을 이용한 플라즈마 정화는 전자가 배기가스 분자에 충돌, 화학반응을 일으켜 가스를 분해하는 방법이다. 현재 사용되는 코로나 방전은 전압을 지나치게 높여야 하기 때문에 플라즈마 발생 효율이 떨어진다. 만일 플라즈마를 값싸게 만들 수 있다면 대기오염을 획기적으로 줄일 수 있을 것이다. 이미 일본 공업기술원 자원환경기술종합연구소는 코로나 방전으로 배기가스를 정화하는 장치를 개발해 상용화를 앞두고 있다. 우리나라의 플라즈마를 이용한 환경기술은 매우 낮은 수준에 있다. 하지만 최근 소각로형 소형 플라즈마 토치를 비롯, 대우 고등기술원이 플라즈마를 이용한 반영구 정화장치를 개발하는 등 괄목할 만한 성과를 거두고 있다. 환경이 곧 '돈'으로 연결되는 상황에서 첨단 환경기술로 각광받는 플라즈마 기술에 대한 투자는 환경개선은 물론 경제적 효과도 적지 않을 것이다. 플라즈마 토치 소각장치 역시 마찬가지다. 좁은 국토에서 매립 여건도 마땅치 않은 만큼, 도시 쓰레기 처리에 플라즈마를 첨단 소각장치로 활용하는 방안을 적극 검토해볼 만하다.

시장이 두려운 환경친화 제품

환경이 돈이라는 것은 이제 상식으로 통한다. 환경을 생각하지 않고서는 경제를 생각할 수 없고 생존을 보장받지도 못한다. 환경의 질이 떨어지면 개인적으로 호흡기 질환, 신경계 장애, 피부병, 간 질환은 물론 각종 암에 노출되기 쉽다. 건강 손실로 인한 국가적인 손실도 막대하다. 건강 유지비용이 많아지고 노동생산력까지 감소해 경제적 타격을 입을 수밖에 없기 때문이다. 최근에는 환경과 경제의 통합이 이루어지는 가운데 '그린라운드'가 수출의 장벽으로 떠오르고 있다. 지구 환경문제에 효율적으로 대처하기 위해 무역과 환경을 연계하는 것이다. 그만큼 환경보호에 적극적이지 않은 국가와 기업은 국제적인 무역 제재를 받을 수밖에 없다. 기업들 역시 환경에 대한 투자를 소홀히 해서는 살아남을 수가 없다. 국내에서도 석유화학공장과 저유소, 주유소 등은 대기오염과 악취의 주원인인 휘발성유기

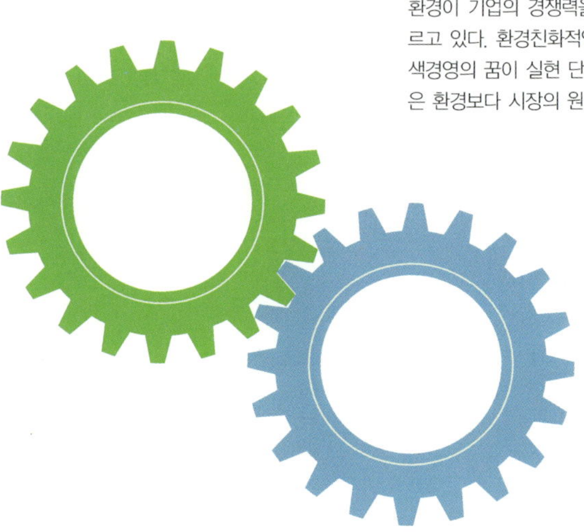

화합물질 배출 억제·방지시설을 의무적으로 설치해야 한다. 일본은 한 걸음 더 나아가 '내분비 교란물질'(환경호르몬)로 지목받는 화학 물질의 이용 실태를 정부 차원에서 포괄적으로 관리하고 있다.

세계적인 거대기업들도 놀라운 변화 양상을 보여준다. 기후변화에 관한 국제협약인 '교토 의정서'의 후원자로 나서고 있는 것이다. 기업들은 지구촌의 이목을 집중시키다 연기처럼 사라진 '환경협약'의 불씨를 되살리고 있다. 이런 가운데 거대 정유회사, 자동차회사들이 환경단체와 결연을 맺는 방식으로 온실가스 감축에 동참하기도 한다. 물론 성과는 미미할 수밖에 없을 것이다. 어쩌면 기업들의 활동은 눈가림 속셈이 작용한 것인지도 모른다. 교토 의정서의 후원자로 나선 기업들은 이미 온실가스 배출 측정을 시작했고, 사업 추천 사항들을 세계자원연구소(WRI)와 협의하는 단계에 이르렀다. 온실가스를 줄이기 위한 구체적인 계획을 세우기도 했다.

영국의 석유 가스회사인 BP 아모코는 2010년까지 1990년에 배출한 온실가스의 10%를 줄이겠다는 목표를 세웠다. 제너럴모터스는 2002년까지 1995년 에너지 총 소비량의 20%를 줄이기로 했다. 미국의 제약 및 농화학업체인 몬산토(Monsanto)는 토양 속에 탄소량을 조절하는 방법을 찾는 데 연구비를 지원하기로 결정했다. 기업들이 세계자원연구소(WRI)와 환경보호기금(Environmental Defense Fund)과 협력하는 것은 기후변화에 대처하는 새로운 형태의 사업이라 할 수 있다. 기후변화협약, 몬트리올 의정서, 바젤협약, 생물다양성협약, 람사협약 등 주요 국제 환경협약들은 이미 세계 각국의 산업에 많은 영향을 미치고 있으며 갈수록 강도가 높아지고 있다. 게다가 주요 선진국들은 자국의 환경보호를 내세워 수입품에 대한 환경기준을 강화하거나 새로운 의무를 부과하는 추세다. 환경을 명목으로 간접적인 무역제재 조처를 시행하는 것이다.

그린 마케팅

환경은 기업의 경쟁력을 결정하는 최대 요소로 떠오르고 있다. 예컨대 미국과 유럽연합의 자동차 배기가스 기준 강화, 독일의 포장폐기물 재활용 의무 강화, 덴마크의 캔 음료 사용 금지 그리고 선진 각국에서 시행하고 있는 환경 라벨링 제도 등을 들 수 있다. 거대기업들이 환경단체와 손을 잡는 것도 환경친화적 이미지가 제품의 경쟁력 확보에 절대적인 영향을 미친다는 사실을 간파한 결과이다. 그린 마케팅은 기존 상품판매 전략이 단순히 고객의 욕구나 수요 충족에만 초점을 맞추는 것과는 달리 자연환경 보존, 생태계 균형 등을 중시하는 시장접근 전략이다. 궁극적으로 인간의 삶의 질을 높이려는 기업의 활동을 포괄적으로 지칭한다. 그린 마케팅은 이미 1980년대 초반 미국, 유럽, 일본 등을 중심으로 등장해 1990년대에는 마케팅의 핵심과제로 부각됐고 21세기 들어서는 필수불가결한 사업 전략으로 자리잡았다. 완전 분해 · 폐기가 가능한 일회용 아기기저귀의 개발이나 무연휘발유의 시판 등이 환경보전을 위한 그린 마케팅의 하나다.

그렇다면 기업들은 환경의 세기에 어떻게 적응해야 할 것인가. 상품을 생산하는 과정에서 환경에 부정적 영향을 최소한으로 낮추는 방식을 택하는 수밖에 없다. 만일 환경에 부정적인 영향을 미친다면 아무리 성능이 좋아도 경쟁력이 떨어지게 마련이다. 그래서 기업들은 원료 채취, 생산, 판매, 사용, 폐기 등에 이르는 전 과정에 걸쳐 환경에 대한 부하를 줄이려고 한다. 이를 위한 실천적 방법론이 바로 '전과정평가(Life Cycle Assessment)'이다. LCA는 환경개선의 방안을 모색하는 객관적인 환경영향기법으로 상품의 환경영향에 관한 정보를 제공해 기업경영자의 의사결정을 지원하고 소비자와 정부의 의사결정에도 광범위하게 활용할 수 있다. 실제로 볼보사는 전과정평가를 바탕으로 철제 범퍼 대신 플라스틱 범퍼를 선택했다. 그 결과 차의 무게가 상대적으로 가벼워져 연료 사용량을 줄일 수 있었다. 자동차산업이 환경에 미치는 부정적 영향을 줄인 것이다.

하지만 기업들이 녹색경영에 이르는 길은 멀고도 험하다. 실제로 환경친화적인 제품을 개발해도 상품화에 성공하는 것은 쉽지 않다. 연체동물은 딱딱한 껍질을 구성하는 성분으로 탄산칼슘을 분비한다. 미국의 넬코 케미컬(Nalco Chemical)사는 굴에서 단백질에 기초한 특별한 성분인 폴리아스파르테이트(polyaspartate)라는 생고분자가 아주 적은 양으로 탄산칼슘 형성을 방해한다는 사실을 발견했다. 이것은 공업용수에 황산염이나 광물질의 침전물이 달라붙는 것을 방해하는 것으로 기존의 영구적으로 썩지 않는 폴리아크릴레이트(poly-acrylate)를 대신할 유력한 방안이었다. 예컨대 일회용 아기기저귀, 여성 생리대, 요실금 환자의 위생품 등을 생산하는 데 들어가는 연간 9만 톤 가량의 폴리아크릴레이트를 대신할 수 있는 것이다. 이들은 썩지 않기 때문에 엄청난 양이 매립지에 파묻히거나 소각되면서 오염물질을 배출하게 된다.

하지만 폴리아스파르테이트가 아무리 탁월한 성능을 내세워도 경제성 앞에서 무릎을 꿇을 수밖에 없었다. 넬코 케미컬사는 기술개발에 드는 엄청난 비용을 감당할 수 없다는 이유로 개발을 포기했다. 그래서 개발자인 래리 코스칸(Larry Koskan)은 던러 바이오신트렉스(Donlar Biosyntrex)사를 설립했다. 우여곡절 끝에 거대 소비용품 회사 프록터 앤 갬블(P&G)사와 연결되었지만 폴리아스파르테이트의 가격이 비싸고 대량생산이 어렵다는 이유로 제휴는 성사되지 않았다. 가격이 네다섯 배나 비쌌기 때문이다. 현재 던러사는 제품개발에 우리 돈으로 650억원을 투자해 기술개발에는 성공했다. 미 환경보호국으로부터 최초로 녹색화학개발상을 수상하기도 했다. 하지만 탁월한 성능의 생분해성 고분자는 대중화되지 못했다. 아무리 환경적으로 탁월한 성능을 자랑해도 가격경쟁력으로 인해 시장에서 맥을 못 추기 때문이다. 던러사의 제품은 북해 해양 유전 등지에서 원유의 흐름을 유지하는 첨가제로 쓰이고 있을 뿐이다.

이처럼 기업들이 탁월한 환경친화적인 제품을 개발해도 시장은 그것을 받아들이지 않기 일쑤다. 국내 기업들이 '환경보호' '지속 가능한 개발'이라는 화두로 개발한 제품 가운데도 고비용과 비효율이라는 장벽에 가로막힌 제품이 한두 가지가 아니다. 초강력 흡수제는 뜻 있는 사람들의 도움과 정부 차원의 지원으로 그나마 명맥을 유지하고 있다. 그것이 얼마나 지속될 수 있을지는 여전히 의문이다. 시장과 환경의 불일치를 극복하는 것은 쉬운 일이 아니다. 눈앞의 시장성만을 고집하는 것은 너무나 근시안적인 판단이다. 그린 기업들이 푸른 지폐를 가까이 할 수 있을 때 녹색경영은 의미 있는 것이 아닐까. 그린기술, 녹색경영에 생명력을 부여하는 것은 소비자들의 몫이라 하겠다. 소비자들이 지속 가능한 개발, 환경의 가치를 생각한다면 거시적으로 상품을 평가하고 구입하는 안목을 가져야 한다.

농약을 내쫓는 해충의 천적

모든 생물들은 서로 먹고 먹히는 먹이사슬을 이루고 있다. 만일 생태계의 먹이사슬이 깨진다면 살아남을 생물은 많지 않다. 충남 논산시 부정면에서 딸기 농사를 짓는 농민들은 비닐하우스의 먹이사슬이 제대로 유지되기를 학수고대한다. 딸기 농사에 치명적인 해를 입히던 점박이응애를 퇴치하기 위해 비닐하우스에 천적인 칠레이리응애를 넣었기 때문이다. 3년째 천적농법을 시도하면서 먹이사슬의 효과를 실감하고 있다. 천적을 이용하기 전에는 2천6백 평방미터(약 8백여 평)의 딸기밭에 수십만원어치의 농약을 뿌렸다. 수시로 시설을 드나드는 수고도 피할 수 없었다. 하지만 근래에는 농약을 대신하는 천적이 있기에 훨씬 적은 수고로 '무공해 딸기'를 시장에 내놓는다. 아쉬운 게 있다면 재배면적이 독자 상표로 하기엔 부족해 천적농법 딸기를 널리 알리지 못한다는 것이다. 다시 파종할 때는 여러 농가가

천적농법에 참여해 고유의 상표를 만들어 시장에 내놓았으면 하는
바람이다.

불안한 화학전쟁

이렇게 생태계의 먹이사슬을 이용해 농산물을 생산하는 농가가 차
츰 늘고 있다. 농약을 뿌리지 않고 농작물에 해를 입히는 곤충을 퇴
치하는 것이다. 전세계적으로 곤충의 종류는 1백만 종이 넘는 것으
로 알려져 있다. 그 가운데 농작물과 사람에게 피해를 주는 해충은
1%도 되지 않는 약 3천5백 종 정도이다. 우리나라에는 250여 종의
해충이 서식하는 것으로 알려져 있다. 이에 비해 인간에게 이로운 곤
충은 40여 만 종이나 된다. 해충을 먹고사는 천적들이 있고 꿀이나

비단 등 유용한 물품을 제공하는 꿀벌, 누에 등이 있는 것이다. 언뜻 생각하면 천적이 해충보다 훨씬 많기에 그리 염려할 문제가 아닐 수도 있다. 하지만 사정은 그렇지 않다. 무엇보다 천적이 농작물에 피해를 입히는 해충을 줄이는 시간이나 정도를 인위적으로 조절하기 어려운 탓이다. 마냥 천적을 믿고 기다린다면 농작물은 해충의 먹을거리로 쓰여 남아나지 못할 것이다. 그래서 해충을 줄이기 위한 농약을 개발해 사용하고 있다.

인류와 해충 간의 화학전쟁은 한 세기 전에 시작됐다. 1860년대에 화학기술의 발달에 힘입어 비소화합물이 앞장서서 전쟁을 치렀다. 당시 머지않아 농작물에 피해를 주는 곤충을 완전히 없앨 수 있을 것으로 기대하기도 했다. 게다가 2차 세계대전 이후 개발된 숱한 유기합성 농약은 해충을 잡아먹는 귀신으로 통하기도 했다. 하지만 농약의 효과는 오래 가지 않았다. 농약을 많이 사용할수록 해충은 내성을 길러 농약에 적응하게 되었다. 오히려 자연계에 있는 천적이 줄어드는 사태를 불러일으켰다. 당연히 농가에서는 농약의 농도를 더욱 독하게 하거나 뿌리는 횟수를 늘리는 방식으로 해충 방제에 나섰다. 실제로 같은 양의 수확을 하기 위해 지금은 20년 전에 사용한 살충제의 5배 이상 써야만 비슷한 농약의 효과를 내는 지경에 이르렀다. 그런 까닭에 해충 방제비용이 농산물 수확으로 인한 이윤을 초과해 재배를 포기하는 농가가 속출하기도 했다.

우리나라의 해충 방제는 대부분 농약에 의존하는 실정이다. 농업공업협회에 따르면 지난해 농약회사에서 출고한 농약이 2만 6천 톤에 이른다. 가격으로 따지면 9천5백억원이나 된다. 이렇게 많은 농약은 농산물의 안전을 해치고 생태계에도 치명적인 영향을 끼치고 있다. 살충제로 쓰이는 BHC나 DDT 등은 토양이나 물 속에서 분해되지 않다가 플랑크톤과 물풀 등에 흡수된다. 그러다가 먹이연쇄를 따라 상위 단계로 옮겨가면서 더욱 농축되어 소비자의 생명을 위협한다. 합성유기물질이 최고 소비자들의 생물체 내로 들어오는 '생물농축'이 일어나는 것이다. 벼에 살포하는 살충제의 성분인 BHC의 농도에 따른 생물농축의 폐해를 살펴보면 이렇다. 논에 뿌린 살충제의 BHC가 5.98ppm이었다면, 벼에서 수확한 쌀은 0.17ppm이지만 벼를 먹은 젖소 조직은 13.68ppm, 젖소에서 얻은 우유는 9.82ppm으로 나타난다. 그렇게 오염된 쌀이나 우유를 먹은 사람의 BHC 농도는 12.17ppm에 이른다.

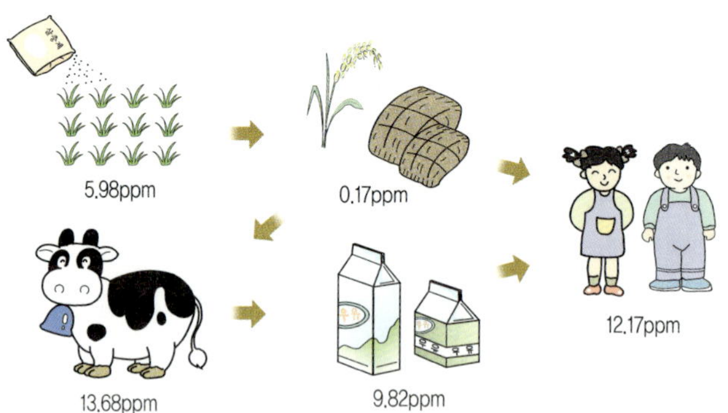

인간은 먹이연쇄의 최고 소비자 단계에 있기 때문에 생물농축 현상은 인간에게 생명을 위협하는 치명적인 문제가 될 수 있다.

갈수록 농약의 폐해가 심각해지고 있다. 안전한 농산물에 대한 사회적 요구가 높아지는 것은 당연한 일이다. 농산물에 규정 이상의 농약을 뿌리는 걸 막기 위해 농약잔류검사를 실시하기도 한다. 농약을 쓰지 않는 농산물에 대한 관심이 높아지고 있지만 아직까지 유기농산물의 비중은 우리나라에서 0.1%도 되지 않는다. 하지만 선진국에서는 이미 1960년대 후반부터 '대안농업'의 한 방식으로 천적농법이 보급됐다. 미국 남부의 목화농장에서는 면화씨바구미 퇴치를 위해 말벌을 쓰고 있다. 말벌은 면화씨바구미의 애벌레 속에 알을 낳고 부화하면서 애벌레를 먹고 자라 해충을 없앤다. '그린 머슬(green muscle)'이라는 아프리카 산 버섯은 농작물을 공격하는 메뚜기 떼를 죽이는 '천연살충제' 구실을 하고 있다. 버섯균은 감자딱정벌레를 잡아먹기도 한다. 곤충 암컷의 생식 분비물인 '페로몬'은 과수원에서 풋과일에 기생하는 나방을 퇴치하는 데 쓰인다. 이런 해충 방제는 환경에 부담을 주지 않는 자연법칙을 이용하는 방법이다.

대안농업 각광

국내에서도 천적을 이용한 해충 방제에 대한 관심이 높아지고 있다. 농촌진흥청의 농업과학기술원을 중심으로 해충의 생물적 방제를 위해 다양한 천적을 개발하고 있다. 이미 칠레이리응애는 딸기 재배 농가에서 점박이응애를 성공적으로 방제했다. 온실가루이좀벌도 토마토에서 온실가루이를 효과적으로 방제하는 것으로 나타났다. 고추와 수박 등에서 진딧물을 방제할 수 있는 진디벌을 적용한 시험도 진행하고 있다. 또한 외국에서 국내에 침입하여 문제가 되고 있는 꽃노랑총채벌레와 오이총채벌레를 억제할 수 있는 토착 천적인 애꽃노린재의 대량사육기술도 확보했다. 이런 천적은 해충들의 천국이라 할 수 있는 시설재배 작물에서 탁월한 능력을 발휘한다. 시설에 있는 해충들은 기후에 영향을 받지 않고 번식도 빠르다. 밀폐된 공간이기 때문에 해충의 종류도 많지 않아 소수의 천적만 있으면 성공적으로 방제할 수 있다.

모든 농가가 천적을 이용한 해충 방제에 나서기는 힘들다. 아직까지 농가에 보급하는 천적의 상당수는 수입에 의존하고 있고, 대량번식이 이루어진다 해도 모든 해충의 천적을 보급하기 어려운 탓이다. 게다가 천적을 이용한 해충 방제가 성공하려면 농가 부근에서 천적이 생산되어야 하는데 아직 그런 단계에는 이르지 못했다. 천적이 농가 주변에 서식하지 않는 경우가 많다는 것이다. 현재 시설과채류 주산단지 지역에 있는 25곳의 농업기술센터를 비롯해 한국 IPM, 동그라미동물농장, 세실무역 등 민간회사가 천적 생산에 나섰지만 시범보급 수준을 벗어나지 못하고 있다. 그럼에도 곤충 천적을 이용한 농법은 화학살충제에 의한 환경오염을 막고 안전한 먹을거리를 제공한다. 앞으로 곤충 천적은 소비자들의 안전한 농산물 선택에 힘입어 백강균 CS-1 등 미생물 천적, 천연물 농약과 함께 지속적인 보급이 이루어질 것으로 보인다.

구름을 다스려 비를 만든다

가뭄이 기승을 부리던 2001년 6월 14일 오전 10시 30분. CN-235 수송기 두 대가 부산의 공수비행단 활주로를 이륙했다. 이들은 통상적인 군사작전을 수행하는 공군 수송기가 아니었다. 경남 거창군으로 날아간 1호기에는 요오드화은 연소탄 38발, 경북 구미시로 날아간 2호기에는 지름 1센티미터 크기의 드라이아이스 조각 4백 킬로그램이 실려 있었다. 구름 상태를 인공적으로 바꾸어 비를 만들기 위한 준비물이었다. 오랜 가뭄으로 목마른 대지를 사람의 힘으로 촉촉하게 적실 수 있을지 확인하고 싶었던 것이다. 수송기에 타고 있던 연구자들은 비의 씨앗인 영하 5도 이하의 온도에 짙은 적운형 구름이 나타나길 바랐다. 하지만 상공 1만 3천 피트의 기온은 영하 1도에 그쳐 과냉각 물방울을 이루지 못했다. 구름 속에서 물방울이 맺힐 최적의 조건이 아니었다. 그래도 4년 만에 수송기에 실은 '구름씨(cloud

2002년 3월 29일 경남 일대에서 인공강우 항공 실험을 마친 뒤 다음 실험에 사용할 흡습성 물질 '하이그로스코픽(Hygroscopic)'에 대한 예비 실험을 하고 있다(왼쪽). 이날 인공강우 실험에 사용한 공군 항공기 CN-235m(오른쪽).

seed)'를 그대로 싣고 착륙할 수는 없었다. 결국 요오드화은 연소탄은 구름 속에 쏘았고, 드라이아이스 조각은 구름 위에 뿌렸다. 그리고 20여 분 뒤 당장 성공 여부를 파악하기 힘든 가냘픈 빗방울이 지상에 떨어졌다.

구름을 자극하라

21세기 프런티어 사업의 하나로 '수자원 확보 기술개발'이 추진되고 있다. 2002년 3월에도 경남 합천과 경북 의령 지역에서 인공강우 실험이 있었지만 실패하고 말았다. 실패 원인은 여러 가지 있지만 50명 이상 탑승하는 대형 공군 비행기를 이용한 실험에서 성공을 기대하기는 힘들다는 지적이다. 이 경우 구름이 흩날려 제대로 된 실험이 불가능하다. 더구나 국내에 인공강우 개발 인력이 전무해 오는 2007년까지 기술 상용화는 불가능할 것이라고 한다.

인공강우는 이미 1940년대에 기상 조절 수단으로 관심을 모았다. 최초의 실험은 1946년 11월 13일 뉴욕 교외의 제네타디 비행장에서 드라이아이스를 실은 소형 비행기가 이륙하면서 이루어졌다. 그 뒤 50여 년 동안 과학자들은 인공으로 구름을 조절해 비를 만들려는 꿈을 키워왔다. 인공강우로 가뭄에 대비해 수자원을 확보하려는 것이었다. 태풍이나 집중호우 때 미리 해상에 비를 뿌리도록 유도해 폭우 장소 분산으로 강우량을 줄여 재해를 막는 데도 이바지할 것으로 기대했다. 인공강우는 고속도로나 비행장 부근에 깔린 구름이나 안개를 엷게 만들어 대형 사고를 막는 데 활용할 수도 있다. 하지만 대부분의 인공강우가 경제성이라는 측면에서 뚜렷한 결론을 내리지 못한 채 지금껏 이어지고 있다. 현재 미국, 러시아, 오스트레일리아, 중국, 이스라엘 등 40여 개 나라에서 인공강우를 통해 기상을 조절하는 연구를 벌이고 있다. 아직까지는 소규모의 실험에서 성공하는 수준이다.

그렇다면 인공강우는 무한정의 수자원 공급원이 될 수 있을까. 당장 그럴 가능성은 희박하다. 인공강우는 구름도 없는 마른하늘에서 비를 만드는 게 아니다. 구름이 형성돼 있지만 비를 뿌릴 정도로 여건이 성숙하지 않을 때 구름씨를 뿌려 강우 효과를 얻는 것이다. 이런 까닭에 일부 기상학자들은 인공강우(人工降雨)라는 용어보다 인공증우(人工增雨)가 적확한 표현이라고 지적하기도 한다. 어쨌거나 구름에서 비를 만들기 위해서는 작은 먼지나 얼음결정 등이 주위의

항공기를 이용한 인공강우 실험방법

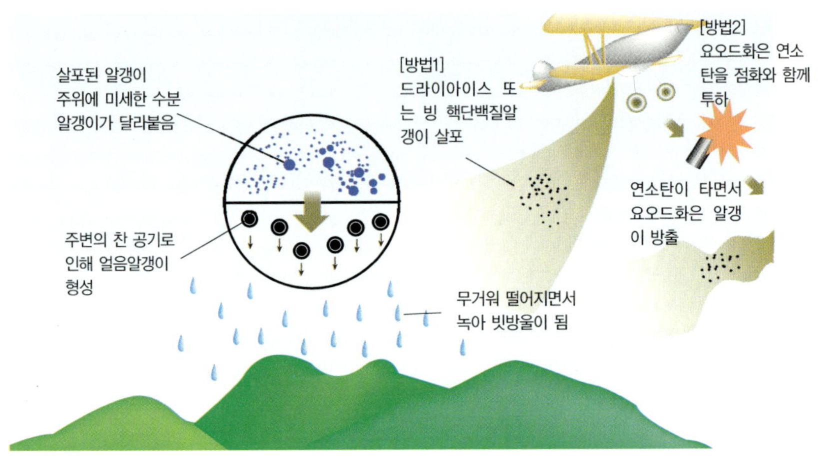

로켓을 이용한 인공강우 실험방법

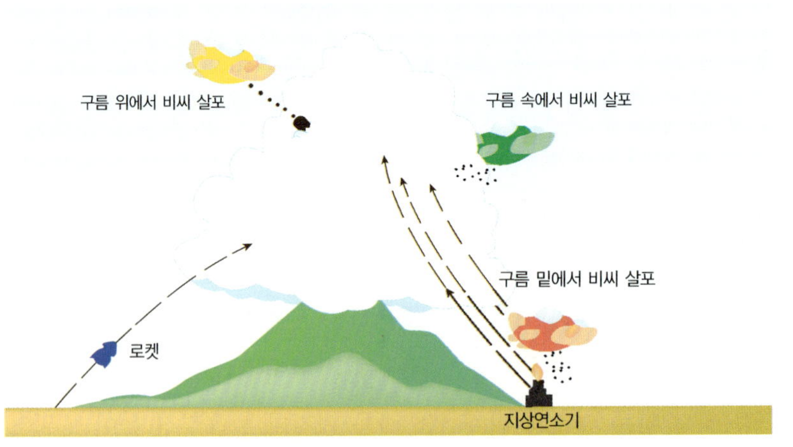

수분을 끌어당겨서 물방울을 키워야 한다. 구름층이 형성돼 있어도 빙정핵이 적어 빗방울이 성장하지 못하기 때문에 비행기나 로켓 등으로 구름씨를 뿌려준다.

하지만 자연적인 강우 현상을 인위적으로 재현하는 것은 말처럼 쉽지 않다. 생성 초기의 구름에서만 적용이 가능하며 순간 포착이 인공강우의 성공 여부를 좌우한다. 구름에도 상승기류와 하강기류가 심하게 움직이고 있으므로 적절한 시점을 포착해 구름씨를 뿌려야 하는 것이다. 또한 구름이라고 모두 비를 품고 있는 게 아니다. 인공강우 연구가 활발한 나라들이 항공기를 통해 구름 상태를 장기간 관찰해 구름씨를 뿌리고, 레이더로 흐름을 추적하는 이유가 여기 있다. 구름씨를 뿌리는 시점이 맞지 않거나 적당한 구름이 아니라면 오히려 자연강우마저 방해하는 경우도 있다. 구름에 커다란 구멍이 생긴 뒤 떨어져나가면서 비를 품은 구름을 파괴하는 사태를 일으키는 탓이다.

현재 구름씨는 세 가지 방법으로 만들어지고 있다. 먼저 과냉각 물방울이 있는 구름 속에 곱게 부순 드라이아이스를 종자로 뿌리는 방법이다. 고체 탄산가스로 영하 79도에서 드라이아이스에 접촉하는 공기는 영하 40도 아래로 냉각된다. 드라이아이스에 접촉된 공기중의 물방울이 결빙돼 무거워져 지상으로 떨어지면서 비가 되는 것이다. 드라이아이스를 뿌린 뒤 인공강우 여부를 확인하는 것은 성분 분석으로 파악하기 힘들다. 구름의 변화를 관측해 예보량과 실제량의 차이를 파악하는 수밖에 없다. 그만큼 자연강우와 차이가 없기에 환경에 끼치는 영향도 거의 없다.

다음은 얼음의 결정구조와 비슷한 요오드화은 같은 화학물질을 구름 속에 살포하는 방법이다. 요오드화은이 연소했을 때 나오는 미립자가 영하 5도 이하에서 빙정으로 작용하는 것이다. 최근에는 요오드화은 대신 나트륨, 마그네슘, 염화칼슘 등을 혼합해 빙정핵을 만들기도 한다.

마지막으로 비행기에 물을 싣고 공중에 살포하는 방법이 있다. 과냉각층이 없는 구름지대에서 사용하는 이 방법은 상승기류가 격렬한 구름 밑바닥이나 구름 밑바닥 바로 위에 직접 큰 물방울을 넣어 강력한 비를 유도한다. 경제성이 떨어질 것으로 보이지만 이론상으로는 1톤의 물을 구름에 분무하면 1백만 톤의 비를 내리게 할 수 있다고 한다.

환경 악영향 우려

인공강우는 장기적 측면의 수자원 확보 수단으로 널리 쓰일 것으로 보인다. 중동 지역은 농작물과 식수원 확보를 위해 인공강우에 지대한 관심을 쏟고 있다. 유럽에서는 여름철 우박에 의한 농작물 피해를 줄이기 위해, 중국에서는 수자원 확보와 농작물 재배를 위해 인공강우를 실시하고 있다. 국내에서 인공강우 실험은 1990년대 중반부터 시작되었다. 최근까지 두 차례의 실험을 벌였다. 강우 효과를 극대화하기 위한 연구로는 턱없이 부족하다. 그것도 구름모델 연구를 위한 기상청 전속 항공기가 한 대도 없는 상태에서 이루어진 일이다. 기상청은 1999년 제1차 한러 기상협력 실무회의에서 러시아의 인공강우 기술을 협력받기로 합의하기도 했다. 만일 댐 건설 위주의 수자원 확보 대책에서 벗어나 인공강우 연구에 지원을 아끼지 않는다면 2007년으로 예정된 실용화를 앞당길 수도 있을 것이다.

인공강우 실용화가 차츰 이루어지면서 효용성에 의문을 제기하는 목소리도 있다. 환경학자들은 구름에 첨가한 화학물질이 지구를 오염시킬 것이라고 우려한다. 이에 대해 연구자들은 구름에 뿌려지는 요오드화은의 양은 리터 당 0.1마이크로그램으로 보건당국이 허용하는 농도의 5백분의 1 수준에 지나지 않는다고 반박한다. 어떤 사람들은 한쪽 지역에서 비가 인공적으로 내리게 하면 다른 쪽 지역이 피해를 입는다고 우려하기도 한다. 구름에서 빗방울을 짜내는 것이 다른 지역에 역효과를 낼 것이라고 보는 것이다. 그렇지만 구름에서 내리는 비의 양은 대기중 수분량에서 차지하는 비율이 미미하다. 아직까지 인공강우 지역 부근의 강우량이 줄었다는 보고도 나오지 않았다.

구름이 비를 만든다는 강수형성 이론에 따른 인공강우는 수자원 고갈의 위기에 설득력 있는 대안으로 여겨진다. 하지만 국토 면적이 좁은 우리나라에서는 비용 대비 효과에 의문을 제기하는 목소리가 높다. 아무리 우리나라가 실험에 성공해도 인공강우가 부분적으로 실용화된 미국이나 오스트레일리아 등지의 톤 당 2센트 안팎보다 훨씬 비쌀 것으로 예측되는 탓이다. 아무리 한반도가 중위도 편서풍대에 있어 기압골이 통과할 때 구름이 많아진다 할지라도 가뭄이 오면 구름은 이내 사라진다. 만일 구름을 자유롭게 만들 수 있다면 인공강우로 전국의 저수지를 채우는 것도 어려운 일이 아니다. 하지만 아직까지 어느 누구도 구름을 인공으로 재현하는 방법을 찾지 못하고 있다. 인공강우의 대중화가 구름을 조절하는 기법을 확보하느냐에 달려 있는 셈이다.

재앙의 불씨 '우주 쓰레기'

내 머리 위로 우주인의 배설물이 떨어진다면…… 마른하늘에 날벼락이 아닐 수 없다. 현재로선 그럴 가능성은 희박하다. 우주인들의 배설물은 우주선 내에서 특별한 용기에 빨려 들어간 뒤 대기권 진입 시점에 외부로 배출해 연소시키기 때문이다. 하지만 자칫 실수로 우주선에서 인간의 배설물이 우주 공간으로 빠져 나온다면 끔찍한 사태가 일어날 수도 있다. 배설물이 엄청난 폭발물질로 돌변하기 때문이다. 순간적으로 얼어붙은 배설물이 엄청난 속도로 이동하다가 위성에 부딪혀 충돌사고를 일으킬 수도 있다. 구소련이 1957년 7월 4일 금속제 구형 로켓 스푸트니크 1호를 쏘아 올린 뒤 인간의 영역으로 들어온 우주는 이미 자연 그대로의 모습이 아니다. 인간의 손길이 미치는 곳마다 우주 쓰레기가 넘쳐나고 있다.

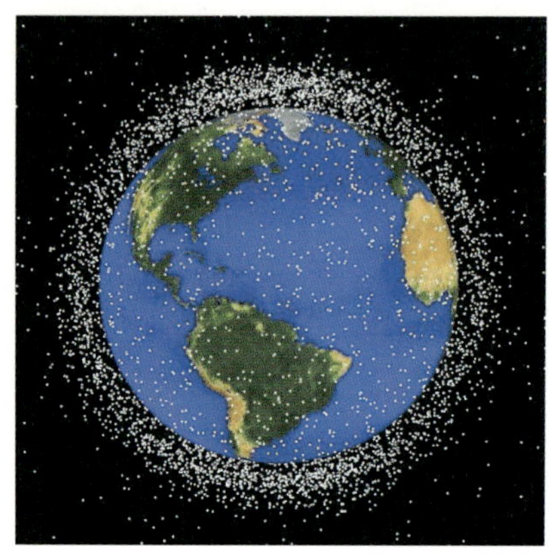

우주가 거대한 쓰레기장으로 바뀌고 있다. 지구가 인공위성에 휩싸인 모습을 보여주는 이미지.

우주의 폐품들

지금 이 순간에도 우주 공간에는 무수한 이물질이 떠돌고 있다. 지구에 근접하는 소행성이나 떠돌이별, 혜성의 꼬리 등은 헤아릴 수 없을 정도이다. 지구 2천 킬로미터 이내 궤도상에서만 이물질로 보이는 물체가 2백 킬로그램이나 발견되기도 했다. 이런 자연발생적인 우주 쓰레기는 그다지 염려하지 않아도 된다. 지름이 1밀리미터 안팎인 까닭에 저비용의 방패막이로 제어할 수 있다. 이미 아폴로와 스카이랩 등의 우주선은 지름 3밀리미터까지의 자연적인 우주 쓰레기에 대처하도록 설계되고 있다. 문제는 인공적인 우주 쓰레기(Artificial Space Debris)이다. 우주라는 '최후의 오지'를 무대로 하는 탐사·연구활동이 활발해지면서 수많은 위성체와 부산물들이 우주 쓰레기로 탈바꿈하는 탓이다. 위성체와 우주발사체 등에서 발생한 우주 쓰레기는 지구 궤도에만 무려 2천여 톤이나 떠도는 것으로 추정된다.

현재 지구 궤도를 둘러싸고 있는 추적 가능한 물체 가운데 정상적인 위성으로 활동하는 것은 10%에도 미치지 않는다. 우주를 향해 위성을 쏘아 올린 40여 년 동안 2만 5천여 차례의 우주발사 실험이 이루어졌다. 그 가운데 9천여 개의 위성이 궤도상에 남아 있는데 정상적으로 운용되는 위성은 9백 개 안팎에 지나지 않는다. 나머지는 임무를 마치고 수명이 다한 위성이거나 버려진 로켓 및 탑재장치, 궤도상에서 붕괴되어 잔해만 남은 것들이다. 문제는 우주 쓰레기로 전락하는 물질이 해마다 급증하고 있다는 데 있다. 해마다 대략 230여 개의 위성이 지구 궤도에 진입하기에 우주 쓰레기도 그만큼 늘어날 수밖에 없다. 우리나라도 전남 고흥군 외나로도에 우주 센터를 세워 2005년에 저궤도 소형위성을 쏘아 올리며 우주 시대를 맞이할 예정이다. 우주 쓰레기를 남의 일로 여길 수 없는 이유가 여기에 있다.

우주 공간을 '폐품처리장' 으로 만드는 물질은 수두룩하다. 지구 궤도상에 있는 우주 쓰레기의 대부분을 차지하는 것은 위성의 파편이다. 이 우주 쓰레기는 배터리의 잘못된 작동이나 전기적 장애로 인한 폭발에 의해서 위성이 파괴될 때 일어나는 로켓 상단 분열 과정에서 생긴다. 1997년 1월 맥도널 더글러스(MD)사가 쏘아 올린 델타 로켓은 우주 공간에서 폭발해 수백만 개의 우주 쓰레기를 남겼다. 현재 궤도상에 남아 있는 우주 쓰레기의 3분의 1이 델타 로켓의 잔해들이다. 위성을 쏘아 올리고 정상적인 작동을 하는 상태에서도 우주 폐기물이 발생한다. 로켓이나 렌즈 캡슐, 분리장치, 추진연료 탱크 등을 비롯해 우주선 내의 기압을 유지하는 전지 등이 여기에 속한다. 이런 폐기물은 갈수록 줄어들고 있다. 위성 제작 과정에서 기기를 버리지 않는 설계 방식을 채택하고 있기 때문이다. 위성은 노화로 인해 궤도상에서 폐품으로 전락하기도 한다. 최근 들어 임무를 마친 위성이 지구 궤도를 탈출하는 방식에 관심을 기울이고 있지만 아직까지 뚜렷한 성과는 보이지 않고 있다. 위성의 도킹이나 랑데부 때 분사되는 연료의 찌꺼기도 우주 공간을 오염지대로 만든다. 우주 공간으로 들어간 모든 게 쓰레기의 가능성을 안고 있는 셈이다.

우주 쓰레기들은 가공할 만한 위험을 간직하고 있다. 폐품으로 전락한 위성들은 물론이고 우주정거장 등지에서 작업 도중 실수로 버린 나사못도 엄청난 폭발을 야기하기 때문이다. 우주 쓰레기가 있는

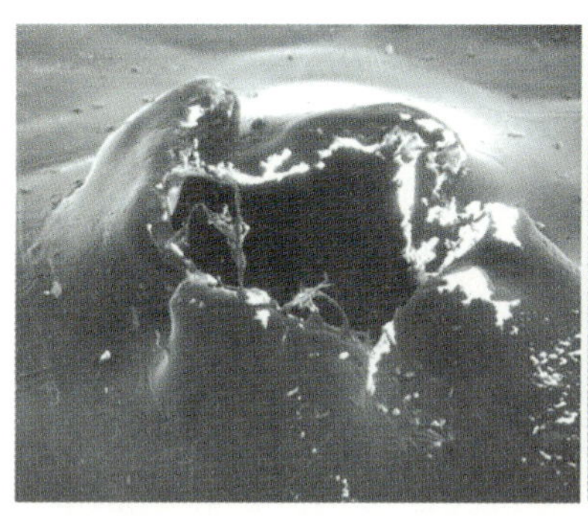

우주 쓰레기는 엄청난 파괴력을 지니고 있다. 초당 10킬로미터 속도로 돌진하는 우주 쓰레기 파편이 우주비행선에 충돌한 모습(왼쪽)과 지구에 떨어진 인공위성의 잔해(오른쪽).

곳은 지구의 환경과 전혀 다르다. 당연히 우리가 모르는 우주의 법칙에 우주 쓰레기가 영향을 끼치면서 미묘한 균형 상태를 깨뜨릴 수 있는 것이다. 실제로 우주 공간의 쓰레기들은 지구 궤도에서 초당 10킬로미터 이상의 충돌속도로 움직여 아무리 작은 물체라도 위성을 파괴할 수 있다. 1센티미터 크기의 알루미늄이 위성과 충돌하면 무게 2백 킬로그램의 물체가 시속 1백 킬로미터의 속도로 움직여 충돌하는 파괴력을 지닌다. 그런데 수십만 개의 지름 1센티미터 미만의 물체들은 추적조차 불가능한 형편이다. 우주선에 치명적인 영향을 끼쳐도 속수무책일 수밖에 없다. 게다가 우주 쓰레기들은 운용중인 위성의 전파를 간섭하며 예기치 않은 충돌을 일으킬 가능성도 있다.

지구 궤도에 진입하는 위성이 급증함에 따라 위성간 혹은 위성과 우주 폐기물 사이의 충돌 가능성은 갈수록 높아지고 있다. 이미 정상적인 위성에 손상을 입히는 우주적 충돌 사건이 발생하기도 했다. 첫 번째 사건은 1996년 7월 프랑스의 인공위성 세리스(Cerise)가 1986년에 발사된 아리안 로켓의 파편과 충돌해 심각한 손상을 입은 것이다. 미국의 우주왕복선들도 이미 여러 차례 1밀리미터 안팎의 우주 쓰레기 세례를 받아 유리창을 교체하기도 했다. 이중벽으로 된 국제우주정거장(ISS)은 대략 3센티미터의 우주 쓰레기의 명중에도 견디도록 설계됐다. 그보다 큰 우주 쓰레기가 다가온다면 사전에 대피하는 수밖에 없다. 다행스럽게도 유인 우주활동이 이루어지는 고도 4백 킬로미터 이하의 공간에는 우주 쓰레기의 밀도가 비교적 낮은 편이다. 대기권 상층의 공기역학적 인력이 작은 물체들을 끌어당겨 태우기 때문이다.

우주 공간에서는 보통 지름 1밀리미터 미만의 작은 입자가 파멸적인 결과를 초래하기도 한다. 작은 파편일지라도 외부에 장착된 태양전지판이나 카메라 렌즈, 망원경 반사체 등을 손쉽게 망가뜨리는 것이다. 만일 10센티미터 크기의 우주 쓰레기라면 1킬로그램 당 1천2백 킬로그램의 우주선을 파괴할 수 있다. 그래서 북미우주방어사령부(NORAD)는 날마다 3만 5천여 개의 우주 쓰레기를 추적하고 있다. 아무리 지구에서 우주의 물체를 추적해도 충돌 가능성을 예측하는 것은 거의 불가능하다. 추적이 불가능한 작은 파편들이 수두룩하기 때문이다. 최근에는 지구 궤도상의 물체를 추적하는 데 슈퍼컴퓨터를 이용하기도 한다. 우주 쓰레기의 모델링을 통해 폭발 뒤 발생하는 위성 파편의 궤도까지 예측해 충돌 가능성이 있는 물체를 수학적 알고리즘으로 파악하려는 것이다.

충돌 사고 위험성

우주를 선점하기 위한 '골드러시'가 한창인 지금, 우주 쓰레기는 지구 환경보다 강력한 위험을 예고하고 있다. 하지만 아직까지는 잠재적인 충돌 가능성에 그쳐 국제 사회의 적극적인 대처도 미흡하다. 유엔 차원에서 우주공간평화이용위원회(COPUOS)가 1994년에 발족돼 위성간 충돌 문제를 주요 의제로 삼기도 했다. 당시 위원회는 수명을 다한 쓰레기 위성의 처리비용을 받는 '우주 영역점유비 부담제'를 추진하기로 했다. 하지만 국제적인 협조가 이루어지지 않아 뚜렷한 효과를 발휘하지 못하고 있다. 다만 우주 쓰레기를 삼키는 '스냅(snap)위성'에 기대를 걸고 있는 정도이다. 우주 공간에서 하이에나처럼 우주 쓰레기를 '덥석 무는' 6킬로그램짜리 스냅위성. 이 위성은 지구 궤도상에서 우주 쓰레기에 달라붙은 뒤 대기권으로 추락하는 과정에서 '화장'되면서 생을 마감한다. 이런 상황에서 우리나라는 우주 공간에 위성을 잇따라 쏘아 올리면서도 지구 궤도를 분석하는 것은 남의 손을 빌려야 한다. 우주센터를 설립해 우주 점유권을 내세우기 위해서는 한반도 상공의 우주 쓰레기에 먼저 관심을 기울이는 게 필요하지 않을까.

생명의 나무에 혹이 달렸다

　도시 지역은 건물이 고층화되고 지표가 대부분 콘크리트로 덮여
있다. 온갖 냉·난방, 취사, 자동차 등 화석 에너지의 사용으로 인공
열이 대기중으로 방출되기도 한다. 각종 오염물질은 기후에 영향을
끼친다. 그래서 도심부는 주변보다 온도가 높은 고온지대가 형성되
어 '열섬(Heat island)' 현상이 나타난다. 서울의 경우 도심 기온이
교외보다 무려 10°C 이상 높다. 도심에 사는 사람들은 언제 발생할지
모르는 오존경보에 바짝 긴장해야 한다. 이런 열섬 현상을 막는 게
'환경도시' 건설의 당면과제로 떠오른 상황이다.

　서울에서 열섬 현상의 징후를 찾는 것은 어려운 일이 아니다. 도시
온난화에 따른 건조화 영향으로 외래식물이 급속히 확산되었기 때문
이다. 서울에만 해도 영하 10°C 가량의 추운 날씨에 얼어죽는 가중나
무가 도심 전역에 분포돼 있다. 그것도 외곽보다는 중구·종로구·

성동구 일대에 대량 서식해 열섬화를 그대로 보여주고 있다. 도심 열
섬화로 인해 미국자리공이나 돼지풀 등도 널리 퍼졌다. 도심 생태계
가 바뀔 가능성이 있다. 토양이 갈수록 건조해지고 토착식물의 생육
기반이 약화되는 탓이다.

도심의 가로수는 호젓한 산책
길을 만들지만 환경에 악영향
을 끼치기도 한다. 은행나무와
버짐나무는 오존을 형성하는
자연 VOCs를 내뿜는다.

열섬 막는 나무 장벽

도심 열섬화를 극복하려는 움직임도 활발하다. 대표적인 게 나무 심기다. 서울시는 1998년 10월부터 지금까지 '생명의 나무 1천만 그루 심기' 캠페인을 대대적으로 벌여왔다. 콘크리트와 아스팔트로 덮인 건조한 도시에 나무의 생명력을 불어넣으려는 것이다. 학교 부근이나 마을, 각종 수림대, 건물의 옥상공원 등이 조성된 것도 나무 1천만 그루 심기의 결과다. 새로운 공원도 많아졌고, 월드컵 공원에 77만 그루의 대단위 녹색단지가 조성되기도 했다. 이런 나무들은 주변 온도를 낮추는 데 크게 기여할 것으로 기대되고 있다. 실제로 나무는 온난화를 막을 유력한 대안으로 꼽힌다. 예컨대 1헥타르의 녹지는 1톤의 탄산가스를 흡수하고 산소 12톤을 방출한다. 이는 성인 21명이 1년간 숨쉴 수 있는 양이다. 나뭇잎에는 대기중의 먼지와 오염물질이 달라붙는다. 결국 오염물질은 낙엽과 함께 제거된다. 기온을 조절하는 구실도 한다. 나무는 직접 내리쬐는 태양열과 빛을 차단하는 것이다.

수목으로 그늘이 생긴 땅의 표면온도는 그렇지 않은 곳보다 8°C가량 낮은 것으로 나타난다. 증산 작용을 할 때 기화열에 의해 도시의 기온을 낮추기도 한다. 나무는 수분 1그램 수증기로 증발할 때 6백여cal에 해당하는 대기열을 흡수한다. 나무 한 그루가 하루에 발산하는 수분은 대략 2백~4백 킬로그램. 이는 5,100kcal/h의 냉방기 2~4대를 12시간 가동하는 효과다. 나무의 이런 효과를 생각한다면 도심의 공원녹지를 어떻게든 넓혀야 한다. 그것도 외곽 지역에 편중된 공원녹지보다는 시민들이 접근하기 쉬운 생활권 녹지였을 때 의미 있는 일이다. 현재 서울 시민 1인당 생활권 공원면적은 4평방미터에도 미치지 않는다. 이에 비해 가까운 나라 일본의 도쿄는 5평방미터를 웃돌고, 런던은 27평방미터, 뉴욕은 23평방미터, 파리가 13평방미터로 서울보다 훨씬 넓다. 도시 건설 과정에서 사라진 청계천을 복원해 녹지를 되살리고, 도심 외곽에서 내부로 불어오는 바람길을 조성하자는 목소리도 나온다. 나무가 강력한 오염물질 청소기 노릇을 하며 열섬화 방지대 구실을 하도록 하자는 것이다.

하지만 가로수와 수림대 등의 녹지가 반드시 환경에 이로운 것은 아니다. 수목에서 발생하는 자연 VOCs가 도시의 대기에 악영향을 끼칠 수 있기 때문이다. VOCs는 태양 자외선의 영향을 받아 눈을 자극하고 호흡기 질환을 유발하는 광화학스모그(오존)를 형성하는 물질이다. 나무의 종류에 따라 광화학스모그 효과가 달리 나타나게 마련이다. 그 동안 나무의 환경적 가치를 제대로 평가하지 못했다. 만일 광화학스모그를 많이 방출하는 나무가 교통량이 많은 곳에 자란다면 문제가 심각하다. 서울도 도심의 기온 특성과 환경 영향을 고려해 적절한 수종을 선택해야 하는 이유가 여기에 있다. 환경도시 건설을 위해 심은 가로수들이 오히려 오존경보의 주범이 될 수 있는 상황이다.

2002년 5월까지 서울시에 조성된 가로수는 모두 27만여 그루. 대표적인 게 은행나무(11만 5천 그루)와 버짐나무(10만 5천 그루)다. 느티나무, 벚나무 등도 가로수의 주요 수종으로 꼽힌다. 이들은 병충해에 강하고 녹음이 울창할 뿐 아니라 계절마다 특유의 정취를 자아낸다. 하지만 환경적 효용성은 의문이다. 아직 가로수에 대한 자연 VOCs 배출량 조사가 이루어지지 않은 탓이다. 예측컨대 환경적으로 해로울 가능성이 높다. 은행나무만 해도 단풍 초기부터 자연 VOCs를 내뿜기 시작한다. 심지어 낙엽으로 땅에 떨어져 완전히 마를 때까지 VOCs를 방출하는 전생애 오존 형성 프로그램이 내장돼 있다는 연구 결과도 나왔다. 시급히 수종별 자연 VOCs 배출량을 조사해야 할 까닭이 여기에 있다.

가로수가 위험하다

사실 그 동안 도심의 녹지가 턱없이 부족했다. 그래서 환경적 가치까지 따질 겨를이 없었는지도 모른다. 더구나 나무를 심어 생기는 산림욕 효과(Phyton Cide), 조경 효과, 열섬 현상 건조화 완화 등의 장점을 생각한다면, 환경학자들이 지적하는 대기중 광화학스모그 형성이라는 부작용은 미미해 보일 수 있다. 그래서 아직까지 자연 VOCs는 행정 당국의 관심사항이 아니다. 나무에서 나오는 자연 VOCs가 대기에 치명적인 영향을 끼치는지는 아직 확실하게 밝혀지지 않았다는 이유에서다. 장기적으로 위해한 수종으로 결정이 나면 그때 결정해야 할 문제로 여기고 있을 뿐이다. 가로수는 한번 심으면 수십 년 동안 제자리를 지킨다. 조사가 이루어지지 않는다면 오랜 기간을 광

자연 VOCs를 연구하는 동신대학교 김조천 교수가 야산의 VOCs를 측정하기 위한 장치를 만들었다. 이런 연구를 통해 친환경적인 나무를 선별할 수 있다.

화학스모그와 더불어 살아갈 수밖에 없다.

서울시의 '생명의 나무 조성 계획'은 마무리됐다. 그것이 어떤 효과를 발휘할지는 단언하기 힘들다. 당장은 푸른 녹지가 쾌적한 환경을 제공할지라도 머지않아 집단 오존 배출원 노릇을 할 수도 있다. 미국 애틀란타 시는 1978년부터 무려 10년 동안 1조원을 들여 인위적 VOCs 제어에 나섰다가 실패하기도 했다. 엄청난 예산을 쏟아 부어 참나무(Oak tree) 단지를 조성했지만 도리어 나무들이 자연 VOCs인 이소프린 배출원 노릇을 한 때문이다. 서울시를 비롯한 대도시, 신도시 등은 녹지의 무한 혜택과 함께 환경적 가치를 면밀히 따져봐야 한다. 이를 위해 현재의 수종에 대한 자연 VOCs 배출량을 서둘러 파악해야 한다.

4부

메 디 토 피 아
Meditopia

현대 의학도 고개를 숙였나

현대 의학은 머지않아 '100살 청춘'을 보장할 기세다. 태어나서 일정 기간 살다가 죽음에 이르는 생명체의 규칙. 그것을 파괴한다면 이론직으로 불가능한 일은 아니다. '생물시계(biological clock)'의 작동을 멈추게 하거나 거꾸로 가도록 하면 된다. 그렇게 된다면 '회춘 시술'로 몸을 통째로 바꾸는 것도 가능할지 모른다. 미국 서부 개척시대의 '골드 러시'가 노화방지 산업을 통해 재현되고 있다. 수많은 연구자들이 실험실에서나 가능한 초파리와 선충류 등의 수명 연장 효과를 인간에게 시도하고 있다. 이들이 실마리를 찾고자 하는 것은 두 가지. '생명체는 왜 늙는가'와 '그것을 막기 위해 무엇을 할 수 있는가'이다. 하지만 아직까지 생물시계를 조절할 '비방'은 인간의 손에 잡히지 않았다. 여전히 공상과학영화 수준에서 벗어나지 못하고 있다.

인간의 노화를 인위적으로 막을 수 있을까. 지금까지 많은 노화학자들이 연구를 거듭했지만 노화를 막는 뾰족한 방법은 나오지 않았다.

수많은 가설들

이미 노화의 원인에 대한 이론은 셀 수 없을 정도로 많이 나왔다. 먼저 예정설은 유전정보에 이미 수록된 프로그램대로 반드시 늙어갈 수밖에 없다는 것이다. 세포가 세포 내에서 일상적으로 일어나는 '고장'을 수선할 능력을 일부 상실한다는 '오류축적 이론'이 대표적이다. 젊음을 유지하게 하는 유전자 프로그램의 작동이 정지되거나 기능이 떨어져서 늙는다는 '유전 프로그램 활성화론'도 있다. 다른 한쪽의 노화 이론이 환경설이다. 삶을 영위하면서 생활 방식이나 환경의 영향을 받는다는 것이다. 이런 가설은 서로 보완적일 수밖에 없다. 오류가 쌓이면 유전적 프로그램 작동에 치명적인 영향을 끼치고 환경 또한 무시할 수 없는 변수가 되기 때문이다.

노화연구자들은 이런 가설을 바탕으로 생명 현상의 엔진과 연료를 업그레이드하려고 한다. 마치 캐나다 맥길 대학 헤카가미 연구실에 있는 선충류들이 자연의 것들보다 4.5배나 많은 50여 일을 생존한 것처럼 만들려는 것이다. 하지만 지금까지의 노화 이론은 어디까지나 가설로서 인간에게 적용하기 힘들다. 반면에 동물의 세계에서 거북이나 상어 등 어류들은 노화를 느리게 하고 있다. 이들은 뼈가 부서지지 않고 피부도 처지지 않아 간간이 살이 있고 면역력과 기억력도 오래 지속된다. 인간의 수명 연장을 둘러싼 이론 가운데 가장 주목받는 노화 이론은 '세포수명 가설'이다. 염색체 끝 부분에 매달려 있는 유전자 꼬리 '텔로미어(telomere)'를 주목한 결과다.

미국의 생물학자 레너드 헤이플릭(Leonard Hayflick)은 30여 년 전에 텔로미어가 항상 조금씩 짧아지는 것을 관찰했다. 텔로미어는 마치 구두끈의 끝에 댄 플라스틱 단 구실을 한다. 세포가 분열할 때마다 텔로미어라는 '지하철 패스'를 이용한다는 것이다. 실제로 세포는 분열할 때마다 텔로미어가 조금씩 짧아진다. 인체의 세포들은 대개 평생 백 번 가량 분열하는 '정액권'을 가지고 있다. 일정한 횟수

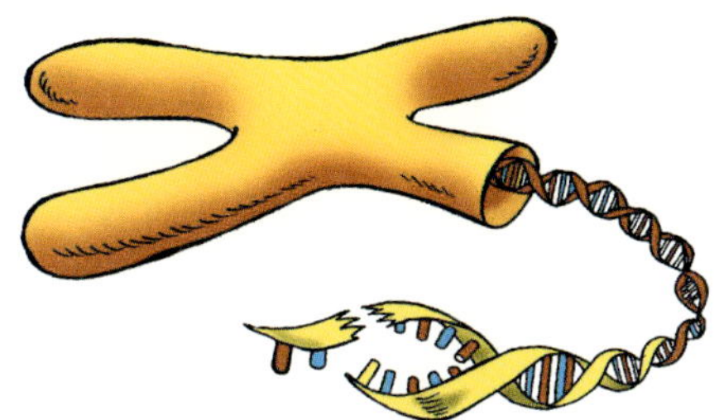

인간의 생물학적 시계를 인위적으로 조절할
획기적인 처방은 나오지 않았다. 텔로미어는
구두끈의 끄트머리 단 구실을 하는 것으로
노화가 진행되면 조금씩 잘려나간다.

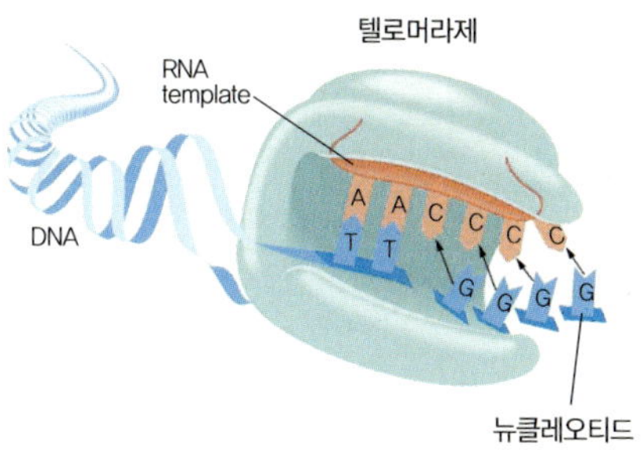

세포가 젊으면 텔로머라제 유전자가 텔로머라
제라는 효소를 충분히 만들어내고 이 효소는
텔로미어로 하여금 떨어져 나간 부분을 재생
시킨다. 나이가 들면 텔로머라제 효소가 감소
해 세포분열이 중단되는 것으로 알려졌다.

의 정액권을 모두 사용하면 세포가 노화에 접어드는 것으로 추측된
다. 텔로미어가 세포의 수명을 판단할 수 있는 일종의 생체시계인 셈
이다. 세포 내 대사는 생물체의 종과 속의 차이에 관계없이 동일하게
이루어진다. 만일 동물실험에서 연장이 가능한 것이라면 인간에게도
적용할 수 있다는 것이다.

생명체의 주행거리를 보여주는 텔로미어. 만일 세포가 정액권 대
신 '프리패스'를 가지고 있다면 노화를 극복하는 게 가능하다. 그래
서 노화연구자들은 텔로미어라는 생명 현상의 퓨즈를 마모시키는 화

학적 연소를 차단하려고 한다. 세포분열을 해도 텔로미어가 소모되지 않도록 하는 것이다. 연구자들은 텔로미어의 연소와 관련된 물질(효소)을 찾아내기도 했다. 바로 '텔로머라제(telomerase)'이다. 텔로머라제는 텔로미어가 짧아지는 것을 막는다. 예컨대 생식세포(정자와 난자)는 텔로머라제를 생성, 분열할 때 끝이 짧아지지 않는다. 일부 노화연구자들은 모든 세포의 텔로머라제 생성을 도모하면 세포가 노화하는 것을 막을 것으로 예측한다. 각종 호르몬으로 노화를 지연한다는 것도 텔로미어 가설을 따르고 있다. 성장호르몬이나 성호르몬 등을 복용하면 텔로미어 길이를 연장할 수 있다는 것이다.

텔로미어의 진실

정말로 호르몬이 텔로미어 복구에 기여하는지는 단언하기 힘들다. 무엇보다 모든 세포가 똑같은 노화 경로를 밟지 않기 때문이다. 뇌 근육세포만 해도 분열을 하지 않는데도 노화 과정을 밟는다. 게다가 호르몬이 생리적 기능을 활성화하면서 생리적으로 어떤 문제가 발생하는지도 규명되지 않았다. 분자 수준의 유전자를 얼마든지 손상시킨다는 지적이 단적인 예다. 텔로머라제가 반드시 인체에 이로운 것도 아니다. 텔로머라제는 생식세포는 물론 혈액세포가 될 근원세포, 암세포 등에서도 발견된다. 노화를 늦추려다가 오히려 건강한 세포마저 끝없이 분열하는 암세포로 바뀔 위험이 도사리고 있다. 만일 텔로머라제를 없애면 노화가 오는 대신 암세포는 사라져야 한다. 하지만 동물실험에서 텔로머라제를 없앴을 때 노화와 암이 동시에 나타나 텔로미어 이론은 최근 미궁에 빠지고 말았다. 텔로머라제의 기능을 처음부터 다시 파악해야 하는 것이다.

세포의 대사를 느리게 하는 방법도 노화 방지에 적용된다. 세포가 영양분을 섭취해 이용하는 과정을 획기적으로 바꾸어 대사 과정이 더디게 이루어지도록 하는 것이다. 그렇게 되면 세포분열 수가 줄어들고 반대로 생존 기간은 늘어난다. 실제로 열량 섭취율이 정상치보다 30% 낮은 쥐는 수명이 30~40% 연장된다는 연구 결과도 있었다. 동물에게 열량 섭취를 줄이면 생리적 반응이 둔화된다. 이들에게 가장 먼저 나타나는 몸의 변화는 체온이 섭씨 1°C 정도 내려간다는 것. 체온이 내려가면 대사활동이 둔화되고 음식물의 분해 속도도 느려진다. 적게 먹은 만큼 음식물의 연소활동 역시 감소하는 것이다. 마치 추위와 먹이 부족에 대한 적응으로 개구리, 뱀, 도마뱀, 거북 등의 양서류나 파충류가 겨울잠을 자는 것처럼. 동면동물들은 물밑이나 땅속에서 월동하는데 체온은 주위 온도와 거의 같아지고 물질대사는 저하된다. 이렇듯 적게 먹으면 동면 효과를 내면서 오래 사는 것인지도 모른다.

동물실험 결과를 사람에 그대로 적용하면 생명 연장의 돌파구를 마련할 수 있다. 하루에 1,400cal 정도만 섭취하면 수명을 30년이나 연장할 수 있다. 물론 현재 열량 섭취율의 절반 아래로 줄여야 한다. 음식물 섭취 부족을 만회하려면 생명체는 특단의 조처를 취해야 한다. 먼저 생체작동 시스템을 성장 위주(growth mode)에서 생존 위주(survival mode)로 바꿔야 한다. 열량 소비를 줄이기 위해 가급적 활동을 자제하는 것도 필요하다. 하지만 이는 거의 실현 가능성이 없어 보인다. 아무리 먹기 위해 사는 사람이 아니라 할지라도 겨우 생존할 정도의 열량만으로 살아가는 게 무슨 의미가 있겠는가.

수명 유전자?

최근 유전학자들은 노화를 근원적으로 차단하기 위해 '수명 유전자(clock genes)'를 찾고 있다. 이미 사람의 노화를 유도하는 몇몇 유전자의 염색체 위치를 알아내기도 했다. 정상으로 태어났다가 이십 대 이후에 급격히 노화가 이루어져 심장병, 동맥경화증 등으로 죽는 '워너 증후군(Warner's syndrome)', 비슷한 증상의 질병으로 좀더 일찍 노화가 진행되는 '프로게린(progerin)' 등은 노화 관련 유전자의 실마리를 제공할 것으로 기대를 모은다. 이런 질병의 원인이 되는 유전자를 찾아내 정상적인 사람에게서 없애면 생명 연장이 가능하다. 이미 미국 코네티컷 대학 스티븐 헬펀드(Stephen Helfand) 박사팀은 '인디'(indy, I'm not dead yet)라는 유전자에 돌연변이가 발생하면 초파리가 장기 기능이나 생식 능력을 그대로 유지한 채 수명이 크게 늘어난다는 사실을 발견하기도 했다. 문제는 이를 찾아 유전자를 조작하는 것이다. 물론 인간 유전체 지도가 완성된 지금, 이론적으로 불가능한 것은 없어 보인다. 하지만 그것은 어디까지나 이론일 뿐이다. 인간 유전자 하나하나의 기능을 따지려면 앞으로 몇십 년이 걸릴지 모른다.

설령 유전자 하나하나의 기능이 밝혀진다 해도 문제는 남는다. 체내에 쌓이는 모든 손상을 막거나 수리할 수 있어야 하는데 이것은 또 다른 차원의 문제이다. 노화와 관련된 생명 현상만 해도 유전자 결합이 이루어지는 과정에서 수많은 요소들이 개입될 수밖에 없다. 설령 단지 몇 개의 유전자가 노화 과정을 지휘한다고 해도 이를 보조하는 유전자는 수천 개에 이를 것으로 추정된다. 게다가 생명 현상은 유전적 요인만으로 해결할 수 있는 사안도 아니다. 고도로 정밀한 생체기계를 조절하는 데는 우리가 지금까지의 과학으로 해명하지 못한 난제들이 수두룩하다. 사정이 이럴진대 동물실험에서 몇몇 시계 유전자를 찾았다는 기사에 호들갑떨 필요는 없다.

젊음의 샘에 속지 말라

레너드 헤이플릭은 30여 년 전에 인간의 세포분열 횟수가 제한돼 있다는 사실을 발견했다. 생체시계가 벽걸이시계처럼 영구히 작동하지 않고 일정한 수명이 있다는 것이다. 캘리포니아 대학 해부학 교수로 재직중인 그는 『노화 과정과 그 이유 *How and Why We Age*』라는 저서를 펴내기도 했다. 세포가 분열하고 재생하는 능력이 염색체 끝의 '텔로미어'에 의해 결정된다는 사실을 발견했다. 그는 '텔로머라제'라는 효소를 공급하면 인간의 세포가 영원히 생존할 것으로 기대했다. 이렇듯 지난 30여 년 동안 인간의 생물학적 운명을 바꾸는 데 매달렸던 그가 최근 시카고 대학 노화방지연구센터 일반의학 교수 제이 올젠스키(Jay Olshansky) 등 저명한 노화 연구자 51명과 함께 "인간이 영원한 생명을 누릴 '젊음의 샘'은 없다"며 시중에 판매중인 노화방지제의 '사기행각'에 놀아나지 말 것을 강력히 주장했다.

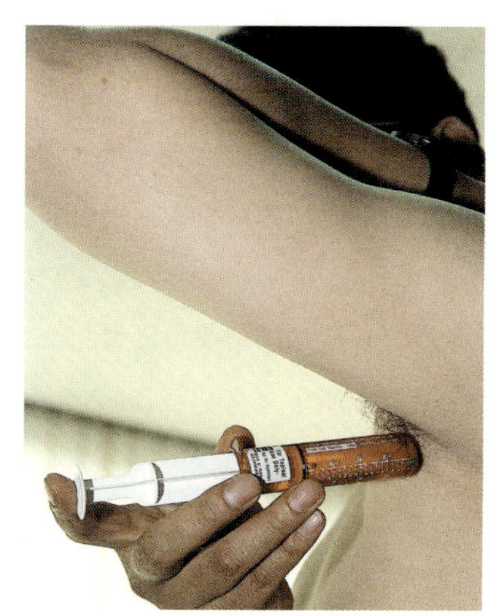

영원한 젊음의 샘은 약물로 솟아날 수 있을 것인가. 한 달에 3백여만원씩 들여 종합 호르몬 처방을 받더라도 투약을 중단하면 예전의 상태로 되돌아간다.

호르몬의 부작용

사실 노화 극복과 생명 연장은 인간의 오래된 화두이다. 현재 노화 연구는 비즈니스적 기대와 맞물려 거대한 회춘산업 시장을 형성하고 있다. 노화방지제 시장에 뛰어든 제품들은 노화 속도를 늦추거나 멈추게 하는 효과를 내세우고 있다. 하지만 시판중인 모든 노화방지제는 의사(擬似) 상품으로 과학적 검증이 이루어지지 않았다. 심지어 심각한 부작용을 일으킬 위험까지 내포하고 있다. 이에 대한 주의를 호소하기 위해 노화를 연구하는 과학자들이 공동 성명을 발표하게 됐다. 실제로 최근 미국 국립보건원은 폐경기 여성들이 젊음을 유지하는 치료법으로 오래 전부터 이용한 에스트로겐-프로제스틴 복합호르몬 요법에 치명적 위험이 도사리고 있다는 사실을 발표했다. 젊음과 건강을 보장한다는 여성호르몬이 유방암(24%), 뇌졸중(41%), 심장발작(29%) 등의 발병 가능성을 크게 높인다는 것이다.

인간의 노화에 관한 진실을 추적한 연구자들의 중간보고서는 생명 연장의 꿈이 희망사항임을 입증하고 있다. 한마디로 노화 속도를 조절하는 효과가 입증된 노화방지제는 없다는 것이다. 지금까지의 연구 결과에 따르면 노화와 죽음에 관한 유전적 프로그램도 명확하지 않다. 노화에 따라 생리적 쇠퇴를 일으키도록 특별히 설계된 유전인자를 가지고 있지 않다는 것은 노화를 질병처럼 손쉽게 다스리기 힘들다는 말이다. 당연히 인간처럼 복잡한 유기체에서 소수의 유전자가 개입해서 복잡한 유전자 배열을 조작하거나 생명의 소멸 시기를 조절하는 게 불가능할 수밖에 없다. 물론 건강한 삶의 기간을 연장한다면 노화 때문에 발생하는 심장병이나 알츠하이머병, 각종 암 등의 발병 시기를 늦추는 것은 부분적으로 가능할지도 모른다. 아무리 노화에 따른 질병을 다스려도 손상된 신체 조직이 복원되는 것은 아니다. 결국 노화를 조절해 생명 연장에 이르는 것은 과학적으로 불가능하다는 게 연구자들의 판단이다.

그럼에도 과학적인 검증이 이루어지지 않은 각종 노화방지제가 시장에 나오는 이유는 무엇일까. 노화 연구자들은 노령화 사회의 무분별한 욕망에서 이유를 찾는다. 사실 생물학적 젊음을 유지하거나 회복하고 싶어하는 사람들은 노화방지제의 효과를 신빙성 있게 받아들이지 않는다. 그러면서도 별로 잃을 게 없다는 생각에 노화방지제를 찾는다는 것이다. 미국 식품의약국의 효능 및 안전성에 관한 검사를 통과한 노화방지 의약품은 없다. 시판중인 노화방지제는 특별한 검사를 거치지 않은 '보조식품' 에 지나지 않는다. 당연히 위생과 효능을 보장받지 못했고, 복용 안내지침이나 부작용에 관한 주의사항도 표기하지 않은 채 시장에 나오고 있는 것이다. 보조식품들이 내세우는 생물학적 변화 수치도 검증되지 않기는 마찬가지다. 과학적으로 검증되지 않은 자의적 잣대를 내세워 일부 수치를 과대 포장하기 일쑤다.

불로장생은 없다

요즘 사회적 관심사로 떠오른 호르몬 대체법만 해도 문제투성이다. 호르몬에 의한 생명 연장은 20세기 초부터 보급됐다. 당시 나이 든 남자들은 염소나 원숭이의 고환을 적출해 이식하곤 했다. 그것이 요즘 정제 호르몬으로 업그레이드되어 시장을 넓혀가고 있다. 특히 멜라토닌이나 성장호르몬, 테스토스테론, DHEA 등은 노화를 늦춰주는 구실을 하는 것으로 널리 받아들여지고 있다. 이들은 노화에 따라 근육과 피부가 늘어지는 현상을 막아주는 것으로 밝혀지기도 했다. 하지만 부작용도 만만치 않다. 예컨대 쥐의 경우 멜라토닌 투여로 종양 발달 위험이 높아졌고 성장호르몬은 심장 질환이나 심장 조기 발달, 폐기능 정지 등의 문제를 일으켰다. 성장호르몬을 투여받은 사람은 선단 거대증이나 골격의 비정상적 성장, 수근골 골다공증 등에 시달리기도 한다. 호르몬이 노화에 관련된 일부 질병에 효과를 발휘하는 게 사실이라 해도 그보다 더한 피해를 입힐 수도 있는 것이다.

노화 방지 효능이 널리 알려진 항산화제도 믿을 만한 치료법은 아니다. 인체나 과일, 야채 등에서 만들어지는 항산화제는 인체에 해로운 활성산소를 중화하는 것으로 알려졌다. 그래서 항산화제 유발 식품을 섭취하면 활성산소를 흡수해 노화 과정을 늦추거나 멈추게 한다고 주장한다. 아무리 인체에 악영향을 끼친다 해도 쓸모가 없는 것은 아니다. 활성산소가 인체에서 사라지면 인간은 죽음에 이른다. 인체에 활성산소가 없다면 생화학적 반응이 일어날 수 없기 때문이다. 산화방지용 비타민 E와 C를 함유한 음식이 암을 예방하거나 기미, 주근깨를 없애준다는 것은 밝혀진 사실이나. 하지만 비타민 보조 식

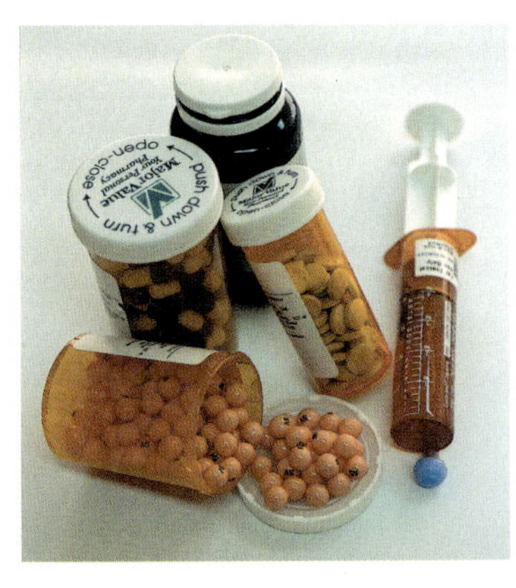

인간의 노화를 연구하는 학자들은 노화방지제로서 시판되고 있는 각종 호르몬들이 인체에 해로울 수 있다고 경고한다. 이들 제품은 과학적으로 효능을 인정받지 못한 상태에서 고가에 판매되고 있다.

품이 인체 내의 산화로 인한 손상을 억제하거나 노화에 영향을 미친다는 사실은 아무도 밝혀내지 못했다. 이런 상황에서 비타민제를 일상적으로 복용하는 게 올바른 처방인지 단정하기 힘들다는 게 노화 연구자들의 판단이다.

적게 먹는 게 보약

그렇다면 부작용을 염려하지 않으면서 젊음을 유지할 방법은 없는 것일까. 안타깝게도 성명을 발표한 노화 연구자들도 이에 대한 명쾌한 대답을 내놓지 못한다. 다만 체중 조절과 운동이라는 일반적인 처방에 기대를 걸고 있을 뿐이다. 충분한 영양 섭취와 규칙적인 운동이야말로 여러 질병의 발병 위험을 줄이고 생명을 연장할 현존하는 최상의 처방이라는 것이다. 식이요법이니 운동이 직접적으로 노화에 영향을 끼친다는 사실이 증명된 것은 아니라 해도 이를 뒷받침하는 연구 성과는 속속 나오고 있다. 노화 연구자들은 식이요법과 관련해 '칼로리 제한'에 깊은 관심을 보이고 있다. 최근 미국 국립노화연구소(NIA) 등의 실험에 성인기 초반 동물에 대한 칼로리 섭취 제한 연구에서 예상 수명이 30% 내지 40% 연장되는 것으로 나타났다. 하지만 칼로리 제한이 사람에게 적용됐을 경우 인체 메커니즘에 장기적으로 어떤 영향을 끼칠지에 대한 판단은 유보한 상태이다. 칼로리를 제한했을 때 배고픔으로 인한 고통을 감수해야 한다.

노화 연구에 관한 입장을 성명서로 발표한 51명의 연구자들. 이들 가운데는 미래의 언젠가는 노화 진행 속도를 늦추고 손상된 조직이 복구될 것으로 믿는 사람도 있다. 일부는 노화의 복잡성으로 인해 노화방지제 개발이 영원히 불가능할 것으로 여기기도 한다. 그럼에도 그들이 하나의 성명서를 발표한 것은 장수 클리닉을 비롯해 도처에서 노화방지제라는 이름으로 제품을 판매하는 것은 '사기행각'일 뿐이라는 데 뜻을 모았기 때문이다. 더구나 인간의 기대수명이 80여 세에 다가선 지금, 노화방지제는 온갖 현란한 문구로 대중을 유혹할 게 틀림없다. 노화 연구에 짧게는 몇 년에서부터 길게는 수십 년을 매달려온 노화 연구자들. 그들이 과학적 의문을 제기하며 목소리를 높이는 까닭은 아직까지 영원한 젊음의 샘은 지구촌 어디에도 없기 때문이라는 사실을 기억해야 할 것이다.

노화를 치료할 수 있다고?

천하를 통일하고 영화를 천년 만년 누리려 했던 진시황제. 만일 그가 되살아난다면 참으로 곤혹스러울 것이다. 환갑도 넘기지 못하고 50세에 죽었던 진시황을 유혹하는 불로장생의 명약이 수두룩한 때문이다. 3천여 명을 풀어 삼신산으로 보내 불로초를 찾으려 할 이유가 없다. 여기저기에 널린 노화방지제 자료를 모으는 데만 상당한 시간을 투자해야 할 정도이다. 미국의 경우 노화를 방지하는 영양 식품과 치료에 해마다 10억 달러 이상을 쓰는 것으로 추정되고 있다. 국내 기능성 식품 시장도 해마다 두 자릿수의 성장률을 기록하고 있다. 그렇다면 환생한 진시황은 영원한 생명을 누리기 위해 무엇을 선택해야 할 것인가. 대표적인 노화방지제를 살펴본다.

◉ 항산화제

일상적으로 먹는 식품을 통해서도 보충할 수 있다. 이미 비타민 A, C, E외 셀레늄은 그 효능을 인정받고 있다. 자유 라디칼(free radical)에 의한 피해를 막아준다는 항산화제는 암과 심장병을 예방하고 근육병, 간장병, 신장병 등 성인병에 효과가 있다고 한다. 하지만 과학적 검증이 끝난 것은 아니다. 일부에서는 세포에 해를 입히고 암, 심장병 등과 다른 노화와 관련된 병을 유발할 수 있다고 주장하기도 한다. 최근의 연구에 따르면 하루 5백 밀리그램 이상의 비타민 C를 복용하면 오히려 DNA가 손상될 수도 있다고 한다. 셀레늄 역시 폐, 대장, 직장, 전립선암을 방지하지만 피부, 방광이나 머리, 목, 가슴 부위의 암에는 효과가 없는 것으로 밝혀졌다. 비타민제를 한 달 동안 복용하는 데 5만원 정도가 들어가며 야채와 과일로 충당할 수도 있다.

◉ DHEA

콩팥 위의 부신에서 극히 미량 만들어진다. 이 호르몬은 테스토스테론과 에스트로겐, 프로게스테론과 그 밖의 다른 호르몬의 합성에 관여한다. 분비량은 35살 후에는 줄어들기 시작한다. 혈중 DHEA 농도가 낮으면 오십대 이후에 관상 동맥 질환에 노출되기 쉽고 유방암 발생 가능성도 높아진다고 한다. 알약이나 껌 형태로 시판되는 DHEA를 복용하면 노년기의 정력을 높이고 심장병을 예방한다. 암이나 기억 상실을 방지하는 데도 도움이 되는 것으로 알려졌다. 그래서 '캡슐 안에 든 젊음의 원천'이라 불리기도 한다. 하지만 유방암이나 전립선암 등의 발암 위험성이 제기되고 있다. 젊은 사람이 복용하면 자연적 분비에 악영향을 끼치기도 한다. 미국에서는 의사의 처방전 없이도 손쉽게 구입할 수 있지만 국내에서는 오남용을 우려해 수입이 금지됐다.

◉ 인간 성장호르몬(HGH)

어린이의 뼈와 근육의 성장, 발달을 조절하고 심장과 신장의 기능을 향상시킨다. 무엇보다 근력을 강화해 면역 체계를 굳건히 하는 것으로 알려졌다. 성장호르몬은 신체의 각 세포에 작용, 세포의 대사 작용을 활발하게 한다. 나이가 듦에 따라 분비량이 차츰 줄어든다. 그래서 호르몬을 추가로 복용하면 노화 현상을 늦출 것으로 기대하고 있다. 하지만 일부에서는 HGH가 노화를 방지하는 데 효과가 있다는 어떤 증거도 없다고 말하기도 한다. 성장호르몬을 맞고 자란 소의 우유를 먹는 것만으로도 유방암에 걸릴 위험이 높다는 연구 결과도 나왔다. 국내의 LG 등 제약회사들이 유전공학적으로 성장호르몬을 양산하고 있다. HGH 생성 촉진제의 경우 주사 한 번에 50만원 안팎이며 한 달 동안 HGH를 복용하는 데 백만원 정도 든다.

◉ 호르몬

남성호르몬은 정소에서 생성되며 남성의 2차 성징을 나타나게 한다. 여성호르몬 중 에스트로겐은 여포에서 생성되고 여성의 2차 성징을 나타나게 하며, 프로게스테론은 황체에서 생성되고 자궁벽을 유지하는 구실을 한다. 에스트로겐은 이미 30여 년 전부터 효용성이 알려지면서 폐경기 여성들이 주로 복용했다. 심장질환이나 골다공증, 치매 등에 예방 효과가 있는 것으로 밝혀졌다. 하지만 유방암 발병률이 1.3배 높아지며 혈관이 막힌다는 우려도 있다. 근육 발달 등으로 성생활에 효력을 발휘하는 테스토스테론. 하지만 양성 콜레스테롤인 고밀도지방단백(HDL)의 혈중 농도를 낮추는 만큼 사용에 신중해야 한다. 노화에 직접 관련되어 복용해야 할 경우 의료보험이 적용된다. 여성호르몬은 1회에 2만원, 남성호르몬은 4~5만원 정도 든다.

◉ 기타 제품들

서양 의학에서 과학적으로 효능을 인정받지 못하는 것들이 있다. 대표적인 게 녹용으로, 신진대사를 원활하게 하고 기운을 북돋는 작용을 한다. 인삼은 임상적으로 효능을 인정받은 장수 식품이다. 녹용과 인삼은 노화 방지에 직접적인 기여를 하기보다는 피로나 원기부족 등 노화에 연관된 증상을 치료하는 것으로 알려졌다. 칼로리가 없고 무기질이 풍부한 다시마는 뼈와 치아를 튼튼하게 하고 갑상선호르몬의 생성을 촉진한다. 은행은 기억력 회복과 집중력 향상에 효과가 있는 것으로 알려졌다. 보툴리눔 독소 A형은 '보톡스'라는 이름으로 주름살 제거에 효능을 보이고 있지만 신경장애 논란에 휩싸여 있다. 미간에 생긴 주름을 개선하지만 6개월에서 1년 뒤면 효과가 사라진다. 비타민 C를 주입해 주름 부위에 부착하는 패치형 제품도 있고 피부와 얼굴 근육의 혈액순환을 개선해 주름을 억제하는 제품도 나왔다.

줄기세포가 불치병 잡는다

생명공학연구소의 세균 배양용 '페트리 접시'(배아 배양기)에 둥둥 떠 있는 반투명의 점. 최소한 여섯 개의 세포로 이루어진 것이라 해도 마침표보다 훨씬 작은 세포 덩어리다. 그것이 만일 복제기술로 만들어진 '인간 배아(human embryo)'라 할지라도 너무 작아서 육안으로 살피는 것조차 불가능하다. 이 세포 덩어리는 무한한 가능성을 지니고 있다. 초기 배아는 속이 빈 공의 형태를 이루는 백 개 가량의 세포 덩어리인 '포배(blastocysts)' 단계를 거친 뒤 포배낭에서 '줄기세포(stem cell)'를 분리하는 것도 가능하다.

줄기세포는 의학의 새로운 시대를 예고한다. 지금으로선 의학이 백기를 들 수밖에 없는 당뇨병, 파킨슨씨병, 중풍 등 불치병 치료에 획기적 전기를 마련하기 때문이다. 줄기세포는 일종의 태생기 '만능 세포'로서 어떤 조직으로든 발달할 수 있다. 초기 분열 단계에서 체

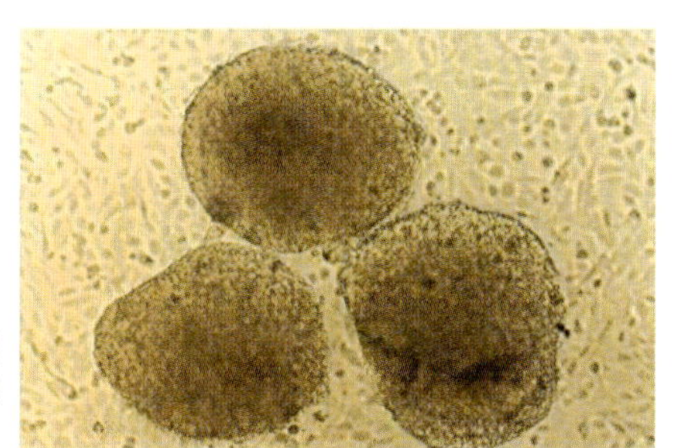

생명공학계의 최대 화두로 자리잡은 줄기세
포. 국내 마리아 병원 생명공학연구소에서 잉
여난자를 이용해 배양한 줄기세포의 모습.

취한 줄기세포는 장기 형성 능력이 없다. 그래서 사전에 입력한 분화
과정에 따라 특정 조직으로 발달하는 '세포계(cell line)'로 배양된다.
이 줄기세포는 키우는 방식에 따라 언젠가 인간으로 성장할 가능성
이 있다. 여기에서 현대 의학의 최대 딜레마가 발생한다.

치료용 복제의 무한한 가능성

인간 배아 전 단계 세포 덩어리는 생명공학 최고의 '고부가가치 제
품'으로 꼽힌다. 그래서 내로라 하는 생명공학자들은 '치료용 복제
(therapeutic cloning)'에 매달리고 있다. 치료용 복제는 환자의 세포
유전물질을 이용해 당뇨병을 치료하기 위한 '이자섬'이나 손상된 척
수를 복구할 신경세포 등을 만들어낸다. 일단 복제된 배아에서 신경
세포를 추출하면 손상된 척수뿐만 아니라 파킨슨씨병과 같은 뇌질환

도 치료할 수 있다. 파킨슨씨병은 부신에서 만들어져 뇌에 필요한 '도파민(dopamine)'을 만드는 뇌세포가 죽어서 발생한다. 알츠하이머병, 발작 간질 같은 질병에도 마찬가지로 적용될 수 있다.

치료용 복제는 생물학상의 제과점으로 불리기도 한다. 여기에서 배아 줄기세포는 '밀가루' 구실을 한다. 어떤 성분을 첨가해 어떻게 반죽하는가에 따라 다른 결과를 얻는다. 심장마비로 손상된 심장조직을 치료하는 심장근육세포도 만들 수 있다. 복제된 줄기세포를 혈액과 골수세포로 분화시킨다면 더욱 광범위하게 쓰인다. 다발성경화증이나 류머티스성 관절염 등과 같은 자가면역질환은 골수에서 생성되는 면역계 세포인 백혈구가 신체 자체의 조직을 공격해서 일어난다. 이때 조혈 기능을 가진 복제 줄기세포를 주입하면 자가면역질환에 걸린 환자들의 면역계를 새롭게 조절하는 게 가능한 것으로 알려졌다.

이처럼 치료용 복제는 고장난 장기와 조직에 새로운 생명력을 부여하는 '재생의학(regenerative medicine)'을 예고한다. 예컨대 자동차의 엔진이 고장났을 때 교체 이외의 방법이 없듯이 재기 불능의 인체 조직을 새로운 조직으로 바꿔치기 하는 것이다. 하지만 복제 줄기세포가 당장 '장기(臟器) 공장' 노릇을 할 수는 없다. 마리아 생명공학연구소 박세필 소장은 "치료용 복제는 분신을 만들어 췌장, 심장 등을 꺼내 쓰는 게 아니다. 지금은 배아세포를 줄기세포까지 자라도록 유도하는 것이다. 줄기세포의 기능을 밝혀내는 데만 해도 10여 년은 걸릴 것이다"라고 말한다.

줄기세포 배양 과정

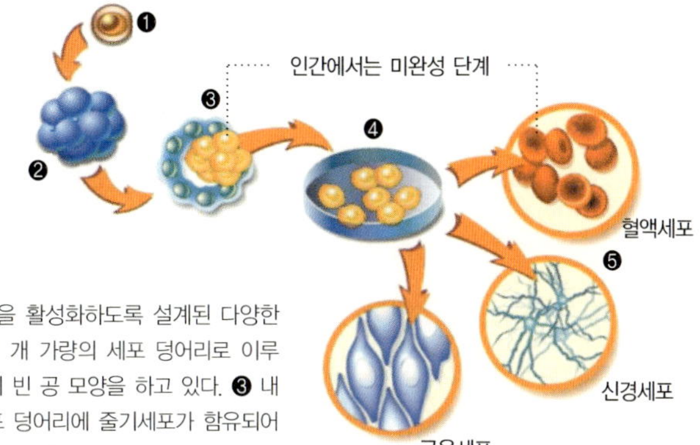

❶ 생체 밖에서 수정된 난자. 난자가 분할을 활성화하도록 설계된 다양한 화학물질과 성장인자에 노출시킨다. ❷ 백 개 가량의 세포 덩어리로 이루어진 포배 단계. 4~7일이 지난 상태로 속이 빈 공 모양을 하고 있다. ❸ 내부 세포군을 형성하는 배반포 단계. 이 세포 덩어리에 줄기세포가 함유되어 있다. ❹ 줄기세포 배양. 포배를 열고 내부세포군을 채취해 배양접시에 기르면서 줄기세포를 생산하도록 한다. ❺ 조직과 장기로 분화. 줄기세포는 환자에 주입될 수 있는 다양한 세포를 생성하도록 유도된다.

줄기세포 비교

구분	배아줄기세포	생체줄기세포
세포 유래	배반포 유래 내부세포괴, 원시생식세포	골수세포, 조혈세포, 피부세포, 일부 신경세포
체외증식	무제한	제한
생체 내 세포 재건	불가능	가능
면역거부반응	알려지지 않음	위험 많음
텔로머라아제 활성	높음	낮음
세포치료 목적	이용 가능	알려지지 않음
임상 응용	연구 단계	응용·연구 단계
장점	면역거부반응을 크게 줄일 수 있음 여러 조직과 장기로 발전할 수 있음 분화 과정이 상대적으로 많이 파악됨	특정 조직의 재생이 쉬움 손상 조직으로 스스로 이동할 수 있음 특정 성장촉진 요소로 주위의 세포를 보호함
단점	얻는 과정에서 배아가 파괴됨 이식된 세포가 종양을 형성할 수 있음 인간복제로 이어질 수 있음	개체 수가 적고 분리 과정이 까다로움 분화세포로 이어지는 메커니즘 불투명 체외배양 기술이 확립되지 않음

　인간 배아를 만드는 치료용 복제는 무한한 가능성에도 불구하고 실험조차 제대로 이루어지지 못하고 있다. 윤리적 논란에서 예외가 아닌 탓이다. 그래서 연구자들은 정자 없이 난자만으로 배아를 만드는 '처녀생식(parthenogenesis)' 방법으로 치료용 배아 줄기세포를 만들고 있다. 처녀생식으로 만드는 배아는 정자 없이 만들어지기에 자궁에 이식해도 임신이 안 된다. 2001년 11월 미국 매사추세츠 주의 생명공학 회사인 어드밴스드 셀 테크놀로지(ACT)가 세계 최초로 인간의 난자를 처녀생식으로 복제 배아로 만들었다. 하지만 줄기세포를 만드는 단계까지 가지 못해 연구 성과를 의심받았다.

　ACT는 2002년 2월 영장류에서 처녀생식으로 줄기세포를 만드는 게 가능하다는 사실을 밝혀내기도 했다. 원숭이의 포배기 배아에서 줄기세포를 추출해 맥박이 뛰는 심장세포 소화관의 상피조직, 도파민 생성 신경세포 등의 세포를 생산한 것이다. 국내에서도 지난 7월 마리아 생명공학연구소에서 생쥐의 난자를 배아로 전환하는 처녀생식으로 배아 줄기세포를 추출해내는 데 성공했다. 동물실험이라는 한계는 있었지만 줄기세포에서 60~80회의 심장박동수를 가진 고순도 심근세포를 대량생산할 수 있는 길을 열어놓은 것이다.

　이렇듯 치료용 복제의 효용성을 뒷받침하는 연구 성과가 잇따라 대중에게 다가오고 있다. 손발이 떨리는 파킨슨씨병과 운동기능이 쇠퇴해버리는 ALS(근 위측성 측색경화증) 등 신경에 이상이 발생하는 병, 교통사고 등에 의한 척추 손상과 같이 근본적인 치료 방법이 없는 질병 등을 가진 환자들은 분화한 세포로 치료할 날을 학수고대하

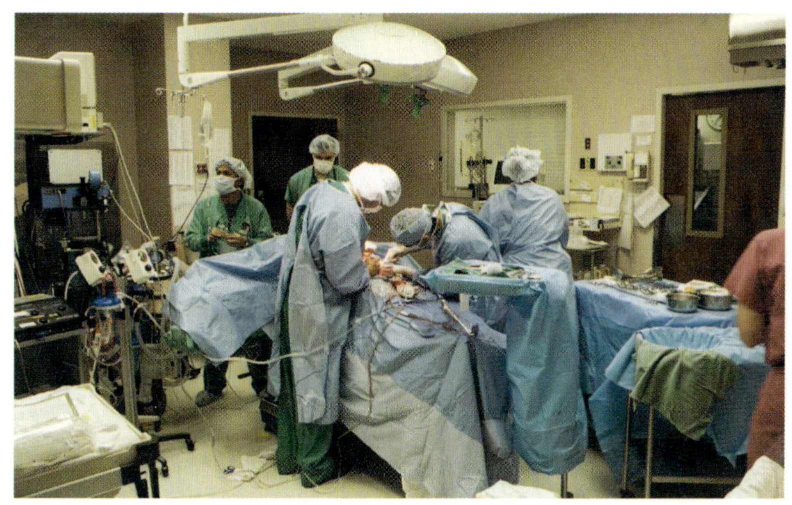

줄기세포는 조직과 장기를 재생해 난치병을 치료할 것이라는 기대를 모으고 있다. 아직 세포로의 분화 과정도 제대로 밝혀지지 않은 상황에서 줄기세포를 이용한 장기이식은 요원하다.

고 있다. 심지어 자기 몸을 임상실험에 써달라고 애원하는 사람도 있다. 파킨슨씨병 환자인 영화배우 마이클 제이 폭스는 줄기세포 연구를 장려할 정치인에게 투표하겠다고 밝혔고, 전신마비로 투병중인 영화배우 크리스토퍼 리브도 중추신경계 복구를 위한 유일한 대안을 가로막는 부시 행정부를 비난하고 있다.

끝내주는 체세포 복제

하지만 현재까지 체세포 핵이식을 이용한 치료용 복제는 거의 불가능한 실정이다. 난자의 핵을 제거한 다음에 체세포의 핵을 공여된 난자에 주입해 얻는 배아 줄기세포는 세포 치료의 최대 걸림돌인 면역거부반응을 일으키지 않는다. 그런 놀라운 가능성에도 치료용 복제는 법적으로 원천 봉쇄되고 있다. 미국에서는 2001년 7월 31일 어떠한 인간 배아복제도 금지하는 '웰던(Welden) 법안'이 하원을 통과했다. 조지 부시 대통령은 배아에서 얻은 줄기세포와 관련된 연구에 대한 연방 기금 지급을 중지시키기도 했다. 인간복제의 가능성이 있는 연구는 어떤 식으로든 이루어질 수 없다는 의지를 반영한 것이다.

국내에서는 보건복지부가 작성한 '생명윤리 및 안전에 관한 법률안'이 2003년 4월 규제개혁위원회를 통과했다. 2년여의 논란 끝에 마련한 법률안은 난치병 치료를 목적으로 하는 체세포 복제를 부분적으로 허용하는 내용을 포함하고 있다. 황금과실이 열릴 가능성이 많은 나무를 싹이 트기도 전에 신느기가 생실지 모른다는 예견으로 뿌리를 뽑지 않은 것은 다행스러운 일이다. 이제는 인간복제의 가능성을 원천적으로 봉쇄하는 게 중요하다. 물론 복제된 배아를 여성의 자궁에 이식해 복제 아기의 탄생을 유도하는 인간복제의 가능성이 있는 '생식용 복제(reproductive cloning)'는 윤리적 문제뿐만 아니라 산모와 태아에도 치명적인 위험이 따를 수 있다. 일부에서는 영장류의 경우 난자핵을 제거할 때 세포분열에 필수적으로 방추체가 떨어져 나가 복제가 애당초 불가능하다고 주장하기도 하다.

재생의학으로 가는 치료용 복제를 막는 이유는 간단하다. 수정과 동시에 인간이 창조되었다고 믿는 탓이다. 하지만 줄기세포 연구에 쓰이는 배아세포 덩어리를 하나의 인간 개체로 보기에는 부족한 것이 많다. 생물학자들에 따르면 자그마한 배아의 3분의 2가 여성이 자신의 임신 여부를 알기도 전에 파기되고 있는 것으로 알려졌다. 임신 후 2주된 세포 덩어리에서부터 중요한 변화가 발생하기 시작한다. 이른바 '원시선(primitive streak)'이 나타난다. 이는 배아의 머리와 꼬리, 좌측과 우측을 결정하는 세포들의 열이다. 아울러 중요한 일부 유전자들이 갑자기 활동하기 시작해 세포들은 각기 다른 발달 과정을 거치며 간이나 심장 등으로 자라게 된다.

치료용 복제를 지지하는 연구자들은 배아가 생물학적으로 임신 14일 후부터 성장한다는 사실을 내세우고 있다. 원시선 이전은 조그만 세포 덩어리로서 원시 생명체일 뿐이며 이후에야 인간 생명이 시작된다는 것이다. 원시선이 인간 생명과 비생명의 경계선으로 작용하는 셈이다. 실제로 대다수의 생명공학 연구자들은 배아 전 수정 초기 세포 덩이는 현미경으로 보아야 할 정도로 작아서 기술적으로 임신이 됐다고 말할 수 없는 단계라고 여긴다. 하지만 반대편에 있는 사람들은 생명이란 임신에서부터 시작되기에 배아가 얼마나 작건 또는 배아가 얼마나 많은 희망을 주건 배아를 연구용으로 사용할 수 없다고 주장한다.

치료용 복제 금지 법안은 낙태라는 상황과 맞물려 논란의 대상이 되기도 한다. 현재 낙태는 법으로 금지하고 있지만 실제로는 해마다 1만여 건의 인공수태 시술이 이루어지고 있다. 이런 상황에서 초기 상태의 배아를 인간으로 인정한다면 출생까지 가지 않을 페트리 접시의 세포가 여자 자궁 속의 배아보다도 더 많은 권리를 갖는 격이다. 체세포 핵이식의 권위자인 황우석 교수(서울대 수의학)는 "치료용 복제가 배아의 희생을 동반하는 것은 사실이다. 그렇다고 해서 배아의 희생이란 이유로 배아의 모든 치료적 가능성을 차단해선 안 된다"고 말한다. 과학기술부는 줄기세포 연구를 '21세기 프론티어 연구개발 사업'에 포함해 해마다 백억원씩 10년간 천억원을 지원한다. 치료용 복제가 지원 대상에서 제외된다면 재생의학에서 상대적으로 훨씬 효용성이 높은 연구를 도외시한 채 반쪽의 성과를 기대할 수밖에 없을 것이다.

미끄러운 경사길

그렇다면 치료용 복제는 영원히 불가능할 것인가. 사정은 그렇지 않다. 영국은 1990년에 제정된 '인간의 수정 및 발생에 관한 법'을 2000년에 수정해 치료용 복제를 허용하도록 했다. 더욱이 인간 배아 줄기세포가 유사 이래 한 가지 세포로 모든 질병을 치료할 유일한 수단으로 꼽히는 상황에서 수천억 달러의 시장을 형성할 '황금시장'을 각국의 생명공학 기업들이 포기할 리 만무하다. 미국만 해도 정부의 연구비 지원만 받지 않으면 그만이다. 체세포 핵이식이나 처녀생식 등으로 인간 배아를 만드는 치료용 복제 실험의 길이 열려 있는 셈이다.

생명공학의 기술적 진보는 하루가 다르게 놀라운 양상으로 전개되고 있다. 이런 가운데 일각의 주장처럼 '완전한 금지'는 나름대로 경쟁력 있는 차세대 생명공학 산업을 가로막는 장애물일 뿐이다. 물론 '무제한 허용'은 한번 발을 들여놓으면 걷잡을 수 없이 미끄러져 내리는 '미끄러운 경사길'로 접어들 수 있을 것이다. 문제는 다시 생명이다. 배아가 존중받아야 하듯이 불치병으로 대책 없이 죽음을 기다릴 수밖에 없는 이들의 생명 역시 소중하다. 그들에게 치료용 복제는 '생명의 불씨'임에 틀림없다. 오늘의 윤리가 내일도 적용되어야만 하는 것은 아니다. 지금 어떤 상황에도 대비할 수 있는 '재생의학'의 토대를 마련해야 한다.

밤을 낮으로, 낮을 밤으로

군인들이 수면주기를 마음대로 바꿀 수 있다면…… 만일 그게 가능하다면 전투 상황에 맞게 잠자는 시간을 조절해 전투력을 극대화할 수 있을 것이다. 전쟁터에서 군인을 최악의 상황으로 내모는 피로쯤은 거뜬히 물리칠 수 있다. 보초 근무병이 잠시 조는 틈에 벌어지는 적의 침탈을 걱정하지 않아도 된다. 최정예 첨단 군인들의 필수품으로, '일광안경'을 꼽는 이유가 여기에 있다. 첨단 기기가 내장된 안경을 이용해 군대가 깨어 있도록 한다. 이미 미국 인라이턴드 테크놀로지 어소시에이트(ETA)사는 '삼내비(Somnavue)'를 개발해 24시간 주기의 생체리듬을 마음대로 조절할 수 있는 길을 열어놓았다. 생체시계의 원리에 의한 '시간생물학(chronobiology)'이 첨단 과학 제품을 통해 구현되는 셈이다.

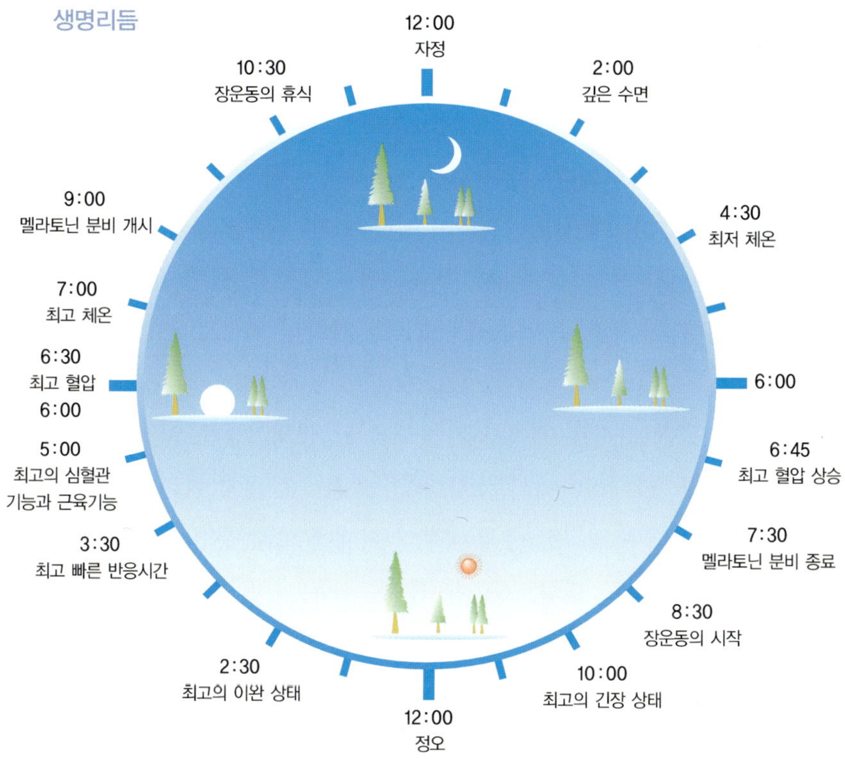

인체활동의 생체시계를 이용한 생명리듬 표 만들기.

수면주기 조절

삼내비는 빛을 이용해 인간의 생물학적 리듬을 인위적으로 바꾼
다. 겉으로 보면 안경과 유사한 휴대형 기기로 소형 전원장치가 딸려
있다. 전원장치에서 생성된 빛은 광전자 케이블을 타고 안경렌즈의

유리섬유 다발로 이동한다. 다시 유리섬유를 통해 눈의 특정 부위에 전달된 빛이 눈의 움직임을 피로와 잠의 패턴을 통제하는 두뇌의 시상하부에 연결시킨다. 이런 과정을 통해 눈에 전달되는 빛을 조절해 생체리듬을 재편성한다. 삼내비는 사용자의 주문에 따라 24시간 리듬을 변화시킨다. 예컨대 전쟁터의 병사가 저녁 무렵 휴식 시간을 이용해 일정 시간 동안 삼내비를 착용하면 그때부터 생체리듬이 새롭게 시작된다. 24시간 주기의 생체리듬을 과학의 힘으로 조절하는 것이다.

이렇듯 첨단 기기로 제어가 가능하게 된 생체리듬은 인간의 전유물이 아니다. 박테리아에서부터 식물·동물·인간에 이르기까지 모든 생물들은 매우 정교한 생체 내부의 시계에 의해 생명 현상을 유지한다. 생물의 체온, 혈압, 호르몬 분비, 소화, 소변, 수면 등 다양한 활농이 생체리늠에 의해 조절되는 것이다. 만일 생체리듬의 주기가 깨지면 피로가 누적되고 면역력이 떨어져 심각한 질병을 유발하기도 한다. 대표적인 예가 대륙을 오가는 비행기 여행자들이 겪는 시차 고통이다. 이처럼 행동이나 생리에 절대적인 영향을 끼치는 생물학적인 시계는 분자적인 수준에서 매우 복잡하다. 아무리 정교한 스위스 시계일지라도 생체시계의 복잡한 메커니즘을 따라갈 수는 없다.

생체시계는 빛을 통해 생명 현상에 영향을 끼친다. 빛은 망막에 있는 세포를 통해 뇌에 전달되고, 뇌에 전달된 신호를 바탕으로 각종 호르몬 분비기관에 명령을 내린다. 망막의 대표적인 세포의 하나는 간상세포(rod cell)로 명암을 구분하게 하며, 다른 하나는 원추세포

(cone cell)로 색깔을 구별하게 한다. 포유류와 같은 고등생물의 중추 생체시계는 뇌 시상하부에 있는 '교차상핵'(SCN, suprachiasmatic nucleus)에 있는 것으로 알려졌다. SCN은 망막에서 일주기(circadian) 정보를 얻어내고, 뇌 중앙에 있는 송과선에서 분비되는 수면조절호르몬인 '멜라토닌'을 이용해 24시간 주기에 따른 생체시계를 조절한다. 만일 송과선에서 적정량의 멜라토닌이 분비되지 않으면 잠이 들지 않게 된다. 멜라토닌 수치는 특정한 색깔의 빛에 의해 조절된다. 빛의 색깔에 따라서 24시간 주기가 재편성되는 셈이다.

생체시계를 조절하는 시계유전자의 실체도 속속 밝혀지고 있다. 분자생물학의 발달에 힘입어 시계 유전자를 클로닝하고 있는 것이다. 생물학적 시계의 내부적 작동은 초파리에서 처음 밝혀졌다. 피리어드(Period)나 타임리스(Timeless) 같은 이름을 가진 초파리의 시계유전자들은 누에고치로부터 성충 파리가 나타나는 시기를 조절하거나 다른 시간대에서 각기 다른 활성을 나타내게 한다. 1998년 노스웨스턴 대학 조셉 타카하시(Joseph Takhashi) 박사팀은 생쥐의 시계유전자를 클로닝해서 생체시계 조절 메커니즘을 규명했다. 하지만 아직도 포유류의 시계유전자는 밝혀지지 않았다. 인간의 시계유전자가 밝혀진다면 삼내비와 같은 수면조절용 첨단 기기도 쓸모가 없어질 것이다. 게다가 생체시계의 메커니즘을 통해 노화를 늦추는 것도 가능하며 불치병 치료에도 이용될 전망이다. 암세포 같은 비정상적인 세포는 생체시계가 오작동하면서 생긴다는 보고도 있다.

최근 24시간 주기의 생체시계 원리는 각종 질환을 치료하는 데 쓰

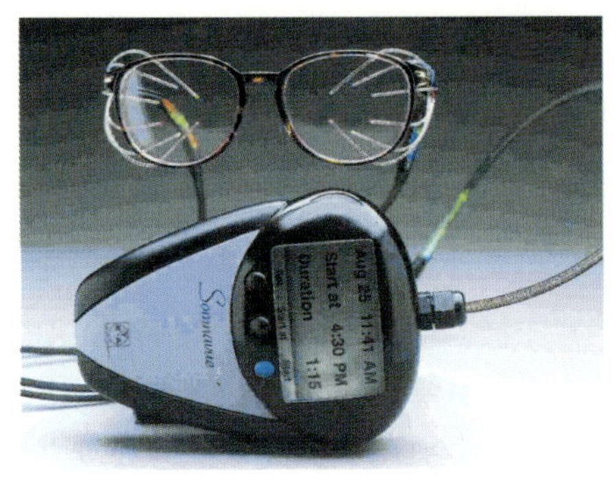

인간의 생물학적 리듬을 인위적으로 바꾸는 생체리듬 조절 안경 삼내비. 소형 전원장치에서 생성된 빛이 안경렌즈에 전달된다.

이고 있다. '시간요법(chronotherapy)'은 개인의 생체리듬을 이용해 부작용을 줄이면서 치료에 도움을 준다. 미국 텍사스 대학의 시간생물학자 마이클 스몰렌스키(Michael Smolensky) 박사는 "대부분의 의사들은 약 복용 시간이 약효에 결정적인 영향을 미친다는 사실을 전혀 모르고 있다"고 지적한다. 실제로 특정 질환은 24시간 주기 패턴을 보이기에 복용 시간을 잘 맞추면 약효가 높아진다. 예컨대 천식은 주로 밤 시간에 발생하며 일반적으로 낮보다 증상이 더 심하다. 천식환자들은 초저녁에 약을 복용하면 심야에 천식을 줄일 수 있다. 위산은 야간에 더 많이 분비되므로 궤양환자들은 저녁을 먹으면서 특정 산(酸) 저해제를 복용하는 게 좋다. 항생제는 오전 11시쯤에 먹는 게 효과적이다. 그 무렵에 감염균에 대한 체내 방어력이 가장 취약해 항생제의 지원이 필요한 것이다. 퇴행성 골관절염은 초저녁이나 밤에 가장 통증이 심하므로 이에 맞춰 소염진통제를 복용하면 약효가 높다.

약물 효과 극대화

아예 생체주기에 따른 시간요법형 약물도 잇따라 나오고 있다. 특정 시간에 특정 질병을 악화시키는 생체리듬의 원리를 이용해 약물의 효용성을 높이는 것이다. 대표적인 게 슈왈츠제약의 고혈압 치료제 '베를랜(Verelan) PM'이다. 대부분의 사람들은 잠에서 막 깨는 이른 아침에 혈압이 갑자기 오른다. 당연히 고혈압 환자들에게 아침 시간은 특히 위험하다. 심장마비와 뇌졸중 등이 이른 아침에 많이 발생하는 이유가 거기에 있다. 그런 까닭에 혈압약은 이른 아침에 효능

노인들이 삼내비로 생체리듬을 바꾸어 생기를 얻을 수 있을 것인가. 하지만 생체리듬의 인위적 변화가 인체에 어떤 영향을 끼치는지는 장기적으로 조사해야 한다.

이 작용해야 효과적이다. 취침 전에 복용하는 베를랜 PM은 표면을 특수코팅 처리해 곧바로 효과가 나타나지 않다가 다음날 아침 6시 무렵에 약효가 최대치에 이른다. 뉴로젠(Neurogen)사가 내놓은 불면증 치료제는 복용 즉시 수면 상태로 유도하고 아침에는 투약 효과가 완전히 사라진다.

생체시계에 관련된 유전자들은 아직 완전히 밝혀지지 않았다. 다만 시계유전자들의 활성이 빛에 달려 있다는 것은 틀림없는 사실이다. 낮과 밤이 바뀌는 가운데 빛이 순환적으로 변하면서 몸의 생리적인 리듬을 조절하는 것이다. 만일 생체시계를 조절하는 신약이 개발된다면 24시간 주기의 리듬을 자유롭게 바꾸는 것도 가능할 것이다. 하지만 인공적인 방식의 생체리듬 제어가 인체에 어떤 영향을 끼칠지는 불분명하다. 삼내비가 잠을 조절해 48시간 주기의 생체리듬을 만든다 해도 생체시계가 거기에 맞게 작동하는 것은 아니다. 아무리 밤 시간에 눈을 뜨고 있어도 인체 기능은 잠들어 있을 수 있다. 지금으로선 24시간 주기의 생체리듬을 인위적으로 바꾸기보다는 시간요법 등을 이용해 생체시계의 작동 메커니즘을 존중하는 게 최선의 방법일 것이다.

생체시계에 따른 인체활동

오전 1시 : 병원균과 이물질을 공격하는 면역 임파구의 활동이 가장 활발하다.

오전 2시 : 성장호르몬의 혈중농도가 가장 높아 발달이 집중적으로 이루어진다.

오전 3시 : 대부분의 신체 기능이 최저 상태로 업무·학습 효과가 떨어진다.

오전 4시 : 기관지가 수축된 상태로 천식발작이 많이 일어난다.

오전 5시 : 암세포들의 활동이 활발하며 증식이 이루어진다.

오전 6시 : 인슐린의 혈중농도가 가장 낮으며 배뇨량이 가장 많다.

오전 7시 : 부신피질호르몬과 각성호르몬의 분비량이 최고에 이른다.

오전 8시 : 심장마비나 뇌졸중 발작이 가장 빈번하다.

오전 10~11시 : 부신피질자극호르몬 분비로 단기간 암기 능력이 최상이다.

정오 : 헤모글로빈의 혈중농도가 높아 알코올에 가장 취약하다.

오후 1~2시 : 기력이나 체력이 떨어지며 체온이 높아 식곤증을 느낀다.

오후 3시 : 근력·악력·호흡력이 증가하고 반사신경이 예민해 업무 능력이 높다.

오후 4시 : 체온·맥박·혈압이 가장 높으며 몸의 신진대사가 시작된다.

오후 5시 : 미각이 가장 예민하고 식욕이 왕성해진다.

오후 6시 : 배뇨량이 많아지고 스태미나가 가장 왕성하다.

오후 8시 : 소화 작용이 가장 활발하고 체중이 증가한다.

오후 9시 : 통증에 대한 반응이 예민하다.

오후 10시 : 각종 호르몬 분비가 줄고 혈압이 떨어지며 업무 효율도 낮다.

오후 11시 : 알레르기 반응이 가장 예민하다.

자정 : 세포 재생력과 신진대사가 가장 활발하다.

마법의 탄환, 질병 초토화

세균성 수막염은 1980년대 초반까지만 해도 유아의 생명을 위협하는 질병이었다. 수막염의 주범인 B형 인플루엔자 호혈균에 감염되면 뇌 손상, 청각기능 상실 등의 후유증에 시달려야 했다. 하지만 요즘 수막염으로 고통받는 어린이는 크게 줄어들었다. 일부 국가에서는 완전히 자취를 감추기도 했다. 이런 추세라면 1979년 세계보건기구가 지구상에서 소멸된 질병으로 선언한 천연두의 뒤를 이을 가능성이 높다. 백신(Vaccine)이라는 혁명적인 의료 수단이 결실을 맺은 것이다.

백신은 대부분 주사바늘을 이용해 접종한다. 고가의 정밀 제조 설비에서 만들어진 백신은 접종 과정에서 또다른 인력과 비용을 소모해야 하고, 접종자들은 바늘에 찔리는 고통을 감수해야 한다. 그런 의미에서 '먹는 백신' (경구백신)은 가장 바람직한 접종 방법으로 여

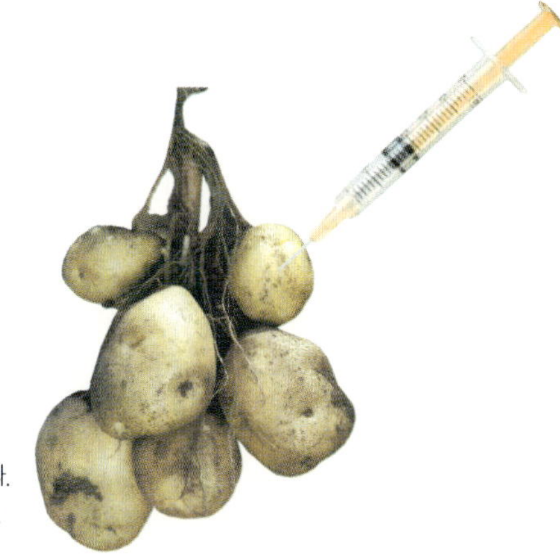

현재의 주사기를 이용한 백신 주입은 종말을 고할 것이다.
미래에는 각종 과일이나 야채가 백신으로 쓰일 전망이다.

겨진다. 하지만 경구로 투여되는 백신은 면역반응의 유도가 안정적인 수준에 이르지 못해 소아마비 백신만 쓰이고 있다. 하지만 최근에 연구가 활발한 유전자 조작기술 덕택에 주사바늘이 크게 줄어들 전망이다. 나무에서 백신을 배양해 과일을 먹는 것으로도 면역 효과를 기내할 수 있다. 항원유전자를 식물에 주입해 형질 변환하거나, 식물체에서 나오는 항원단백질을 식품처럼 먹으면 그만이다.

주사바늘의 종말?

경구용 백신으로 사용하는 단일클론 항체(monoclonal antibody)는 이미 1980년대에 놀라운 가능성을 보여주었다. 모든 불치병이 정복될 것으로 예상하기도 했다. 독성물질이나 방사성 동위원소를 장착한 단일클론 항체가 열 추적 미사일처럼 암세포에 대항해 치명적인 폭격을 가할 것으로 여겼던 것이다. 전염병도 마찬가지였다. 단일클론 항체들이 바이러스나 세균과 같은 약탈자 무리를 둘러싸서 외딴 곳에 묶어두고 대기중이던 면역체계 킬러세포들이 숨 돌릴 틈도 주지 않고 공격하면 그만일 것으로 여겼다. 하지만 단일클론 항체가 인체에 들어갔을 때 목표물을 찾기도 전에 간(liver)에 흡수당하고 말았다. 한동안 단일클론 항체는 실험실 밖으로 나오지 못하는 신세가 될 수밖에 없었다.

이런 불행한 과거가 있는 단일클론 항체가 21세기 들어 놀라운 기세로 시장에 진입하고 있다. 이미 10여 개의 단일클론 항체가 출시되었고 미 식품의약국(FDA)의 승인을 기다리는 제품도 수두룩하다. 이렇게 주목을 받는 데는 여러 가지 이유가 있다. 먼저 일반적으로 복용하는 약은 분자 크기가 커서 모든 질병에 적합하지 않고 개발 기간이 적어도 5년 정도 걸리지만 단일클론 항체는 위험 부위만을 공략하기에 분자의 크기가 작고 테스트 가능 상태에서 개발까지 1, 2년이면 충분하다. 당연히 약물 개발비용도 적게 든다. 전통적인 약물의 개발비용이 대략 250억원 정도라면 단일클론 항체는 그 10분의 1이면 된다.

최근에 개발되는 단일클론 항체들은 키메라 형태(chimeric), 인간화된 형태(humanized), 완전 인간화된 형태(fully human) 등으로 질병에 대한 효과적인 방어책으로 쓰일 전망이다. 이미 레미케이드(Remicade)는 종양괴사인자를 공격하는 약품으로 상업적 대성공을

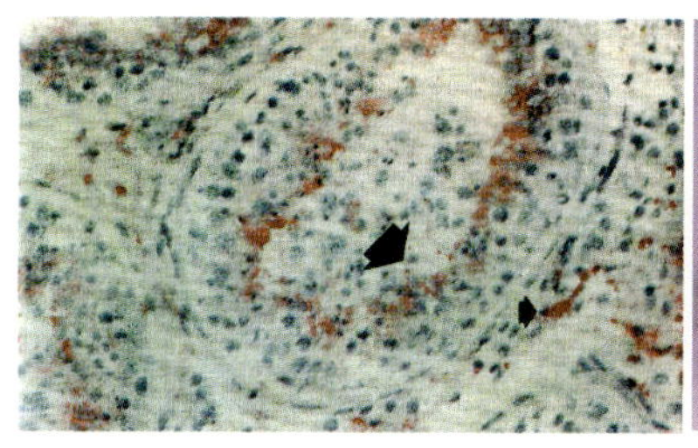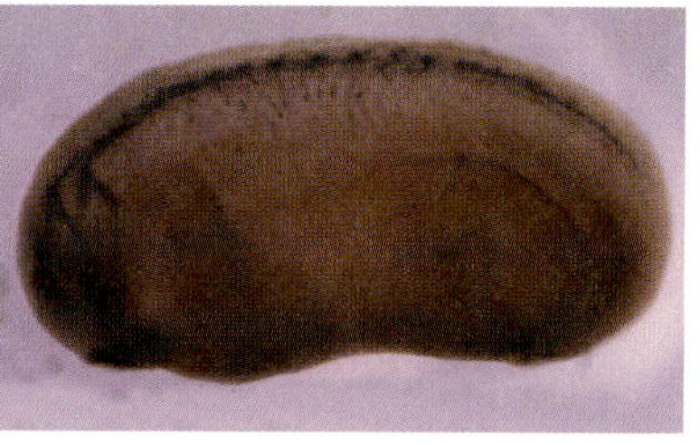

단일클론 항체는 아르헨티나 출신의 분자생물학자 체자르 밀슈타인 박사(Cesar Milstein)와 독일 게오르게스 쾰러(Georges Köhler) 박사가 생산원리를 개발했다. 암 치료, 에이즈 진단 등에 이용되는 단일클론 항체는 차세대 치료제로 관심을 끌고 있다. 오른쪽은 단일클론 항체 HNK-1의 확대 사진.

거두기도 했다. 이 약품은 로론씨병(염증성 장질환)이나 류머티즘성 관절염의 치료제로 쓰이면서 2000년에만 약 4천6백억원의 매출을 올렸다. 종양괴사인자를 공격하는 치료제는 앞으로 연간 26조원의 세계시장을 형성할 것으로 보여 개발사인 센토코(Centocor)사는 돈방석에 앉았다. 아직까지 단일클론 항체에 매달리는 기업은 많지 않다. 세계적으로 10여 개의 대규모 항체공장이 있을 뿐이다. 그래서 지금 세계 각국이 이 시장을 장악하는 데 사활을 걸고 있다.

세계적으로 단일클론 항체 시장이 비약적으로 성장하고 있지만 생산성은 크게 향상되지 않고 있다. 수만 리터 용량의 생물반응기(bioreactor)라는 거대한 탱크 설비를 갖추는 비용이 만만치 않기 때문이다. 그래서 단일클론 항체를 개발하는 기업이나 연구소는 유전자 변형 동식물에 관심을 쏟고 있다. 선택된 항체를 지니도록 유전자를 조작한 동물이나 식물을 이용하는 방법이다. 유전자 조작을 거친 포유동물이 단일클론 항체가 포함된 젖을 생산할 수 있는데 1그램의 항체를 얻는 비용이 12만원 안팎이면 된다. 생물반응기를 이용하는 것의 3분의 1 비용만 소요되는 셈이다. 동물의 경우 유단백에서 단일 클론 항체를 분리하는 과정이 매우 번거롭다. 그래서 식물을 이용하려는 연구자들이 많이 있다.

식물은 값이 싸고 쉽게 생산량을 증대할 수 있어 수요를 충당하는 데 안성맞춤이다. 식물은 단일클론 항체 제품을 톤 단위로 대량생산할 것으로 기대를 모으고 있다. 다만 FDA가 유전자 변형 식물에서 만들어진 약품에 어떤 규제를 가할지가 문제로 지적된다. 녹색식물에서 단일클론 항체 제품의 결합을 시도하는 에피사이트(Epicyte)사와 다우(Dow)는 단일클론을 생성하는 옥수수를 생산할 계획이다. 이 단일클론 항체는 크림이나 연고 형태로 제조되어 입술이나 외음부 등 점막 표면에 도포하도록 하거나 경구 투여 약물로 만들어져 소화기나 호흡기의 감염을 치료하는 데 사용될 예정이다. 또한 정자와 결합해 피임 효과를 내는 단일클론 항체를 비롯해 생식기에 혹을 만들거나 자궁암 등을 일으키는 인간 유두종 바이러스를 억제하는 제품도 상품화될 예정이다.

단일클론 항체는 전염병 예방에도 획기적인 기여를 할 것으로 보인다. 이미 21세기 의약품의 중심부에서 의학혁명을 일궈가고 있다. 식물체를 이용한 단일클론 항체 연구에 가장 큰 진척을 보이고 있는 곳은 미국 코넬 대학 산하 보이스톰슨식물연구소(BTI). 찰스 안트젠(Charles Arntzen)이 이끄는 연구진은 가장 일반적인 세균의 하나인 대장균에서 생성되는 독성물질(면역 활성화 단백질)을 함유한 생감자를 만들었다. 이미 임상실험을 통해 생감자를 먹은 사람의 몸에 독성 대장균에 대한 항체가 생성된다는 사실을 입증하기도 했다. 또 설사병을 일으키는 것으로 알려진 노르워크 바이러스에 사용할 백신으로 감자와 바나나를, B형 간염에 사용할 백신으로 감자와 토마토를 개발했다.

식물체 백신은 특히 아프리카, 동남아 등 제3세계 국가에게 반가운 소식이 아닐 수 없다. 이들 국가는 백신이 절대 부족하며, 설령 백신이 있다 하더라도 냉장 보관이나 접종에 어려움을 겪고 있다. 그런 탓에 대부분의 제3세계 국가는 효과적인 백신 프로그램을 진행하지 못하고 있다. B형 간염만 해도 세계적으로 3억여 명의 보균자가 있어 막대한 양이 필요하다. 만약 먹거리로 쓰이는 식물체에서 백신을 공급받는다면 보균자를 획기적으로 줄일 수 있다. 하지만 다른 식물이나 동물 등의 외래 유전자를 주입하는 방식의 식물 유전자 조작에 대한 반대 여론도 만만치 않다. 공학적으로 재탄생한 농식물이 생태계에 악영향을 끼치는 탓이다. 생물반응기에서 유전자를 주입받은 식물이 최종적으로 결실을 맺는 곳은 야외일 수밖에 없다. 그렇게 자라는 유전자 조작 식물의 유전자가 주변의 생물에 옮겨간다면 '슈퍼 미생물'의 출현 같은 예기치 않은 부작용이 나타날 수 있다는 것이다.

키메라 성형술

　최근에 연구자들은 외래 유전자를 주입하지 않고, 식물 자체에 있는 유전자를 바꾸는 '키메라 성형(Chimeraplasty)'에 관심을 기울이고 있다. 키메라 성형은 DNA의 가닥을 늘여 DNA의 유전 정보를 해석하는 화학물질인 RNA와 결합시켜 유전자를 원하는 대로 바꾸는 방법이다. 그런 과정을 통해 생성된 복합체를 '키메라 성형체'라고 부른다. 이 기술은 키메라젠 등 미국의 몇몇 생명공학회사가 보유하고 있으며, 담배와 옥수수 등에 대한 유전자 조작에서 성과를 거두었다. 키메라 성형을 이용하면 안정적인 식물체 백신 생산은 물론 효과적인 식물의 형질변환을 기대할 수 있다. 커피 열매에 함유된 카페인 함량이나, 대두에서 발견되는 지방산의 크기를 줄일 수 있는 것이다.

　식물체 백신은 치명적인 질병을 다스릴 수 있는 유용한 수단임에 틀림없다. 하지만 사람들이 경구백신을 복용하려면 숱한 어려움을 극복해야 한다. 무엇보다 백신의 적정 주입량을 밝혀내 면역유도반응을 획기적으로 높여야 한다. 경구백신은 영향을 끼치는 범위가 장기나 점막에 그치는 질병에 효과적이다. 설사병이나 호흡기 질환에 관련된 식물체 백신 개발에 집중하는 이유가 여기에 있다. 식물을 이용한 백신은 동물세포에서 배양하는 백신에 비해 바이러스 감염 위험이 거의 없고, 정제 과정도 훨씬 단순하다. 하지만 뒤늦게 개발이 이루어진 탓에 아직까지 식물을 이용한 경구백신으로 실용화된 제품은 없다.

국내에서도 항원유전자의 식물 형질전환을 통한 경구백신 개발이 이루어지고 있다. 다만 사람 백신의 상업화까지 걸리는 시간, 절차 그리고 비용이 많이 들기에 동물용 경구백신을 주목하고 있다. 이미 전북대 유전공학연구소는 돼지의 유행성 설사병을 예방하기 위한 원천기술을 확보하고 있다. 돼지의 설사병은 양돈 농가의 최대 골칫거리이다. 이 설사병은 태어난 지 10~20일쯤 지난 돼지의 20%가 사망에 이를 정도로 치사율이 높은 질병이다. 이로 인한 피해액도 해마다 수백억원에 이른다. 만일 식물체 백신을 첨가한 사료가 생산된다면 축산농가의 피해를 크게 줄이고 사료산업도 고부가가치 산업으로 자

전북대학교 유전공학연구소는 돼지의 유행성 설사병을 예방하기 위한 경구용 백신을 개발하고 있다. 연구진이 돼지의 먹이로 쓰이는 식물체에 백신을 넣어 살펴보고 있다.

리잡을 수 있다. 이 연구소는 BTI와 함께 공동연구소를 설립해 2~3년 뒤에 시제품을 내놓을 예정이다.

이제 식물들이 2만여 종에 이르는 화합물을 만드는 생체공장으로 거듭나 인류의 건강을 떠맡을 태세이다. 식물 세포배양을 통해 생산하는 유용 단백질은 다이아몬드보다 비싸게 팔린다. 실제로 빈혈치료제로 쓰이는 유전자 재조합 물질 'EPO'의 경우 금보다 7만 배나 비싸다. 의료계의 여러 분야에서 진단·치료제로 쓰이는 식물들이 백신으로 만들어진다면 질병 예방에 획기적인 진전을 기대할 수 있다. 원천기술만 확보한다면 거의 생산비를 들이지 않고 높은 효과를 기대할 수 있는 만큼 식물을 이용한 경구백신 연구에 집중적인 투자를 해볼 만하다.

종양을 잡는 미생물의 신비

일본 시마다(島田) 시의 산간 지역에서 녹차를 재배하는 사이토 야스오 씨는 이전까지는 쌀겨, 소의 배설물, 생선찌꺼기 등에 중국산 소금을 섞은 '혼합비료'를 사용했지만 올해는 새로운 비료를 사용해 색다른 녹차를 선보일 예정이다. 그가 사용할 비료는 '해양 심층수'를 주요 성분으로 한다. 시즈오카 현이 시험 급수하는 스루가 만(灣)의 687미터(수온 4~5도)와 397미터(수온 9~10도) 지점에서 끌어올린 것이다. 이 바닷물은 식물의 성장에 필요한 미네랄 성분이 풍부하다. 가까운 해상의 표층수와 비교하면 박테리아가 1백분의 1 정도에 지나지 않고, 인이나 질산 등은 훨씬 많아 퇴비의 발효를 촉진한다. 이처럼 해양 심층수는 그 자체만으로도 훌륭한 생리활성물질 구실을 하며, 심해에 서식하는 생물종은 귀중한 유전자원으로 대접받기에 손색이 없다.

의약품의 원천이 육지에서 바다로 옮겨가고 있다. 극한 환경에서 진화를 거듭한 각종 바닷속 생물들을 이용해 의약품을 개발하고 있는 것이다.

극한 생활의 혜택

해양은 생명을 최초로 탄생시킨 모태로 생물 진화의 보금자리 구실을 한다. 오대양을 이루는 바다의 평균 수심은 4천 미터에 염분 35%, 연평균 온도 5도 안팎이다. 이런 환경 특성으로 인해 해양에 서식하는 미생물은 어떤 극한 조건에서도 특유의 생명력을 발휘한다. 미생물은 빙하 밑과 같은 극한 환경에서도 발견된다. 실제로 많은 빙하 아래에서 지열과 마찰로 인해 형성된 얇은 수층에 박테리아들이 서식하고 있다. 미생물들은 심해저의 열수구나 엄청난 압력이 짓누르는 심해저 등을 가리지 않고 생명활동을 이어간다. 지구상의 생명체가 대부분 태양에너지에 의지하고 일차 생산자인 광합성 생물에서 영양분을 얻는 데 비해 해저에서는 '화학무기 자가 영양세균'이 광합성 식물을 대신한다. 무기물이 산화하면서 생체활동에 필요한 에너지를 내뿜고 이산화탄소를 이용해 탄수화물을 스스로 합성하면서 생명활동을 주도하는 것이다.

지구 표면적의 70%를 덮고 있는 대양에는 이루 헤아릴 수 없을 만큼 많은 미생물들이 생활공동체를 일구고 있다. 많은 해양생물들은 바닷속에 그들의 몸 속에 있는 특이한 물질을 쏟아내 적으로부터 자신을 보호하기도 한다. 그런데 거기에는 살균력이 있거나 부상을 당했을 때 치료하는 효과가 탁월한 물질이 수두룩하다. 만일 해양 미생물이 의학적으로 거듭난다면 기존 항암제의 부작용을 극복하는 것도 어려운 일이 아니다. 해양 미생물을 이용한 생체 고분자 물질은 독성이 낮고 생분해성이 뛰어나 의학이나 산업적 효용성이 뛰어나다. 따라서 해양생물을 단순한 식량자원이나 비료, 사료 등의 소재로 이용하는 데 머물지 말고 생물공학을 접목해 고부가가치 산업으로 거듭나도록 해야 한다.

지금까지 육지에 사는 미생물에서 발견한 생리활성물질은 1만 6천여 종에 이른다. 이 가운데 120여 종이 치료물질로 개발됐다. 이제 육지에 서식하는 미생물에서 찾을 만한 치료물질은 거의 바닥이 난 상태이다. 그래서 이제껏 어류 공급원으로만 여겼던 바다로 눈을 돌리고 있는 것이다. 해양의 생체고분자는 인간 생활에도 이용되고 있다. 해조류에서 나오는 한천(agar), 알긴산(alginase), 카라제난(carageenan)이나 갑각류에서 나오는 키틴, 키토산 등이 대표적인 예이다. 남조류의 생체고분자는 미백 효과가 뛰어난 무독성의 화장품 첨가제로 쓰이기도 한다. 이런 물질은 경제적 효용성도 탁월하다. 알긴산의 경우 해마다 상업적으로 3만여 톤이 생산된다. 염료고정제, 제제첨가제, 응집제 등 일반 상용화 제품의 가격은 1킬로그램 당 20달러 안팎. 의료용 물질로 거듭나 면역촉진제나 겔형성제 등으로 쓰이는 고순도 알긴산은 1킬로그램 당 4만 달러에 이른다.

해양 생물자원은 의학의 획기적인 전기를 마련할 것으로 기대를 모으고 있다. 미국 스크립스 해양연구소 과학자들은 해양에서 군락을 이루는 태충류가 생성하는 물질로 세포분열을 방해하는 '브라이아스태틴(Bryostatin)'에 주목하고 있다. 현재 미국 국립암센터(NIC)가 임상실험을 벌이고 있는 이 물질은 암세포의 분열을 방지하는 항암제로 개발될 전망이다. 카라비안 해협의 산호초에 살고 있는 포도알 크기의 작은 멍게에서 나오는 물질은 백혈병 세포는 죽이지만 정상세포에는 영향을 끼치지 않는 것으로 알려졌다. 유해 미생물을 제거하는 데 쓰이는 이 물질은 기존 항암제보다 효능이 수백 배나 강력하다. 또한 해안에서 흔히 볼 수 있는 멍게의 정자에는 난자의 화학적인 단백질이 있어 불임 남성의 구세주로 떠오르고 있다. 인도양에서식하는 해면동물에서 찾아낸 새로운 항진균제는 에이즈 환자와 암환자들의 목숨을 위협하는 진균 감염증을 독성 부작용 없이 치료하기도 한다. 먹이를 마비시켜 사망에 이르게 하는 원뿔 달팽이의 독은 간질병 환자의 치료제로 쓰일 전망이다.

이렇듯 의학적으로 가능성을 인정받은 해양 미생물들은 공학적으로도 유용성을 인정받고 있다. 굴 껍질에서 발견되는 초강력 흡수물질은 생명공학 제품으로 개발되고 있다. 만일 이 물질로 중합체를 만들면 바다에 유출된 기름을 제거하거나 물을 정화하는 데 이용할 수 있다. 이런 식으로 유용성을 인정받는 해양생물은 이루 헤아릴 수 없을 정도이지만 아직까지는 가능성 수준을 크게 벗어나지 못하고 있다. 무엇보다 인간의 손길이 미치지 않는 곳에 서식하는 게 대부분이기 때문이다. 심해 생명체에 접근하는 수중로봇도 '장님 코끼리 다리 만지는' 정도여서 '하늘의 도움'을 기대해야 할 형편이다. 우리나라처럼 조류가 세고 시계(視界)가 불량한 지역에서는 고성능 중작업용 수중로봇이 필수적이다. 설령 온갖 난관을 뚫고 유용물질을 찾더라

바다 생물들에서 나오는 유용물질을 대량생산하기는 힘들다. 합성물을 대량배양하는 원천기술이 매우 까다롭기 때문이다.

도 문제는 남는다. 해양 합성물이 너무 복잡해서 대량으로 배양 생산
하는 데 어려움이 따르는 것이다. 이런 까닭에 해양생물에서 유래하
는 신규 생리활성물질을 개발하는 것은 육지에서보다 훨씬 까다로운
절차를 밟아야 한다.

가능성 무궁무진

　현재 임상에 적용하는 식물성 항암제 약물들은 성공률이 낮고 심
각한 부작용을 유발하기도 한다. 그래서 해양 미생물의 잠재력에 주
목하고 있는 것이다. 이미 적조 유발 미생물을 비롯해 단세포 미생물
인 미조류가 생산하는 생리활성물질은 가능성을 인정받고 있다. 이
런 물실은 의학은 불본 환경 폐기물 제거, 에너지 생산, 산업공정, 농
업 등의 분야에서 산업적 수요가 늘어남에 따라 국가적 생물자원으
로 보호받기도 한다. 만일 독자적 생물소재를 확보하지 못한다면
2005년에 발효되는 '유전자원 접근과 이익배분 협약'(ABS, Access
and Benefit Sharing)에 따라 비싼 기술료와 자원이용 부담료라는 대
가를 치를 수밖에 없다. 그래서 우리나라도 연근해는 물론 남극과 열
대 태평양에 서식하는 해면, 강장, 원색동물 등의 군체동물과 해양
방선균을 중점적으로 연구하고 있다. 해양 미생물 중에서 실험실 배
양이 가능한 종은 1% 미만, 나머지 99%의 가능성을 어느 정도라도
현실화한다면 '해양대국'은 꿈이 아닐 것이다.

기계가 몸에 들어온다

영국 레딩 대학에서 인공두뇌학(cybernetics)을 연구하는 케빈 워윅(Kevin Warwick)은 몸에 마이크로칩을 넣으려고 한다. 질병을 진단하는 전자 송신기의 성공 가능성을 확인하고 싶은 까닭이다. 그는 언젠가는 자신의 몸에 들어 있는 마이크로칩으로 사무실 문을 열고, 예금을 찾을 때 신원확인용 장치로 이용할 예정이다. 이를 위해 그는 1998년에 자신의 팔꿈치에 초보적인 전자 송신기를 이식하기도 했다. 전자 송신기의 성능이 만족스럽지 않아 몸 속에 집어넣는 건 포기할 수밖에 없었다. 외부에서 스캐너로 전자 송신기의 내용을 읽으면 자신에 관한 각종 정보를 파악할 수 있다. 요즘 그는 송신기를 통해 자신의 신경조직을 컴퓨터에 연결하는 실험에 몰두하고 있다.

머지않아 워윅은 팔꿈치에 있는 전자 송신기를 떼어내고 새로운 마이크로칩을 몸에 넣고 다닐 것으로 보인다. 인체 내장형 전자칩이 개발됐기 때문이다. 미국 플로리다의 어플라이드 디지털 솔루션(ADSX)이 사람 몸 안에 이식할 수 있는 '베리칩(VeriChip)'의 상용화에 나선 것이다. 가로 2.1밀리미터에 세로 12밀리미터 크기의 이 마이크로칩은 이식자의 신상과 의료 등에 관한 각종 정보를 최대 60단어까지 기록할 수 있다. 만일 누군가가 갑작스러운 사고로 의식을 잃었을 경우 특수 스캐너를 이용해 환자의 상태를 재빨리 알아내는 것도 가능하다. 마이크로칩에는 라디오 주파수가 설정되어 있다. 특수 스캐너는 주파수를 통해 정보를 얻게 된다. 이 칩은 미국 식품의약국의 사용승인 절차를 밟고 시판에 들어갔다.

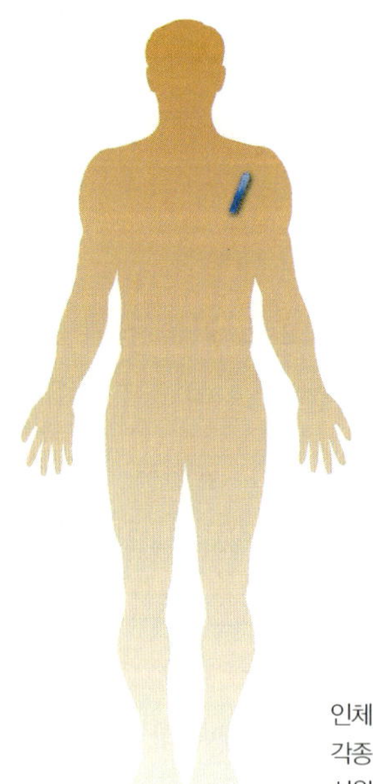

인체 내에 마이크로칩이 들어올 태세다. 이식자의 신상과 의료에 관한 각종 정보를 담은 베리칩은 의식을 잃은 환자나 거동이 불편한 사람의 신원확인 장치로 쓰일 전망이다.

　이미 동물의 세계에서 마이크로칩은 신원확인 장치로 쓰이고 있다. 사람과 더불어 사는 애완동물들의 전자신분증 구실을 하고 있는 것이다. 애완동물을 식별하는 방법은 10여 년 전만 해도 살가죽에 신원을 표시하는 문신이 고작이었다. 그러다가 일본에서 처음으로 칩을 이용한 동물 식별 방법을 도입했다. 잉어의 지느러미 안쪽 부분에 칩을 부착해 잉어가 도난당하거나 다른 잉어와 섞였을 때 식별할 수 있도록 했던 것이다. 하지만 당시의 마이크로칩은 몸에 넣는 것이라기보다 몸에 붙이는 정도에 지나지 않았다. 그 뒤 동물이나 알츠하이머병 환자의 팔이나 다리에 부착할 수 있는 이동형 송신기가 나오기도 했다. 이동형 송신기는 위성을 통해 부착자의 위치를 파악할 수 있는 장치로 쓰이고 있다. 그러다가 프랑스에 본사를 둔 동물제약회사 버박(Virbac)이 지난해 동물 몸에 삽입하는 마이크로칩을 내놓았다.

　버박의 마이크로칩은 국내에서도 상품명 ‘백홈(BackHome)’으로 체내 이식시술이 이루어지고 있다. 겨우 쌀 한 톨 크기만 한 백홈은 깨지지 않는 초미니 원통형의 생체 호환성 유리로 만들어졌다. 내부에는 마이크로칩과 안테나 구실을 하는 코일이 들어 있다. 특정 주파수에서만 작동하기에 위조는 원천적으로 불가능하다. 휴대용 기기를 이용해 암호를 기입할 수 있으며 멸균 주사기로 마취 없이 피부 속에 삽입한다. 칩에는 동물의 주인과 주치의 이름, 주소, 생년월일 등의 정보가 담겨 있는데 라디오 주파수를 이용한 스캐너로 읽을 수 있다.

대한수의사회 병설 백홈 데이터뱅크(www.backhome.or.kr)가 개설되어 동물병원에서 3분 정도 시술한 뒤 등록서류를 데이터뱅크로 보내면 체계적인 관리를 받게 된다.

동물이라면 문신을 새기는 정도의 비용으로 마이크로칩을 이식하기에 애완동물을 보호한다는 의미에서 실용성이 높아 보인다. 서울에서만 한 해 포획되는 유기동물 수가 2천여 마리에 이른다. 대부분의 유기동물은 광견병이나 각종 전염병을 전파할 가능성이 높다. 하지만 한번 잃어버리면 되찾을 방법이 거의 없다. 결국 유기동물들은 거리를 떠돌다 죽거나 집단 수용시설에 갇히게 된다. 이들에게 전자신분증은 헤어진 보호자의 정신적 고통을 줄이고 포획·관리하는 비용을 줄일 수도 있다. 그래서 오스트레일리아, 대만 등 일부 국가에서는 가축이나 애완동물에게 의무적으로 전자신분증을 시술하도록 권고하고 있다. 개, 고양이, 토끼 등은 왼쪽 가슴 위의 피하에, 말이나 소는 경부 인대나 말갈기 근육에, 조류는 가슴 근육에, 이구아나 뱀은 등 부위에 시술이 이루어진다.

하지만 동물들의 전자신분증 구실을 하는 마이크로칩이 사람에게 이식되는 데는 몇 가지 난관이 가로놓여 있다. 그 가운데 하나는 사생활 침해 가능성이다. 마이크로칩에 필요한 정보를 입력하더라도 인체에 삽입하는 '바코드'에 지나지 않기 때문이다. 아무리 알츠하이머병 환자처럼 의식이 뚜렷하지 않은 사람을 돕는다 해도 입력된 정보가 어떤 식으로 활용될지 알 수 없는 노릇이다. 인체에 넣어 빼는 것도 수월치 않기에 전자주민증보다 직접적으로 시민생활을 간섭

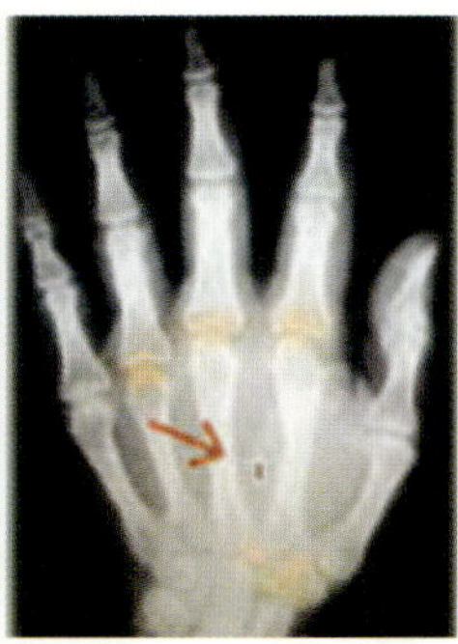

인체 내장형 전자신분증 구실을 하는 베리칩은 동전만한 크기이지만 60단어의 정보를 입력할 수 있다 (왼쪽). 베리칩을 이식한 손을 X-선 촬영한 모습(오른쪽).

할지도 모른다. 또 이동을 제어하기 힘든 마이크로칩이 인체 내에서 어떤 문제를 일으킬지 몰라 섣불리 안심하기도 힘들다. 마이크로칩 이 인체의 다른 조직이나 세포를 손상시키지 않도록 특수물질로 봉 합해도 문제는 발생할 수 있다. 얼마든지 목표지점에서 이탈할 가능 성이 있기 때문이다.

질병 감별기

이런 까닭에 아직까지는 체내 이식형 마이크로칩의 효용성이 낮다 는 지적이 많다. 다만 특정 질환을 앓는 사람의 보조 신분증으로 활 용되면서 질병 진단용 마이크로칩을 개발하는 데 이바지하길 기대하 고 있다. 의학계에서는 마이크로칩으로 질병을 정확하게 진단하고 적절한 처방을 내릴 날이 다가올 것으로 믿는다. 혈액이나 조직 샘플에 존재하는 단백질 패턴을 만들어 마이크로칩에서 질병에 관련된 단백질을 찾을 수 있기 때문이다. 지금까지 거론되는 질병 진단용 마이크로칩은 가로와 세로 각각 1인치 정도의 칩에 수십만 종류의 단백질을 고정시켜 샘플에 포함된 단백질을 한꺼번에 분석하도록 하는 것이다. 미국 스탠퍼드 대학 패트릭 브라운(Patric Brown) 박사팀이 2000년에 개발한 마이크로칩은 1밀리리터 당 10억분의 1그램 농도로 존재하는 특정 단백질을 검출할 정도로 민감도가 뛰어난 것으로 알려졌다.

이런 진단용 외장 마이크로칩이 체내 이식형으로 전환된다면 의학에 획기적인 영향을 끼칠 게 분명하다. 의료진이 내장 마이크로칩에 단백질별로 형광물질을 입혀 칩에 고정된 단백질에 같은 단백질이 결합하면 색깔을 통해 무선으로 어떤 병이든 조기에 진단하는 게 가능하다. 생체 이식형 마이크로칩이 질병을 진단하기 위해서는 무엇보다 칩이 몸 안 곳곳을 무리 없이 돌아다닐 수 있는 동력이 내장되어야 한다. 또한 스캐너 없이도 마이크로칩의 상태를 해독하는 게 가능해야 하며, 칩의 정보를 원거리에 전송할 수 있어야만 전방위 의료 지원을 받을 수 있을 것이다. 물론 아직까지 내장형 마이크로칩은 동력이라는 엔진을 달지 못했고, 레이저 유도 미사일처럼 목표물을 정확하게 식별해 공격하는 약물도 나오지 않았다. 그럼에도 마이크로칩이 서서히 사람의 몸에 진입할 날을 기다리며 하드웨어의 성능을 높여가고 있는 것은 틀림없는 사실이다.

아직도 피가 부족한가요?

외과 수술을 할 때 끊임없이 흘러나오는 혈액은 스펀지로 적셔내거나 소형 펌프로 빨아내더라도 대부분은 쓸모 없게 된다. 혈액량이 체중의 8% 정도에 미치지 못하면 헌혈자들의 혈액으로 충당하는 수밖에 없다. 체중이 60킬로그램이라면 약 4.5리터의 혈액이 필요하다. 우리나라에서 소요되는 수혈용 혈액은 10여 년 전부터 헌혈 혈액으로 충당하고 있다. 하지만 의약품 제조용으로 사용하는 혈장은 아직까지 수입에 의존하고 있다. 우리나라는 혈장 수입에 천5백만 달러 이상을 사용하고 있다. 250만 명에 이르는 헌혈자가 줄어든다면 더 많은 비용을 들여 혈액을 수입해야 한다. 우리나라는 그래도 사정이 나은 편에 속한다.

국제적십자사의 조사 결과에 따르면 세계적으로 해마다 2억 유니트(1유니트는 인체 내의 평균 혈액량의 10%에 해당하는 수치로 나라마

인공으로 피를 만들기 위한 연구가 활발하게 이루어지고 있다. 언젠가는 식물체의 성분을 이용한 인공혈액도 나올 전망이다.

다 400~500밀리리터로 정한다)의 혈액이 부족한 것으로 나타났다. 헌혈자들의 혈액을 처리하는 비용도 만만치 않다. 우리나라에서 1유니트(400밀리리터)의 혈액을 수집·검사·보관하는 데 들어가는 비용은 3만 5천원 정도. 매혈(賣血)을 법으로 인정한 미국의 경우는 그 비용이 200달러에 이른다. 수혈용 혈액은 수명도 짧다. 기껏해야 40일 정도 보관할 수 있다. 이런 문제를 한꺼번에 해결하기 위한 게 인공혈액이다.

수혈용 혈액 태부족

인공혈액은 30여 년 전부터 의학계의 주요 관심사로 떠올랐다.

1968년 산소를 나르는 헤모글로빈을 적혈구에서 처음 정제했을 때이다. 당시 의사들은 머지않아 혈액 대체물을 개발할 것으로 확신했다. 하지만 헤모글로빈은 손상되지 않은 상태로 적혈구 안에 있는 보조인자와 함께 있을 때만 제 기능을 발휘한다는 사실을 몰랐다. 그런 까닭에 혈액 대체물질에 대한 기대는 이내 물거품이 되고 말았다. 한동안 잠잠하던 인공혈액에 대한 관심이 다시 고조된 것은 80년대 초반부터이다. 수혈중 에이즈 바이러스, B형 간염 바이러스, 유행성 감기 바이러스 등 각종 감염성 질환에 노출될 수 있다는 사실이 밝혀진 탓이다.

생명의 원천으로 불리는 혈액의 기능을 인공물질로 완전히 대체하기는 힘들다. 현재 인공혈액은 산소를 운반하는 적혈구, 지혈 작용이 있는 혈소판, 피를 굳히는 혈액응고인자 등 혈액 성분별로 개발되고 있다. 지금까지 가장 활발하게 연구가 이루어지는 분야는 인공 적혈구이나. 초기의 인공 적혈구는 화학적으로 만든 세품이있다. 대표직인 게 일본 적십자사에서 개발해 미국 알파 세러퓨틱스(Alpha Therapeutics)사가 1989년부터 시판한 '플루오솔(Fluosol)'이다. 플루오솔은 효과적인 산소 전달 합성물질로 알려진 '퍼플루오로카본'을 이용해 대량생산할 수 있었다. 하지만 사용 방법이 복잡하고 8시간 정도밖에 사용할 수 없어 1994년에 시장에서 사라지고 말았다. 플루오솔의 뒤를 잇는 대표적인 것이 일본 적십자사에서 개발해 미국 알파 세러슈틱스사가 1989년부터 시판한 '옥시젠트(Oxygent)'이다. 옥시젠트는 현재 2단계 임상실험을 하고 있지만 산소운반 능력이 기대에 미치지 못하는 것으로 알려졌다. 만일 옥시젠트를 인체에 주입한다면 따로 산소를 흡입해야 할지도 모른다.

요즘 인공 적혈구는 사람과 동물의 피에 있는 헤모글로빈을 재처리하는 방식으로 개발한다. 헤모글로빈의 분자간 결합을 강하게 하거나 고분자화하는 방법이다. 실용화에 가장 다가선 제품은 미국 백스터(Baxter)사의 '헴어시스트(HemAssist)'이다. 헴어시스트는 사용기한이 지난 적혈구 농축액에서 헤모글로빈을 분리해 화학적으로 처리한 것으로 폐에 있는 산소를 여러 조직으로 운반한다. 하지만 1999년 실시한 3단계 임상실험에서 환자들의 혈압을 위험 수준까지 끌어올리는 등 치명적인 부작용이 나타나 개발 중단 위기에 놓이기도 했다. 백스터사는 혈관의 이완을 일으키지 않는 헴어시스트를 개발해 유럽 임상실험에서 유효성을 입증받아야 한다. 그 동안의 연구 성과에도 불구하고 시제품만 나왔을 뿐이다.

인공 적혈구의 열쇠는 헤모글로빈에 달려 있다 해도 지나친 말은 아니다. 새롭게 기대를 모으는 제품은 노스필드 레버러토리사의 '폴리헴(PolyHeme)'과 바이오퓨처사의 '헤모퓨어(Hemopure)'이다. 오래된 인체혈액에서 적혈구를 뽑은 뒤 분리한 헤모글로빈을 긴 고리로 연결한 폴리헴은 3단계 임상실험을 벌였다. 안전성이 검증되면 응급 외상환자에게 수혈할 예정이지만 원활한 공급을 기대하기는 어렵다. 수혈용 혈액이 있어야만 제조할 수 있기 때문이다. 헤모퓨어 역시 3단계 임상실험을 통과해도 소의 헤모글로빈을 충분히 확보해야 널리 쓰일 수 있다. 업계에서는 인공 적혈구 제품은 이미 실용화 단계에 접어들었지만 예기치 않은 부작용 가능성 때문에 널리 적용되지는 못하는 상태다.

인공 적혈구의 최종 성공 여부는 섣불리 단정하기 어려운 상황이다. 이런 가운데 인공 혈소판 분야에서 놀라운 연구 성과가 나왔다. 미국 국립 태평양북서연구소 연구진들이 식품을 유전공학적으로 처리해 인체 혈액단백질과 세포조직의 생장을 촉진하는 물질을 개발한 것이다. 연구진은 인간의 유전자를 담배에 이식한 다음 혈액인자의 생성을 유도해 DNA 배열을 바꾼 유전공학 '순무(Turnip)'에 주입했다. 순무에서 얻을 혈액응고인자는 무엇보다 혈우병 치료에 새로운 전기를 마련할 수 있다. 선천적 질환으로 알려진 혈우병 환자들의 유일한 치료법은 수혈용 혈액에서 분리한 혈장에서 혈액응고인자를 얻

여러 피부병, 폐나 뼈, 결핵에도 유용한 순무는 혈액을 깨끗하게 하는 것으로 밝혀져 인공혈액의 새로운 공급원으로 꼽히고 있다. 순무의 형질을 유전공학적으로 바꿔 혈액응고인자로 활용하는 것이다.

는 것이다. 하지만 수혈용 혈액 1유니트에 들어 있는 혈액응고인자가 적은 까닭에 치료에 많은 비용이 든다. 게다가 감염 가능성이 높다. 미국의 열 살 미만 혈우병 환자 가운데 80% 이상이 에이즈에 감염됐다는 충격적인 보고도 있다.

유전자 변형의 가능성

이번 연구에 참여한 생화학공학자 브라이언 후커(Brian Hooker)는 수혈 과정의 위험을 해결할 수 있다며 이렇게 말한다. "식물을 유전공학적으로 조작해 혈액인자를 합성할 경우 현재보다 열 배 정도나 비용을 줄일 수 있다. 헌혈이나 포유동물의 세포를 통해 혈액응고인자를 생산하는 것보다 훨씬 안정적이다." 이런 놀라운 연구 결과에도 불구하고 효용성을 장담하기는 힘들다. 감염질환에 덜 노출되더라도 유전자를 변형한 물질이기에 다른 문제가 발생할 수 있기 때문이다. 실제로 유전자 조작 순무의 가능성이 학계에 제기된 게 벌써 3년여가 지났지만 아직도 뚜렷한 성과는 나오지 않고 있다. 그만큼 실용화에 걸림돌이 많다.

현대 의학에서 혈액이 차지하는 비중은 매우 높다. 만일 수혈용 혈액이 없다면 모든 외과적 수술이나 빈혈, 혈우병 등의 치료를 그만둬야 할지도 모른다. 그런 혈액을 인공으로 만든다면 의료비용을 줄이면서도 치료 효과를 높일 수 있다. 혈액형에 관계없이 수혈할 수 있다는 것만으로도 의미 있는 일이다. 보존 기간이 적어도 1년은 될 것이기에 혈액을 낭비하지 않아도 된다. 혈액을 의약품처럼 사용할 수 있는 것이다. 혈액을 이용한 의약품의 대량생산도 기대할 수 있다. 하지만 지금으로선 모든 게 가능성일 뿐이다. 올해 들어 국내에서 헌혈자가 줄어드는 현실을 염려하는 이유가 여기에 있다. 아무리 인공혈액의 가능성이 무궁무진해도 지금 당장 혈액 문제를 해결하지는 못한다.

피임은 남성에게 맡겨라

이미 많은 피임법이 이용되는 상황에서도 많은 커플들은 '완전한 피임'에 이르지 못하고 있다. 보건사회연구원의 조사에 따르면 우리나라 기혼 여성의 절반 가량이 한 번 이상의 인공유산을 경험하는 것으로 나타났다. 두 번 이상 경험한 여성도 20%나 된다. 인공유산은 태아를 살해하는 데 그치지 않고 여성에게 심각한 부작용을 일으켜 사망에 이르게도 한다. 인공유산이 법적으로 허용되어 비교적 안전하게 시술이 이루어지는 미국에서도 10만 건의 시술이 이루어지면 12명이 사망한다는 보고가 있다. 사정이 이렇다면 우리나라처럼 인공유산이 법적으로 금지된 나라의 경우 사망률이 미국이나 일본(18명 사망) 등지보다 훨씬 높을 게 틀림없다. 최근 시판이 이루어지고 있는 응급피임약 '노레보정'에 대한 사회적 관심도 이런 실정을 반영한 것이다. 성관계 뒤 72시간 안에 복용하면 수정란의 자궁착상을 막는 노레보정은 사용 횟수가 많아지면 피임률이 급격히 떨어진다는

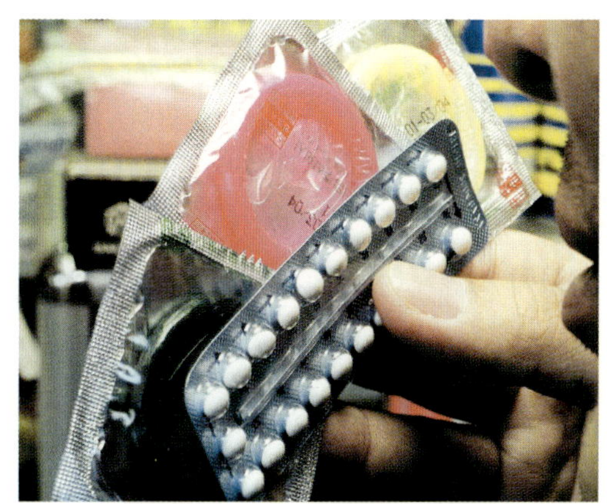

보고도 있다. 일상적 피임약으로 복용하는 건 피해야 하는 것이다.

임신 공포?

현재 우리나라에서 널리 이루어지는 피임 방법은 먹는 피임약이 30%를 웃도는 서구와 사뭇 다르다. 우리나라 기혼 부부의 피임 방법은 약 40%(난관수술 25%, 정관수술 15%)가 불임수술이며 자궁 내 장치가 13%, 콘돔이 15%, 먹는 피임약이 2% 정도이다. 이렇게 기혼 부부의 80%가 피임을 선택하고 있음에도 해마다 150만 건 정도의 인공유산이 이루어지고 있다. 태어나는 아기 숫자의 두 배가 넘는 수치이다. 새로운 차원의 피임법이 절실한 까닭이 여기에 있다. 물론 불임시술이라는 성공률이 높고 영구적인 피임법이 있지만 비약적 확대는 기대하기 힘들다. 2001년 미국 존스홉킨스 대학 연구팀은 5W의 고주파를 20~50초 동안 발사해 정관을 막는 초음파 정관차단술을 개발하기도 했다. 이 기술로 수술하면 몸에 칼을 대지 않고 손쉽게 영구피임에 이르지만 복원은 쉽지 않을 것으로 예상된다. 남성들이 손쉽게 사용하는 콘돔도 요즘에는 얇으면서도 질긴 폴리우레탄이나 다른 고분자로 만들어져 감염을 억제하고 성적 쾌감을 유지하도록 하고 있다. 그럼에도 성교를 할 때 콘돔을 착용하는 건 여전히 귀찮은 일이다.

그렇다면 의학계에서는 어떤 방법으로 완전한 피임에 이르게 하려는 것일까. 이상적인 피임법은 우선 효과가 좋으며 안전하고 지속적이면서도 쉽게 약효가 제거될 수 있어야 한다. 또한 성교를 통해 질병이 전염되는 등의 부작용이 없어야 하며 성교 직전보다는 다른 시간에 저지할 수 있는 게 좋다. 이런 접근에 따라 남성들을 위한 먹는 피임약도 개발되고 있다. 사실 그 동안 남성들은 성교에 주체적으로 나서면서도 원하지 않는 임신의 고통을 짊어지지 않았다. 그런 남성들을 피임에 적극적으로 참여하도록 하는 남성용 피임약은 여성용보다 개발이 훨씬 까다롭다. 여성용 피임약은 배란 주기에 따라 생성되는 난세포를 제어하도록 설계되어 있다. 보통 한 번의 주기마다 단하나의 난세포가 생성되기에 조절이 쉬운 편이다. 하지만 남성의 경우 분마다 적어도 1천여 마리의 정자 세포가 생성돼 약물로 제어하는 게 매우 복잡하다.

남성 피임을 겨냥한 획기적인 시도로는 정자의 생성을 정지시키도록 호르몬을 조절하는 방법이 있다. 정자의 생산은 몇 가지 호르몬에 의해 조절된다. 시상하부에서는 생식선 자극-방출 호르몬을 분비하며 이 호르몬은 다시 뇌하수체에서 황체형성호르몬과 여포자극호르몬을 분비하도록 한다. 황체형성호르몬은 성기에서 테스토스테론의 생산을 자극한다. 이 스테로이드계 호르몬은 여포자극호르몬과 함께 정자를 형성하는 줄기세포인 '정원세포(spermatogonia)'를 유도해 궁극적으로는 정자를 만든다. 이런 정자 생성 메커니즘을 인위적으로 조절하려는 것이다. 이미 이런 전략에 따라 남성용 피임약이 개발되기도 했다. 영국 에든버그 대학 연구자들은 2000년 9월 테스토스테론과 합성용 스테로이드계인 테소게스트렐을 혼합한 먹는 피임약의 임상실험 결과를 발표했다. 이 방법은 100%의 피임 효과를 거둔 것으로 나타났지만 혈액 내 남성호르몬의 농도가 높아져 고밀도 지질 단백질의 혈중 농도가 낮아지고 여드름이 많아지는 등 부작용이 있는 것으로 알려졌다.

남성호르몬 관련 부작용을 초래하지 않도록 분자를 이용해 생식선 자극호르몬의 활성을 억제하기도 한다. 체내에는 길항제 구실을 하는 작은 단백질이나 펩타이드들이 있지만 임신을 방해하는 수준은 아니다. 연구자들은 비단백질성 억제제들을 이용해 정자를 직접 건드리지 않으면서 활동을 막는, 외곽을 때려 피임 효과를 노리는 방법을 찾고 있다. 만일 남성들이 생식선 자극-방출 호르몬의 활성을 억제하면 근육 양이나 남성적 성격이 줄어들고 성욕이 감퇴할 수도 있다. 직접 성기에서 정자의 생산을 정지시키거나 성기와 연결되어 있는 부고환에서 새로 만들어지는 정자의 성숙을 억제시키는 방법도 있다. 하지만 아직은 정자를 목표로 하는 약물이 혈류를 통해 성기나 부고환에 도착하도록 유도하는 방법이 마땅치 않아 개발이 늦춰지고 있다. 연구자들은 적어도 3년은 지나야 남성 피임약이 침대에서 효력을 발휘할 것으로 내다보고 있다.

면역 피임약

이런 남성용 피임약은 일상적으로 복용해야 하는 번거로움이 따른다. 게다가 매일 복용하는 피임약과 함께 일 주일에 한 번 정도는 약효를 보충하고 남성성을 유지하는 호르몬 주사를 맞아야 한다. 정자 생산을 억제하는 약물이라면 특유의 독성으로 인해 발기불능을 일으키거나 정원세포에 악영향을 끼쳐 영구불임을 초래할 가능성도 있다. 그래서 연구자들은 정자의 건강에 영향을 주지 않으면서 불임 효과가 있는 약물을 개발하고 있다. 미국 노스캐롤라이나 주립대학 생화학자 조지프 홀(Joseph Hall) 교수는 정자를 중성화하는 합성물을 만들었다. 정자가 난자를 둘러싼 단백질을 찾지 못하도록 정자의 눈을 멀게 하는 것이다. 난자가 정자의 진입을 허용하게 하는 효소를 일종의 미끼로 사용하는 속임수를 발휘하는 것이다. 영국 레스터 대학 연구자들은 사정 직전 고환에서 정자를 정액으로 내보내는 수정관을 관장하는 세포단백질을 제거하는 방법으로 피임 효과를 노리고 있다. 유전자 조작으로 특정 세포단백질을 제거하면 수정관이 크게 수축돼 정자가 정액으로 배설되지 않는다는 것이다.

이렇듯 남성용 피임약 개발이 도처에서 이루어지고 있지만 실용화는 단언하기 힘들다. 여성용 피임약보다 까다로운 기작의 남성용 피임약은 더욱 많은 부작용이 우려되는 탓이다. 그렇다고 피임에 대한 책임을 여성에게 계속 떠맡길 수는 없는 일이다. 지금도 여성들은 각종 호르몬제와 더불어 정자가 난세포로 접근하여 수정되는 것을 직접 억제시키는 질내 삽입링, 제거가 간편한 질내 호르몬 함유 삽입물, 성병 예방 기능이 첨가된 살정자제 등의 개발로 피임에 대한 책임을 강요당하고 있다. 이를 극복하기 위해서는 남성들의 의식 변화와 함께 한 번 복용으로 1년 이상 효과가 시속되는 획기적인 면역피임 백신이 개발돼야 한다. 현재 남성의 생식선 자극-방출 호르몬을 저해하는 백신의 임상실험이 이루어지고 있고, 정자를 서로 엉키게 하거나 난세포로 헤엄쳐 오지 못하도록 면역 반응을 유도하는 백신도 개발중에 있다. 면역 피임약이 미래의 산아 제한을 주도할 것은 틀림없는 사실이다. 그래도 그것을 누군가 선택해야만 효력을 발휘할 수 있다.

행복을 만드는 '달콤한 알약'

　'고개 숙인' 남성을 되찾기 위해 안간힘을 쓰는 사람들. 전립선 치료를 받으면서 부작용으로 발기부전(impotence) 증상이 나타난다면 얼마나 심각한 문제일까. 불과 4, 5년 전만 해도 발기부전 치료를 하려면 성기에 이물질을 삽입하거나 기구를 이용하는 게 고작이었다. 미세한 플라스틱 대롱으로 요도 안에 주입하는 좌약인 뮤즈(MUSE)는 한참 뒤에 나왔다. 경구용 발기부전 치료제 '비아그라'는 회춘의 명약이었다. '제2의 성생활'을 영위할 수 있게 하기 때문이다. 하지만 그것도 누구에게나 통하는 것은 아니다. 협심증 약물을 복용해야 하는 사람이라면 비아그라의 부작용을 고민해야 한다. 그런 사람들을 위한 중추작용성 치료제 '유프리마'가 2002년 국내에 들어왔다.

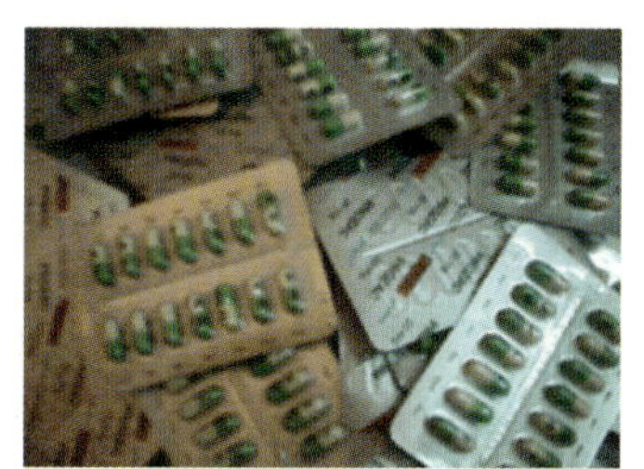

인간은 약물을 통해 행복을 얻을 수 있을 것인가. 해피메이
커라 불리는 약물들은 치료 효과를 통해 삶의 질을 높인다.

비아그라의 후예

이미 오래 전부터 남성들은 성적 능력을 높이는 데 골몰했다. 최음
제로 이름을 날린 약초로는 인도네시아의 '산레고 나뭇잎', 타이의
'붉은 콰오케르', 아프리카의 '요힘베나무' 등이 있고, 말레이시아에
서는 '롱가트 알리'라는 최음 성분 커피가 등장하기도 했다. 오스트
레일리아에서는 악어 성분과 타소를 닮은 '에뮤(emu)' 알이 정력제
로 개발됐고 국내에서도 수컷 누에나방의 번데기에서 추출한 천연정
력 증강제로 '누에그라'가 상품화되기도 했다. 이런 제품들이 과학
적 효능을 인정받지는 못했지만 수요자는 줄을 잇는다. 남성들이 발
기부전 치료제를 이용하는 것은 시력이 나쁜 사람이 안경을 쓰거나
라식 수술을 받는 것과 마찬가지인지도 모른다. 노년기 남성들이 겪
어야 했던 발기부전은 더이상 운명의 굴레가 아니며 여성 5명 중 1명
을 슬픔의 도가니에 빠뜨리는 우울증도 알약 하나로 행복에 다가설
수 있다. 이제 개인의 행복을 증진하는 의약품이 '해피 메이커

(Happy maker)' 혹은 '큐오엘'(QOL, Quality of Life)이라는 이름으로 일상 속에 깊숙이 파고들고 있다.

현재 국내 시판이 이루어지고 있는 유프리마는 미국 애보트와 일본 다케다약품공업이 공동 개발했다. 애초 유프리마는 파킨슨병 환자에게 주사로 투입하는 약에서 발기 효과를 발견하면서 발기부전 치료제로 업그레이드됐다. 이 치료제는 복용 1시간 가량 지난 뒤 성적 자극 충동을 일으켜야 발기가 이루어지는 바이그라의 작용 기전과는 전혀 다른 경로로 발기를 촉진한다. 먹지 않고 혀 밑에 넣으면 바로 용해되면서 아포모르핀 성분이 부뇌실핵의 도파민신경체를 자극해 10여 분 만에 음경이 발기되도록 한다. 뇌에서 발기 과정이 시작되는 셈이다. 그래서 유프리마는 정신적 원인으로 인한 심인성 발기부전에 특효가 있을 것으로 보인다. 질산염과 반응해 생명을 위협할 정도의 혈압 강하를 유발하는 비아그라의 부작용도 나타나지 않아 심혈관계 질환을 앓는 사람도 복용할 수 있다. 다만 임상실험에서 다른 치료제에 비해 상대적으로 메스꺼움과 구토 증상이 높게 나타난 것으로 알려졌다.

우울증에 맞선다

발기부전 치료제는 제약회사들의 '노다지' 구실을 하고 있다. 화학적 치료에 의해 개선된 성생활을 누리려는 남성들이 수두룩하기 때문이다. 45살 이상 남성의 절반 가량이 발기부전으로 고생한다면 우리나라에만 3백여 만 명의 '예비 복용자'가 있는 셈이다. 현재 250억원 안팎의 발기부전 치료제를 통해 새로운 성생활을 즐기는 사람은 전체의 10%도 되지 않는 20만 명 안팎. 발기부전으로 고생하는 사람들의 절반만 치료제를 복용하더라도 시장은 1천억원 이상으로 확대된다. 사용이 간편하고 부작용을 줄인 발기부전 치료제가 잇따라 나오는 이유가 여기에 있다. 시판을 앞둔 제품으로는 유프리마와 함께 비아그라의 아성에 도전하는 치료제로 릴리-아이코스의 '시알리스', 바이엘의 '바데나필', 쉐링프라우의 '바소맥스', 국내 동아제약의 'DA-8159' 등이 있다. 이들 치료제는 비아그라의 작용 기전과 거의 유사해 획기적인 치료제로 급부상하기는 어려울 것으로 보인다. 미래의 발기부전 치료제는 비아그라처럼 성분이 혈관을 타고 체

행복을 만드는 약물의 원조로 불리는 항우울제 프로작 (prozac).

내를 돌아다니지 않고 국소(局所)에만 작용해 일체의 부작용이 없을
것으로 예상된다.

노년기의 남성들이 비아그라로 대표되는 발기부전 치료제로 행복
의 문에 이르고 있다면 전세계에서 슬픔에 힘겨워하는 3억 4천만 명
이 항우울제인 일라이릴리의 '프로작'과 그 아류들인 화이저의 '졸
로프', 스미스클라인비참의 '팍실', 솔베이의 '루복스' 등에 의지해
야 할 처지에 있다. 이런 약품은 인간의 정서를 관장하는 신경전달물
질인 세로토닌이 신경세포 말단에서 다시 흡수되는 것을 막아 뇌 속
의 세로토닌의 농도를 올려주어 우울증을 치료한다. 1987년에 미 식
품의약국의 승인을 받은 프로작은 슬픔을 행복으로 바꾸는 의약품이
라는 의미에서 '원조 해피 메이커'로 꼽힌다. 그만큼 항우울제로 명
성이 높아 지금까지 전세계적으로 2천5백여 만 명이 처방을 받았고
한 해에 30억 달러를 웃도는 매출액을 기록하고 있다. 우울증에 시달
리다 교통사고로 숨진 다이애나 왕세자비, 교통사고로 장애를 입은
아들을 둔 앨 고어 전 미국 부통령, 영화 〈스타워즈〉의 레아 공주 역
으로 널리 알려진 영화배우 캐리 피셔 등도 프로작 복용자 목록에 올
라 있다.

신경세포 치료도 가능?

현재 시판되는 항우울제는 정신적인 인간의 행복을 모든 이에게

보장하지는 않는다. 대다수 사람들에게 효과가 탁월하고 안전성이 높을지라도 복용자의 3분의 1은 효과를 쉽게 느낄 수 없다. 심지어 약효가 전혀 나타나지 않는 경우도 있고 소화불량이나 성기능 장애에 시달리기도 한다. 이런 까닭에 최근에는 우울증의 발병 원인을 새롭게 찾으려는 사람도 있다. 그중 하나가 우울증이 세로토닌의 저하가 아니라 특정 뇌세포의 손상에서 비롯된다는 것이다. 이런 가설을 내세우는 사람들은 기억과 감정에 관한 두뇌기관인 해마의 뉴런들이 생화학반응을 일으키는 데 이바지하는 '뇌신경영양인자(BDNF)'를 주목한다. 하지만 BDNF를 활성화하는 약물을 만들더라도 뇌에 전달해 파괴된 세포를 복구하는 건 간단한 일이 아니다. 그래서 일부에서는 신경전달물질인 뉴로펩타이드(neuropeptides)를 조절할 수 있는 약물에 관심을 기울이고 있다. 미국의 제약회사 머크가 개발하는 'MK-869'는 최초의 비SSRI 계열 항우울제가 될 것으로 보인다. 만일 세포치료가 가능하고 스트레스호르몬을 찾아 자유롭게 조절한다면 인간의 마음을 화학적으로 성형수술하는 것도 불가능한 일은 아니다.

해피 메이커는 인간의 성적 능력과 심적 행복을 주관할 기세이다. 아무리 약물에 의존하는 행복이 내키지 않는다 할지라도 해피 메이커가 안겨주는 자신감과 해방감을 포기하기는 쉽지 않을 듯하다. 그래서 전세계에서 1천만 명 이상이 '허벅지를 위한 비아그라'라는 로슈의 '제니칼'이나 애보트의 '리덕필'에 의지하고, 머리 빠진 사람들의 슬픔을 달래주는 대머리 치료제로 MSD의 '프로페시아'를 이용하는 것인지도 모른다. 결국 해피 메이커는 인간의 수명이 무한할 수 있다는 데까지 이어질 수밖에 없다. 물론 인간이 극단적인 고령으로 젊은 날의 생리적 활력을 잃은 상태에서 해피 메이커로 삶의 질을 높이긴 힘들다. 예컨대 기력이 쇠잔한 상태에서 성적 능력이 최고조에 이르고 부작용 없는 항우울제로 슬픔을 쫓는다 해도 그것이 진정한 기쁨과 행복일 수는 없을 것이다. 고개 숙인 불면의 밤에도 사랑은 피어나고, 슬픔에서 피어난 예술적 감동은 오래도록 지워지지 않는다. 그래도 해피 메이커가 더욱 놀라운 능력으로 허약한 인간의 구세주로 군림하는 걸 막을 길은 없으리라.

대표적인 해피 메이커 의약품

발기부전 치료제

상품명	판매회사	복용 방법과 효능	부작용
비아그라	한국화이자	최초의 시판 경구용 발기부전 치료제로 산화질소로 효소를 활성화시켜 평활근 세포를 이완시킨다. 성교 1시간 전에 복용해야 하며 4, 5시간 효과가 지속된다.	저혈압, 두통, 안면홍조 등
유프리마	한국애보트	중추신경계에 작용하는 '아포모르핀'을 주성분으로 도파민의 작용을 증대시켜 발기를 유도한다. 복용이 간편한 설하정으로 20분이면 발기에 이른다.	순간적인 저혈압, 구역질, 어지럼증 등
바소맥스	쉐링프라우	시판 주사약물인 펜톨라민을 경구용으로 만들었다. 알파 아드레날린 수용체를 차단해 발기에 이른다. 이미 멕시코, 브라질 등지에서 판매중이다.	코막힘, 현기증
바데나빌	바이엘	임상 제3상 연구가 이루어지고 있다. 심혈관계 질환자가 복용해도 부작용이 크게 나타나지 않으며 성교 30분 전에 복용하면 효과가 나타난다.	코막힘, 현기증
시알리스	릴리	24시간 약효가 지속되며 다른 약물과 달리 당뇨로 인한 발기부전에도 일부 효과를 발휘한다. 음경의 'PDE-5' 효소를 선택적으로 억제해 부작용이 줄었다.	가벼운 두통
DA-8159	동아제약	국내에서 개발한 신약으로 피라졸로피리미디논 유도체가 주성분이며 임상실험중에 있다. 비아그라와 작용 기전이 비슷하지만 부작용은 크게 줄였다고 한다.	아직 밝혀지지 않았음

항우울제

상품명	판매회사	복용 방법과 효능	부작용
프로작	일라이릴리	뇌에서 인간 감정을 조절하는 신경전달물질인 세로토닌의 농도를 증가시킨다. 우울증과 함께 강박증, 외상후 스트레스증후군, 공황장애, 비만 등에도 효과가 있다.	불면증, 초조감 등 향전신병약의 부작용
졸로프트	한국화이자	프로작의 작용 기전과 같으며 일반적인 부작용이 적게 나타나고 처음 약을 복용하는 사람들에게 많이 처방된다.	가벼운 불면증, 초조감 등
팍실	스미스클라인비참	가장 새로운 타입의 SSRI로 임상적 연구가 계속 이루어지고 있다. 강력한 진정 효과를 발휘하며 부작용도 최소화했다.	가벼운 불면증, 초조감 등

비만치료제

상품명	판매회사	복용 방법과 효능	부작용
제니칼	한국로슈	체내의 지방흡수를 억제해 체중을 줄이기 때문에 식사량을 줄이지 않으면서 복용해도 효과가 있다. 위장관 내에서만 작용하며 전신에 흡수되지 않는다.	기름기 있는 변, 급변, 방귀 등
리덕필	한국애보트	아무리 먹고 싶은 음식물이 있더라도 식탐을 억제할 수 있다. 조금만 먹어도 포만감을 느끼기에 지방 섭취를 원천적으로 차단한다.	식욕 부진으로 인한 영양실조 등

대머리 치료제

상품명	판매회사	복용 방법과 효능	부작용
프로페시아	한국MSD	최초의 경구용 대머리 치료제로 머리를 빠지게 하는 디하이드로 테스토스테론의 생성을 차단한다. 국내 임상에서 66%가 머리카락이 나기도 했다.	드물게 성욕 감퇴, 발기부전, 정액 감소 등

모낭 주기 조절하는 분자적 치료술

신생아는 유전적으로 신체에 결정된 대략 5백만에서 6백만 개에 이르는 모낭을 가지고 태어난다. 신체에서 모낭이 분포하지 않는 곳은 손바닥과 발바닥뿐이다. 나머지는 털이 없는 것처럼 보이지만 미세한 털이 자리잡고 있다. 모낭은 피부 표면에 노출되어 있는 모간을 생성하는 작은 전구 형태의 조직으로 모발 생성을 주도한다. 만일 모낭이 새로 생성된다면 탈모로 인한 고통은 없었을 것이다. 하지만 모낭은 모발 생성을 개시하고 중단하는 일련의 과정을 거치면서 눈으로 식별이 어려울 정도로 가느다란 머리카락을 생산하게 된다. 정상적인 두피에 있는 모낭의 경우 평생 동안 머리카락을 9미터 이상 자라게 한다. 횡단면이 둥근 모낭에서는 직모가, 편평한 모낭에서는 곱슬머리가 자란다.

모낭의 구조

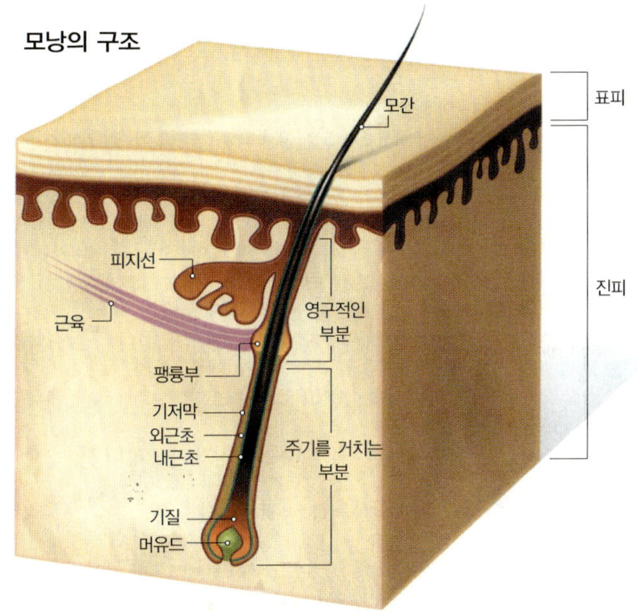

모낭의 생활주기 3단계

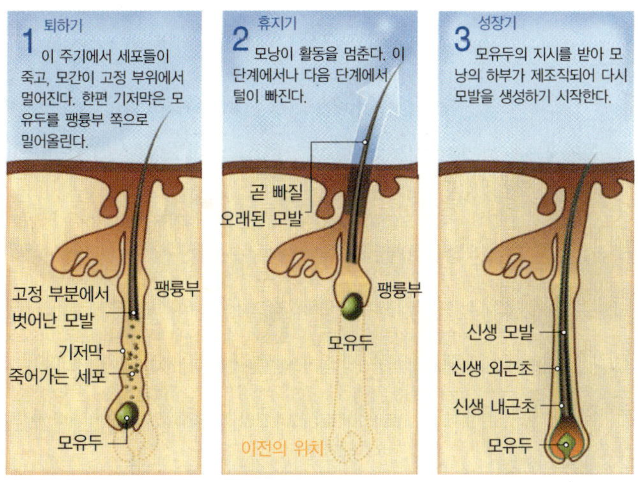

최근 모낭의 일생에 대한 생물학적 연구 성과가 잇따르면서 새로운 차원의 탈모 해법에 관심이 쏠리고 있다. 모발의 발달을 조절하는 분자들의 실체가 서서히 밝혀지고 있는 것이다. 만일 모발 관련 분자에 대한 이해가 깊어지면 특정 모발 상태에서 무엇이 잘못됐는지 알아내고, 결함이 있는 조절 시스템을 복원하는 방법도 터득할 것으로 보인다. 부모의 염색체 한쪽에서만 유전자를 물려받아도 대머리를 피하기 힘든 현실에서 벗어날 수 있다는 것이다. 게다가 손실된 모발 생성 세포를 보충하고 피부 표피를 계속 활성화시키는 줄기세포를 밝혀낸다면 모발세포를 통해 신경이나 근육 조직을 만들고 알츠하이머병이나 파킨슨병 등을 치료하는 것도 기대할 수 있다.

모낭은 퇴화와 휴지기, 성장기를 반복하면서 머리카락을 생성한다. 임신 기간 동안 어린 배아를 구성하는 외배엽과 중배엽 간의 의사소통을 통해 모낭의 발달이 이루어진다. 외배엽의 세포들이 증식되면서 '모아' 라는 조직을 만들고, 모아는 중배엽 세포들이 뭉쳐서 모낭의 '모유두' 를 형성하도록 한다. 모유두가 신호를 내보내 기질 세포가 자라면서 머리카락의 주성분인 섬유성 케라틴 단백질의 모세포로 바꾸도록 한다. 모유두가 짧아지면 모낭이 휴지기로 들어가면서 모발 생성이 정지된다. 휴지기는 사람의 두피에서 3개월 가량 지속되는 것으로 알려졌다. 휴지기를 보낸 모낭은 두피 내에서 약 2개월 동안 2.5센티미터 정도의 머리카락을 만들어내고 대개 6~8년 정도 유지된다.

그렇다면 건강한 모발이 탈모에 이르는 분자적 원인은 무엇일까. 일단은 모낭에 관련된 세포가 분열되지 않아 모낭이 도태되는 데서 원인을 찾을 수 있다. 머리카락이 가늘어지는 현상은 모낭이 사라지는 것과는 다른 차원의 일이다. 그것은 성장기의 모낭보다 비성장기의 모낭이 많아지기 때문이다. 모발연구가들은 비성장기의 모낭이 많아지는 것은 모유두의 신호 전달에 문제가 있는 데서 비롯된 것으로 여기고 있다. 실제로 미국 시카고 대학 엘라인 푹스(Elaine Fuchs) 박사팀은 모유두의 신호가 Wnt 단백질 같은 신호 분자들을 활성화시켜 명명을 전달한다는 사실을 밝혀내기도 했다. 하지만 모낭 발달의 주요인자로 지목된 Wnt 유전자를 주입받은 쥐의 경우 털이 수북해졌지만 두피에 종양이 생기고 말았다. 암을 얻으면서까지 대머리의 고통에서 벗어나려는 사람은 없을 것이다.

모낭의 발달과 주기를 조절한다면 탈모를 치료하는 것은 간단하다. 하지만 분자의 과도한 신호는 사람에게 치명적일 수 있다. 휴지기의 모낭을 자극해 모발 생성이 이루어지면서 기저세포 피부암을 유발할 수 있기 때문이다. Wnt 단백질만 해도 치료법으로 적용되기 위해서는 정제된 세포 내에서 활성화된 유전자들을 식별할 수 있어야 한다. 그래야만 유전자의 활동 유형에 따라 손상된 조절 경로의 명령을 복구하고 두피의 거부반응이 없는 상태에서 분자적 수술을 감행할 수 있다. 아직 이런 연구는 초기 단계에 있어 모발 성장을 직접 조절하는 물질들과 상호 작용하는 약들은 동물실험 단계에도 이

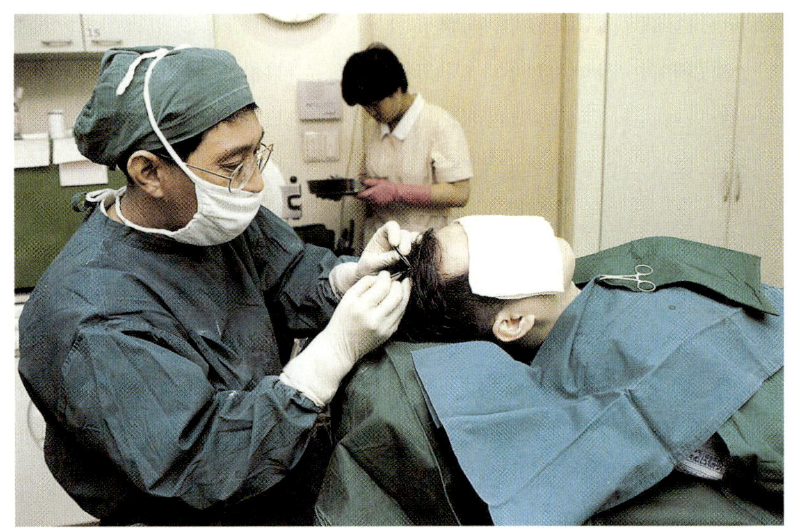

모발 이식 수술 장면. 현재 발모제로서 미국 FDA의 허가를 받은 의약품은 경구용인 '프로페시아'와 외용제인 '로게인' 뿐이다. 이 또한 효과가 완벽하지 않아 대머리인 사람들은 이식 수술을 선호한다.

르지 못했다. 분자 세계에 대한 완전한 이해가 뒷받침되지 않아 원하는 목표물만을 공략하는 수준에 이르지 못했기 때문이다.

탈모여 안녕?

지금까지 나온 탈모치료제는 모낭의 크기를 증가시키는 데 초점을 맞춘 것이다. 이론적으로야 간단하지만 실제 효과는 여전히 논란이다. 미국 식품의약국에서 승인한 최초의 모발 성장 촉진제는 미녹시

딜(Minoxidil)이다. 남녀 모두 사용할 수 있는 국소용 치료제인 미녹시딜은 애당초 고혈압 치료제로 사용됐는데 부작용으로 머리가 나면서 탈모치료제로 이용되기 시작했다. 당연히 작용도 모낭에 직접 작용하지 않는다. 다만 두피로 가는 혈류를 증가시켜 모발 성장을 조절하는 물질의 농도를 변화시키는 것으로 추측된다. 또하나의 탈모치료제는 프로페시아(Propecia)로 모유두에 작용해 모낭을 파괴하는 것으로 알려진 DHT 호르몬이 형성되지 못하도록 한다. 프로페시아는 탈모가 시작된 초기에 두정부에서 효능을 보이지만 탈모가 이미 진행된 상황에서는 거의 효과가 없는 것으로 알려졌다.

로마 공화정 말기의 정치가 율리우스 카이사르도 탈모를 감추기 위해 앞으로 머리를 빗어 내렸다. 그만큼 탈모증은 오랜 역사를 가지고 있다. 아무리 모낭 단위 이식술을 받더라도 분자의 작용까지 복원되는 것은 아니다. 게다가 대머리는 외모에만 영향을 미치는 게 아니라는 연구 결과도 나오고 있다. 반짝이는 정수리가 심장마비에 걸릴 확률을 높일 수 있다는 것이다. 탈모에 영향을 미치는 남성호르몬 안드로겐이 많아지면 심장질환을 촉진하는 혈액응고가 쉽게 일어나는 탓이다. 대머리가 심장마비를 일으킨다는 직접적인 증거는 없다. 그래도 대머리가 있다면 혈압과 콜레스테롤 수치를 적절히 조절하며 흡연을 피하고 올바른 식습관을 가져야 할 것이다. 적어도 5년 이내에 분자를 조절해 탈모를 막을 수는 없다고 한다.

김수병의 첨단과학 오디세이

초판인쇄	2003년 5월 22일
초판발행	2003년 5월 29일

지 은 이	김수병
펴 낸 이	고순화
펴 낸 곳	해나무
출판등록	2001년 4월 7일 제6-407호

주 소	136-034 서울시 성북구 동소문동 4가 260번지 동소문빌딩 6층
전자우편	henamu@hotmall.com
전화번호	927-6790～5
팩 스	927-6753

ISBN 89-89799-13-9 03400

* 잘못된 책은 바꿔드립니다.